U0185367

国家出版基金资助项目

现代数学中的著名定理纵横谈丛书

丛书主编　王梓坤

滨州学院数学学科建设经费资助

GENERALIZED GAMMA FUNCTIONS
－SPECIAL FUNCTION INEQUALITIES AND INTEGRALS

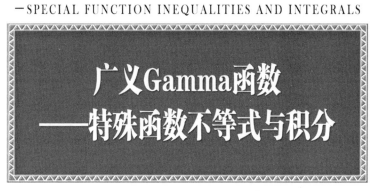

广义Gamma函数
——特殊函数不等式与积分

尹　枥　黄利国　著

哈尔滨工业大学出版社

HITP　HARBIN INSTITUTE OF TECHNOLOGY PRESS

内容提要

本书共分 8 章,包括离散型与积分型 Cauchy 不等式的应用、广义 Gamma 函数、完全单调性、广义三角函数、广义椭圆积分、单位球体积,以及定积分的计算和广义凹凸性等内容,此外还介绍了渐近分析中的一个重要方法——Mehrez-Sitnik 方法.

本书适合大学生、数学分析研究人员及数学爱好者参考阅读.

图书在版编目(CIP)数据

广义 Gamma 函数:特殊函数不等式与积分/尹栿,黄利国著. —哈尔滨:哈尔滨工业大学出版社, 2020.11(2024.5 重印)

(现代数学中的著名定理纵横谈丛书)

ISBN 978-7-5603-8593-8

Ⅰ.①广… Ⅱ.①尹… ②黄… Ⅲ.①特殊函数 Ⅳ.①O174.6

中国版本图书馆 CIP 数据核字(2019)第 258072 号

GUANGYI GAMMA HANSHU——TESHU HANSHU BUDENGSHI YU JIFEN

策划编辑 刘培杰 张永芹
责任编辑 刘春雷
策划编辑 孙茵艾
出版发行 哈尔滨工业大学出版社
社 址 哈尔滨市南岗区复华四道街 10 号 邮编 150006
传 真 0451-86414749
网 址 http://hitpress.hit.edu.cn
印 刷 辽宁新华印务有限公司
开 本 787 mm×960 mm 1/16 印张 20.75 字数 223 千字
版 次 2020 年 11 月第 1 版 2024 年 5 月第 2 次印刷
书 号 ISBN 978-7-5603-8593-8
定 价 98.00 元

代序

读书的乐趣

你最喜爱什么——书籍.

你经常去哪里——书店.

你最大的乐趣是什么——读书.

这是友人提出的问题和我的回答. 真的,我这一辈子算是和书籍,特别是好书结下了不解之缘.有人说,读书要费那么大的劲,又发不了财,读它做什么? 我却至今不悔,不仅不悔,反而情趣越来越浓.想当年,我也曾爱打球,也曾爱下棋,对操琴也有兴趣,还登台伴奏过.但后来却都一一断交,"终身不复鼓琴".那原因便是怕花费时间,玩物丧志,误了我的大事——求学.这当然过激了一些.剩下来唯有读书一事,自幼至今,无日少废,谓之书痴也可,谓之书橱也可,管它呢,人各有志,不可相强. 我的一生大志,便是教书,而当教师,不多读书是不行的.

读好书是一种乐趣,一种情操;一种向全世界古往今来的伟人和名人求

1

教的方法,一种和他们展开讨论的方式;一封出席各种活动、体验各种生活、结识各种人物的邀请信;一张迈进科学宫殿和未知世界的入场券;一股改造自己、丰富自己的强大力量.书籍是全人类有史以来共同创造的财富,是永不枯竭的智慧的源泉.失意时读书,可以使人重整旗鼓;得意时读书,可以使人头脑清醒;疑难时读书,可以得到解答或启示;年轻人读书,可明奋进之道;年老人读书,能知健神之理.浩浩乎! 洋洋乎! 如临大海,或波涛汹涌,或清风微拂,取之不尽,用之不竭.吾于读书,无疑义矣,三日不读,则头脑麻木,心摇摇无主.

潜能需要激发

我和书籍结缘,开始于一次非常偶然的机会.大概是八九岁吧,家里穷得揭不开锅,我每天从早到晚都要去田园里帮工.一天,偶然从旧木柜阴湿的角落里,找到一本蜡光纸的小书,自然很破了.屋内光线暗淡,又是黄昏时分,只好拿到大门外去看.封面已经脱落,扉页上写的是《薛仁贵征东》.管它呢,且往下看.第一回的标题已忘记,只是那首开卷诗不知为什么至今仍记忆犹新:

日出遥遥一点红,飘飘四海影无踪.

三岁孩童千两价,保主跨海去征东.

第一句指山东,二、三两句分别点出薛仁贵(雪、人贵).那时识字很少,半看半猜,居然引起了我极大的兴趣,同时也教我认识了许多生字.这是我有生以来独立看的第一本书.尝到甜头以后,我便千方百计去找书,向小朋友借,到亲友家找,居然断断续续看了《薛丁山征西》《彭公案》《二度梅》等,樊梨花便成了我心中的女英雄.我真入迷了.从此,放牛也罢,车水也罢,我总要带一本书,还练出了边走田间小路边读书的本领,读得津津有味,不知人间别有他事.

当我们安静下来回想往事时,往往会发现一些偶然的小事却影响了自己的一生.如果不是找到那本《薛仁贵征东》,我的好学心也许激发不起来.我这一生,也许会走另一条路.人的潜能,好比一座汽油库,星星之火,可以使它雷声隆隆、光照天地;但若少了这粒火星,它便会成为一潭死水,永归沉寂.

抄,总抄得起

好不容易上了中学,做完功课还有点时间,便常光顾图书馆.好书借了实在舍不得还,但买不到也买不起,便下决心动手抄书.抄,总抄得起.我抄过林语堂写的《高级英文法》,抄过英文的《英文典大全》,还抄过《孙子兵法》,这本书实在爱得狠了,竟一口气抄了两份.人们虽知抄书之苦,未知抄书之益,抄完毫末俱见,一览无余,胜读十遍.

始于精于一,返于精于博

关于康有为的教学法,他的弟子梁启超说:"康先生之教,专标专精、涉猎二条,无专精则不能成,无涉猎则不能通也."可见康有为强烈要求学生把专精和广博(即"涉猎")相结合.

在先后次序上,我认为要从精于一开始.首先应集中精力学好专业,并在专业的科研中做出成绩,然后逐步扩大领域,力求多方面的精.年轻时,我曾精读杜布(J. L. Doob)的《随机过程论》,哈尔莫斯(P. R. Halmos)的《测度论》等世界数学名著,使我终身受益.简言之,即"始于精于一,返于精于博".正如中国革命一样,必须先有一块根据地,站稳后再开创几块,最后连成一片.

丰富我文采,澡雪我精神

辛苦了一周,人相当疲劳了,每到星期六,我便到旧书店走走,这已成为生活中的一部分,多年如此.一次,偶然看到一套《纲鉴易知录》,编者之一便是选编《古文观止》的吴楚材.这部书提纲挈领地讲中国历史,上自盘古氏,直到明末,记事简明,文字古雅,又富于故事性,便把这部书从头到尾读了一遍.从此启发了我读史书的兴趣.

我爱读中国的古典小说,例如《三国演义》和《东周列国志》.我常对人说,这两部书简直是世界上政治阴谋诡计大全.即以近年来极时髦的人质问题(伊朗人质、劫机人质等),这些书中早就有了,秦始皇的父亲便是受害者,堪称"人质之父".

《庄子》超尘绝俗,不屑于名利.其中"秋水""解牛"诸篇,诚绝唱也.《论语》束身严谨,勇于面世,"己所不欲,勿施于人",有长者之风.司马迁的《报任少卿书》,读之我心两伤,既伤少卿,又伤司马;我不知道少卿是否收到这封信,希望有人做点研究.我也爱读鲁迅的杂文,果戈理、梅里美的小说.我非常敬重文天祥、秋瑾的人品,常记他们的诗句:"人生自古谁无死,留取丹心照汗青""休言女子非英物,夜夜龙泉壁上鸣".唐诗、宋词、《西厢记》《牡丹亭》,丰富我文采,澡雪我精神,其中精粹,实是人间神品.

读了邓拓的《燕山夜话》,既叹服其广博,也使我动了写《科学发现纵横谈》的心.不料这本小册子竟给我招来了上千封鼓励信.以后人们便写出了许许多多的"纵横谈".

从学生时代起,我就喜读方法论方面的论著.我想,做什么事情都要讲究方法,追求效率、效果和效益,方法好能事半而功倍.我很留心一些著名科学家、文学家写的心得体会和经验.我曾惊讶为什么巴尔扎克在51年短短的一生中能写出上百本书,并从他的传记中去寻找答案.文史哲和科学的海洋无边无际,先哲们的明智之光沐浴着人们的心灵,我衷心感谢他们的恩惠.

读书的另一面

以上我谈了读书的好处,现在要回过头来说说事情的另一面.

读书要选择.世上有各种各样的书:有的不值一看,有的只值看20分钟,有的可看5年,有的可保存一辈子,有的将永远不朽.即使是不朽的超级名著,由于我们的精力与时间有限,也必须加以选择.决不要看坏书,对一般书,要学会速读.

读书要多思考.应该想想,作者说得对吗? 完全吗? 适合今天的情况吗? 从书本中迅速获得效果的好办法是有的放矢地读书,带着问题去读,或偏重某一方面去读.这时我们的思维处于主动寻找的地位,就像猎人追找猎物一样主动,很快就能找到答案,或者发现书中的问题.

有的书浏览即止,有的要读出声来,有的要心头记住,有的要笔头记录.对重要的专业书或名著,要勤做笔记,"不动笔墨不读书".动脑加动手,手脑并用,既可加深理解,又可避忘备查,特别是自己的灵感,更要及时抓住.清代章学诚在《文史通义》中说:"札记之功必不可少,如不札记,则无穷妙绪如雨珠落大海矣."

许多大事业、大作品,都是长期积累和短期突击相结合的产物.涓涓不息,将成江河;无此涓涓,何来江河?

爱好读书是许多伟人的共同特性,不仅学者专家如此,一些大政治家、大军事家也如此.曹操、康熙、拿破仑、毛泽东都是手不释卷,嗜书如命的人.他们的巨大成就与毕生刻苦自学密切相关.

王梓坤

数学分析是数学中最基本的一个分支学科. 一般指以微积分学和无穷级数的一般理论为主要内容,并包括它们的理论基础(实数、函数和极限的基本理论)的一个较为完整的数学学科. 本书不是数学分析的习题指导书,也不是数学分析一些基本概念、基本理论的研讨书. 本书既主要选择了传统数学分析中的一些经典课题,并且这些课题在当前也是非常活跃的研究课题. 比如,离散型与积分型 Cauchy 不等式的应用,广义 Gamma 函数,完全单调性,广义三角函数,广义椭圆积分,单位球体积,以及定积分的计算,广义凹凸性的定义以及应用,等等. 此外,我们还介绍了渐近分析中的一个重要方法——Mehrez-Sitnik 方法. 这些课题在最近十几年又引起了人们的兴趣,各种好的结果层出不穷,本书旨在通过介绍最近十几年这些课题的基本概念、基本理论与研究方法,以帮助读者尽快开始研究工作.

我们希望为高年级大学生以及对数学研究有兴趣的读者提供一本入门书.本书主要以作者的研究为基础,主要介绍数学分析中与特殊函数有关的一些课题的选择与研究方法,以帮助感兴趣的读者尽快入门.本书也可以为高年级学生的毕业论文提供有意义的选题和研究指导.如此本书不局限于数学分析的系统性,而主要介绍数学分析中一些目前较为活跃的研究课题的现状与最新进展.

由于作者水平有限,书中纰漏在所难免,恳请读者批评指正.在写作过程中,作者非常感谢滨州学院的高丽教授、邱芳教授,以及弭鲁芳教授给予的支持与帮助,也感谢我的学生曹欢、邢娜与尹慧文帮忙打印了部分书稿.

尹栎,黄利国
2020 年 6 月
于滨州

⊙ 目 录

1

Cauchy 不等式的应用

Cauchy 不等式是 Cauchy 在研究"流数"问题时发现的一个不等式,是不等式理论中的三大基本不等式之一. 其在解决与不等式证明有关的问题中有着十分广泛的应用. 本章主要考虑离散与积分形式的 Cauchy 不等式在某些代数不等式与祁锋不等式中的应用.

第一节 离散的 Cauchy 不等式及其应用

1. 离散的 Cauchy 不等式应用于代数不等式

首先给出离散的 Cauchy 不等式以及与之密切相关的 Hölder 不等式和 Minkowski 不等式:

第一章

定理 1(Cauchy)　设 $x_i, y_i (i=1,2,\cdots,n)$ 为正数,则有

$$\Big(\sum_{i=1}^{n} x_i y_i\Big)^2 \leqslant \sum_{i=1}^{n} x_i^2 \sum_{i=1}^{n} y_i^2$$

等号成立当且仅当 $\dfrac{x_1}{y_1} = \dfrac{x_2}{y_2} = \cdots = \dfrac{x_n}{y_n}$.

定理 2(Hölder)　设 $x_k, y_k (k=1,2,\cdots,n)$ 为正数,且 p,q 满足 $p,q>1$, $\dfrac{1}{p} + \dfrac{1}{q} = 1$,则有

$$\sum_{k=1}^{n} x_k y_k \leqslant \Big(\sum_{k=1}^{n} x_k^p\Big)^{\frac{1}{p}} \Big(\sum_{k=1}^{n} y_k^q\Big)^{\frac{1}{q}}$$

等号成立当且仅当 x_i^p 与 $y_i^q (i=1,2,\cdots,n)$ 对应成比例.

定理 3(Minkowski)　设 $x_k, y_k (k=1,2,\cdots,n)$ 为正数,且 r 满足 $r>1$,则有

$$\Big(\sum_{k=1}^{n} (x_k+y_k)^r\Big)^{\frac{1}{r}} \leqslant \Big(\sum_{k=1}^{n} x_k^r\Big)^{\frac{1}{r}} + \Big(\sum_{k=1}^{n} y_k^r\Big)^{\frac{1}{r}}$$

等号成立当且仅当 $\dfrac{x_1}{y_1} = \dfrac{x_2}{y_2} = \cdots = \dfrac{x_n}{y_n}$. 若 $r<1$,则上述不等号反向.

利用 Cauchy 不等式容易证明下面的权方和不等式:

定理 4　设 $x_i, y_i (i=1,2,\cdots,n)$ 为正数,则有

$$\sum_{i=1}^{n} \frac{x_i^2}{y_i} \geqslant \frac{\Big(\sum\limits_{i=1}^{n} x_i\Big)^2}{\sum\limits_{i=1}^{n} y_i}$$

在文献[1]中,笔者给出了定理 4 的一个推广:

定理 5　设 $x_{ki} (k=1,2,\cdots,n; i=1,2,\cdots,s)$ 为正数,则有

2

$$\sum_{i=1}^{s}\frac{\sum\limits_{k=1}^{n}x_{ki}^{2}}{\sum\limits_{k=1}^{n}y_{ki}}\geqslant\frac{\sum\limits_{k=1}^{n}\left(\sum\limits_{i=1}^{s}x_{ki}\right)^{2}}{\sum\limits_{k=1}^{n}\left(\sum\limits_{i=1}^{s}y_{ki}\right)}$$

证明　对 s 应用数学归纳法.

当 $s=1$ 时,不等式为恒等式,显然成立.

当 $s=2$ 时,不等式变为

$$\frac{\sum\limits_{k=1}^{n}x_{k1}^{2}}{\sum\limits_{k=1}^{n}y_{k1}}+\frac{\sum\limits_{k=1}^{n}x_{k2}^{2}}{\sum\limits_{k=1}^{n}y_{k2}}\geqslant\frac{\sum\limits_{k=1}^{n}(x_{k1}+x_{k2})^{2}}{\sum\limits_{k=1}^{n}(y_{k1}+y_{k2})}$$

令 $A_{1}=\left(\sum\limits_{k=1}^{n}x_{k1}^{2}\right)^{\frac{1}{2}},B_{1}=\sum\limits_{k=1}^{n}y_{k1},A_{2}=\left(\sum\limits_{k=1}^{n}x_{k2}^{2}\right)^{\frac{1}{2}},B_{2}=$

$\sum\limits_{k=1}^{n}y_{k2}.$ 由定理 4 可知

$$\frac{A_{1}^{2}}{B_{1}}+\frac{A_{2}^{2}}{B_{2}}\geqslant\frac{(A_{1}+A_{2})^{2}}{B_{1}+B_{2}}$$

则要证的不等式转化为

$$\frac{A_{1}^{2}}{B_{1}}+\frac{A_{2}^{2}}{B_{2}}\geqslant\frac{(A_{1}+A_{2})^{2}}{B_{1}+B_{2}}\geqslant$$

$$\frac{\sum\limits_{k=1}^{n}(x_{k1}+x_{k2})^{2}}{\sum\limits_{k=1}^{n}(y_{k1}+y_{k2})}$$

所以要使所需证的不等式成立,只需证

$$\frac{(A_{1}+A_{2})^{2}}{B_{1}+B_{2}}=\frac{\left(\left(\sum\limits_{k=1}^{n}x_{k1}^{2}\right)^{\frac{1}{2}}+\left(\sum\limits_{k=1}^{n}x_{k2}^{2}\right)^{\frac{1}{2}}\right)^{2}}{\sum\limits_{k=1}^{n}y_{k1}+\sum\limits_{k=1}^{n}y_{k2}}\geqslant$$

$$\frac{\sum\limits_{k=1}^{n}(x_{k1}+x_{k2})^2}{\sum\limits_{k=1}^{n}(y_{k1}+y_{k2})} \Longleftrightarrow$$

$$\sum_{k=1}^{n}(x_{k1}+x_{k2})^2 \leqslant \left(\left(\sum_{k=1}^{n}x_{k1}^2\right)^{\frac{1}{2}}+\left(\sum_{k=1}^{n}x_{k2}^2\right)^{\frac{1}{2}}\right)^2$$

而利用 Cauchy 不等式可知

$$\sum_{k=1}^{n}(x_{k1}+x_{k2})^2 = \sum_{k=1}^{n}(x_{k1}^2+2x_{k1}x_{k2}+x_{k2}^2) =$$

$$\sum_{k=1}^{n}x_{k1}^2+2\sum_{k=1}^{n}x_{k1}x_{k2}+\sum_{k=1}^{n}x_{k2}^2 \leqslant$$

$$\sum_{k=1}^{n}x_{k1}^2+2\left(\sum_{k=1}^{n}x_{k1}^2\right)^{\frac{1}{2}}\left(\sum_{k=1}^{n}x_{k2}^2\right)^{\frac{1}{2}}+\sum_{k=1}^{n}x_{k2}^2 =$$

$$\left(\left(\sum_{k=1}^{n}x_{k1}^2\right)^{\frac{1}{2}}+\left(\sum_{k=1}^{n}x_{k2}^2\right)^{\frac{1}{2}}\right)^2$$

即证上述不等式. 所以命题对 $s=2$ 成立.

假设命题对 $s=m$ 成立, 即成立

$$\sum_{i=1}^{m}\frac{\sum\limits_{k=1}^{n}x_{ki}^2}{\sum\limits_{k=1}^{n}y_{ki}} \geqslant \frac{\sum\limits_{k=1}^{n}\left(\sum\limits_{i=1}^{m}x_{ki}\right)^2}{\sum\limits_{k=1}^{n}\left(\sum\limits_{i=1}^{m}y_{ki}\right)}$$

则当 $s=m+1$ 时, 令

$$p_{ki}=x_{ki}(i=1,2,\cdots,m-1), p_{km}=x_{km}+x_{k(m+1)}$$

$$q_{ki}=y_{ki}(i=1,2,\cdots,m-1), q_{km}=y_{km}+y_{k(m+1)}$$

则

$$\frac{\sum\limits_{k=1}^{n}\left(\sum\limits_{i=1}^{m+1}x_{ki}\right)^2}{\sum\limits_{k=1}^{n}\left(\sum\limits_{i=1}^{m+1}y_{ki}\right)} = \frac{\sum\limits_{k=1}^{n}\left(\sum\limits_{i=1}^{m}p_{ki}\right)^2}{\sum\limits_{k=1}^{n}\left(\sum\limits_{i=1}^{m}q_{ki}\right)} \leqslant$$

4

$$\sum_{i=1}^{m}\frac{\sum\limits_{k=1}^{n}p_{ki}^{2}}{\sum\limits_{k=1}^{n}q_{ki}}=\sum_{i=1}^{m-1}\frac{\sum\limits_{k=1}^{n}x_{ki}^{2}}{\sum\limits_{k=1}^{n}y_{ki}}+\frac{\sum\limits_{k=1}^{n}p_{km}^{2}}{\sum\limits_{k=1}^{n}q_{km}}=$$

$$\sum_{i=1}^{m-1}\frac{\sum\limits_{k=1}^{n}x_{ki}^{2}}{\sum\limits_{k=1}^{n}y_{ki}}+\frac{\left(\sum\limits_{k=1}^{n}(x_{km}+x_{k(m+1)})\right)^{2}}{\sum\limits_{k=1}^{n}(y_{km}+y_{k(m+1)})}\leqslant$$

$$\sum_{i=1}^{m-1}\frac{\sum\limits_{k=1}^{n}x_{ki}^{2}}{\sum\limits_{k=1}^{n}y_{ki}}+\frac{\sum\limits_{k=1}^{n}x_{km}^{2}}{\sum\limits_{k=1}^{n}x_{km}}+\frac{\sum\limits_{k=1}^{n}y_{k(m+1)}^{2}}{\sum\limits_{k=1}^{n}y_{k(m+1)}}=$$

$$\sum_{i=1}^{m+1}\frac{\sum\limits_{k=1}^{n}x_{ki}^{2}}{\sum\limits_{k=1}^{n}y_{ki}}$$

（上面不等式链中的第一个不等号应用归纳假设，第二个不等号应用 $s=2$ 的结果.）

利用归纳原理，我们就证明了这个定理.

注 1　若记 $x_{ki}=x_{k}x_{i}$，$y_{ki}=y_{k}y_{i}$，则定理中的不等式转变为

$$\sum_{i=1}^{s}\frac{\sum\limits_{k=1}^{n}(x_{k}x_{i})^{2}}{\sum\limits_{k=1}^{n}y_{k}y_{i}}\geqslant\frac{\sum\limits_{k=1}^{n}\left(\sum\limits_{i=1}^{s}x_{k}x_{i}\right)^{2}}{\sum\limits_{k=1}^{n}\left(\sum\limits_{i=1}^{s}y_{k}y_{i}\right)}$$

注 2　若直接对 n 应用数学归纳法，则可以得到定理 5 的另外一种证明方法.

当 $n=1$ 时，不等式为

$$\sum_{i=1}^{s} \frac{x_{1i}^2}{y_{1i}} \geqslant \frac{\left(\sum\limits_{i=1}^{s} x_{1i}\right)^2}{\sum\limits_{i=1}^{s} y_{1i}}$$

此即为权方和不等式.

假设命题对 $n = m$ 成立,即成立

$$\sum_{i=1}^{s} \frac{\sum\limits_{k=1}^{m} x_{ki}^2}{\sum\limits_{k=1}^{m} y_{ki}} \geqslant \frac{\sum\limits_{k=1}^{m} \left(\sum\limits_{i=1}^{s} x_{ki}\right)^2}{\sum\limits_{k=1}^{m} \left(\sum\limits_{i=1}^{s} y_{ki}\right)}$$

当 $n = m + 1$ 时,令

$$p_{ki} = x_{ki}(k = 1, 2, \cdots, m-1), \quad p_{mi} = \sqrt{x_{mi}^2 + x_{(m+1)i}^2}$$

$$q_{ki} = y_{ki}(k = 1, 2, \cdots, m-1), \quad q_{mi} = y_{mi} + y_{(m+1)i}$$

则

$$\sum_{i=1}^{s} \frac{\sum\limits_{k=1}^{m+1} x_{ki}^2}{\sum\limits_{k=1}^{m+1} y_{ki}} = \sum_{i=1}^{s} \frac{\sum\limits_{k=1}^{m} p_{ki}^2}{\sum\limits_{k=1}^{m} q_{ki}} \geqslant$$

$$\frac{\sum\limits_{k=1}^{m} \left(\sum\limits_{i=1}^{s} p_{ki}\right)^2}{\sum\limits_{k=1}^{m} \left(\sum\limits_{i=1}^{s} q_{ki}\right)} =$$

$$\frac{\sum\limits_{k=1}^{m-1} \left(\sum\limits_{i=1}^{s} x_{ki}\right)^2 + \left(\sum\limits_{i=1}^{s} p_{mi}\right)^2}{\sum\limits_{k=1}^{m-1} \left(\sum\limits_{i=1}^{s} y_{ki}\right) + \sum\limits_{i=1}^{s} q_{mi}} =$$

$$\frac{\sum\limits_{k=1}^{m-1} \left(\sum\limits_{i=1}^{s} x_{ki}\right)^2 + \left(\sum\limits_{i=1}^{s} \sqrt{x_{mi}^2 + x_{(m+1)i}^2}\right)^2}{\sum\limits_{k=1}^{m+1} \left(\sum\limits_{i=1}^{s} y_{ki}\right)} \geqslant$$

$$\frac{\sum_{k=1}^{m-1}\left(\sum_{i=1}^{s}x_{ki}\right)^2+\left(\sum_{i=1}^{s}x_{mi}\right)^2+\left(\sum_{i=1}^{s}x_{(m+1)i}\right)^2}{\sum_{k=1}^{m+1}\left(\sum_{i=1}^{s}y_{ki}\right)}=$$

$$\frac{\sum_{k=1}^{m+1}\left(\sum_{i=1}^{s}x_{ki}\right)^2}{\sum_{k=1}^{m+1}\left(\sum_{i=1}^{s}y_{ki}\right)}$$

上面不等式链中第一个不等号应用了归纳假设,第二个不等号应用了不等式

$$\left(\sum_{i=1}^{s}\sqrt{x_{mi}^2+x_{(m+1)i}^2}\right)^2\geqslant\left(\sum_{i=1}^{s}x_{mi}\right)^2+\left(\sum_{i=1}^{s}x_{(m+1)i}\right)^2$$

下面证明此不等式成立. 首先简化一下符号,令 $a_i=x_{mi}$,$b_i=x_{(m+1)i}$,且将不等式两边开平方,则不等式转化为

$$\sum_{i=1}^{s}\sqrt{a_i^2+b_i^2}\geqslant\sqrt{\left(\sum_{i=1}^{s}a_i\right)^2+\left(\sum_{i=1}^{s}b_i\right)^2}$$

事实上,对 s 应用数学归纳法:

当 $s=1$ 时,不等式为恒等式. 显然成立.

当 $s=2$ 时,不等式为

$$\sum_{i=1}^{2}\sqrt{a_i^2+b_i^2}\geqslant\sqrt{\left(\sum_{i=1}^{2}a_i\right)^2+\left(\sum_{i=1}^{2}b_i\right)^2}$$

两边平方,即知不等式成立,即

$$\sqrt{a_1^2+b_1^2}+\sqrt{a_2^2+b_2^2}\geqslant a_1a_2+b_1b_2\Leftrightarrow$$
$$a_1^2b_2^2+a_2^2b_1^2\geqslant 2a_1b_2a_2b_1$$

此为均值不等式,所以命题对 $s=2$ 成立.

假设命题对 $s=m$ 成立,则当 $s=m+1$ 时,令 $r_i=a_i(i=1,2,\cdots,m-1)$,$r_m=a_m+a_{m+1}$. $t_i=b_i(i=1,2,\cdots,m-1)$,$t_m=b_m+b_{m+1}$,则

7

$$\sqrt{\left(\sum_{i=1}^{m+1} a_i\right)^2 + \left(\sum_{i=1}^{m+1} b_i\right)^2} = \sqrt{\left(\sum_{i=1}^{m} r_i\right)^2 + \left(\sum_{i=1}^{m} t_i\right)^2} \leqslant$$

$$\sum_{i=1}^{m} \sqrt{r_i^2 + t_i^2} =$$

$$\sum_{i=1}^{m-1} \sqrt{r_i^2 + t_i^2} + \sqrt{(a_m + a_{m+1})^2 + (b_m + b_{m+1})^2} \leqslant$$

$$\sum_{i=1}^{m+1} \sqrt{a_i^2 + b_i^2}$$

这里第一个不等号用到了归纳假设,第二个不等号用到了 $s=2$ 的情况,所以命题对 $s=m+1$ 也成立,这样由归纳原理,我们证明了要证的不等式.

综上,利用归纳原理,我们证明了定理 5.

在文献[2]中,笔者又证明了以下更广泛的 Cauchy 型不等式:

定理 6 设 $x_{ki}(k=1,2,\cdots,n;i=1,2,\cdots,s)$ 为正数,且 $0 < \alpha \leqslant 1$,则有

$$\sum_{i=1}^{s} \frac{\displaystyle\sum_{k=1}^{n} x_{ki}^{\alpha+1}}{\displaystyle\sum_{k=1}^{n} y_{ki}^{\alpha}} \geqslant \frac{\displaystyle\sum_{k=1}^{n} \left(\sum_{i=1}^{s} x_{ki}\right)^{\alpha+1}}{\displaystyle\sum_{k=1}^{n} \left(\sum_{i=1}^{s} y_{ki}\right)^{\alpha}}$$

注 当 $\alpha=1$ 时,我们得到上面的定理 5.

下面给出上述定理的几个应用:

例 1[3] 设 a,b,c,λ,μ 均为正数,求证

$$\frac{9a}{\lambda b + \mu c} + \frac{16b}{\lambda c + \mu a} + \frac{25c}{\lambda a + \mu b} \geqslant \frac{44}{\lambda + \mu}$$

证明 利用 Cauchy 不等式可知

$$(\lambda + \mu)(bc + ca + ab) \cdot$$

$$\left(\frac{9a}{\lambda b + \mu c} + \frac{16b}{\lambda c + \mu a} + \frac{25c}{\lambda a + \mu b}\right) =$$

8

$$(\lambda ab + \mu ac + \lambda cb + \mu ab + \lambda ca + \mu bc) \cdot$$

$$\left(\frac{9a^2}{\lambda ab + \mu ac} + \frac{16b^2}{\lambda cb + \mu ab} + \frac{25c^2}{\lambda ca + \mu cb}\right) \geqslant$$

$$(3a + 4b + 5c)^2$$

因此,得到

$$\frac{9a}{\lambda b + \mu c} + \frac{16b}{\lambda c + \mu a} + \frac{25c}{\lambda a + \mu b} \geqslant$$

$$\frac{(3a + 4b + 5c)^2}{(\lambda + \mu)(bc + ca + ab)}$$

所以只需证明下面的不等式

$$(3a + 4b + 5c)^2 \geqslant 44(bc + ca + ab)$$

即要证明

$$9a^2 + 16b^2 + 25c^2 - 4bc - 14ca - 20ab \geqslant 0$$

此不等式的左边为一个三元二次型,要证其非负,只需证此二次型为半正定的. 为此考虑其顺序主子式,

易知二次型的矩阵为 $\begin{pmatrix} 9 & -10 & -7 \\ -10 & 16 & -2 \\ -7 & -2 & 25 \end{pmatrix}$,计算可知

$$D_1 = 9 \geqslant 0$$

$$D_2 = \begin{pmatrix} 9 & -10 \\ -10 & 16 \end{pmatrix} = 44 \geqslant 0$$

$$D_3 = 0 \geqslant 0$$

所以二次型为半正定的.

注 当 $\lambda = \mu = 1$ 时,即为《数学通报》1885 号问题.

例 2 设 $x_i > 0 (i = 1, 2, 3, 4)$,λ, μ 非负且满足 $\lambda + \mu = 1$,则当 λ, μ 满足什么条件时,成立下面的不等式

$$\frac{x_1}{\lambda x_2 + \mu x_3} + \frac{x_2}{\lambda x_3 + \mu x_4} + \frac{x_3}{\lambda x_4 + \mu x_1} + \frac{x_4}{\lambda x_1 + \mu x_2} \geqslant 4$$

解 利用 Cauchy 不等式可知

$$(x_1 + x_2 + x_3 + x_4)^2 \leqslant$$

$$\left(\frac{x_1}{\lambda x_2 + \mu x_3} + \frac{x_2}{\lambda x_3 + \mu x_4} + \frac{x_3}{\lambda x_4 + \mu x_1} + \frac{x_4}{\lambda x_1 + \mu x_2}\right) \cdot$$

$$(x_1(\lambda x_2 + \mu x_3) + x_2(\lambda x_3 + \mu x_4) +$$

$$x_3(\lambda x_4 + \mu x_1) + x_4(\lambda x_1 + \mu x_2))$$

因此

$$\frac{x_1}{\lambda x_2 + \mu x_3} + \frac{x_2}{\lambda x_3 + \mu x_4} + \frac{x_3}{\lambda x_4 + \mu x_1} + \frac{x_4}{\lambda x_1 + \mu x_2} \geqslant$$

$$\frac{(x_1 + x_2 + x_3 + x_4)^2}{x_1(\lambda x_2 + \mu x_3) + x_2(\lambda x_3 + \mu x_4) + x_3(\lambda x_4 + \mu x_1) + x_4(\lambda x_1 + \mu x_2)} \geqslant 4$$

这只需考虑二次型

$$(x_1 + x_2 + x_3 + x_4)^2 - 4(\lambda x_1 x_2 + 2\mu x_1 x_3 +$$

$$\lambda x_1 x_4 + \lambda x_2 x_3 + 2\mu x_2 x_4 + \lambda x_3 x_4)$$

在 λ, μ 满足什么条件时为半正定的即可. 易知二次型的矩阵为

$$\begin{bmatrix} 1 & 1-2\lambda & 1-4\mu & 1-2\lambda \\ 1-2\lambda & 1 & 1-2\lambda & 1-4\mu \\ 1-4\mu & 1-2\lambda & 1 & 1-2\lambda \\ 1-2\lambda & 1-4\mu & 1-2\lambda & 1 \end{bmatrix}$$

考虑其顺序主子式, 由简单的计算可知

$$D_1 = 1 \geqslant 0, D_2 = 4\lambda\mu \geqslant 0$$

$$D_3 = 16\mu^2(2\lambda - 1) \geqslant 0, D_4 = 0$$

所以当 $\lambda \geqslant \frac{1}{2}$ 时, 上面的不等式成立.

注 当 $\lambda = \mu = \frac{1}{2}$ 时, 上面的不等式即为著名的 Shapiro 不等式.

此外, 定理 4 可以推广为如下两种形式:

定理 7 设 $x_i, y_i \in \mathbf{R}^*$ $(i=1,2,\cdots,n), m \geqslant 2$, 则

$$\sum_{i=1}^{n} \frac{x_i^m}{y_i} \geqslant \frac{\left(\sum\limits_{i=1}^{n} x_i\right)^m}{n^{m-2} \sum\limits_{i=1}^{n} y_i}$$

证明　利用 Cauchy 不等式可知

$$\sum_{i=1}^{n} \frac{x_i^m}{y_i} = \sum_{i=1}^{n} \frac{(x_i^{\frac{m}{2}})^2}{y_i} \geqslant \frac{\left(\sum\limits_{i=1}^{n} x_i^{\frac{m}{2}}\right)^2}{\sum\limits_{i=1}^{n} y_i}$$

因此,要证不等式成立,只需证

$$\left(\sum_{i=1}^{n} x_i^{\frac{m}{2}}\right)^2 \geqslant \frac{\left(\sum\limits_{i=1}^{n} x_i\right)^m}{n^{m-2}}$$

再利用 Hölder 不等式可得

$$\left(\sum_{i=1}^{n} x_i\right)^m = \left(\sum_{i=1}^{n} x_i \cdot 1\right)^m \leqslant$$

$$\left(\left(\sum_{i=1}^{n} x_i^{\frac{m}{2}}\right)^{\frac{2}{m}} \left(\sum_{i=1}^{n} 1^{\frac{m}{m-2}}\right)^{\frac{m-2}{m}}\right)^m = n^{m-2} \cdot \left(\sum_{i=1}^{n} x_i^{\frac{m}{2}}\right)^2$$

证毕.

定理 8　设 $x_k, y_k (k=1,2,\cdots,n)$ 为正数,且 p,q 满足 $\dfrac{1}{p} + \dfrac{1}{q} = 1$,当 $p > 1$ 或 $p < 0$ 时,有

$$\sum_{k=1}^{n} \frac{x_k^p}{y_k^{\frac{p}{q}}} \geqslant \frac{\left(\sum\limits_{k=1}^{n} x_k\right)^p}{\left(\sum\limits_{k=1}^{n} y_k\right)^{\frac{p}{q}}}$$

其中等号成立当且仅当 x_i^p 与 $y_i^q (i=1,2,\cdots,n)$ 对应成比例.

证明　由于 p,q 满足 $\dfrac{1}{p} + \dfrac{1}{q} = 1$.

（1）当 $p > 1$ 时，利用 Hölder 不等式可知

$$\sum_{k=1}^{n} x_k = \sum_{k=1}^{n} \left(\frac{x_k}{\sqrt[q]{y_k}} \sqrt[q]{y_k} \right) \leqslant$$

$$\left(\sum_{k=1}^{n} \left(\frac{x_k}{\sqrt[q]{y_k}} \right)^p \right)^{\frac{1}{p}} \left(\sum_{k=1}^{n} (\sqrt[q]{y_k})^q \right)^{\frac{1}{q}} =$$

$$\left(\sum_{k=1}^{n} \frac{x_k^p}{y_k^{\frac{p}{q}}} \right)^{\frac{1}{p}} \left(\sum_{k=1}^{n} y_k \right)^{\frac{1}{q}}$$

然后将两边 p 次方即得.

（2）当 $p < 0$ 时，由反向的 Hölder 不等式可得

$$\sum_{k=1}^{n} x_k = \sum_{k=1}^{n} \left(\frac{x_k}{\sqrt[q]{y_k}} \sqrt[q]{y_k} \right) \geqslant$$

$$\left(\sum_{k=1}^{n} \left(\frac{x_k}{\sqrt[q]{y_k}} \right)^p \right)^{\frac{1}{p}} \left(\sum_{k=1}^{n} (\sqrt[q]{y_k})^q \right)^{\frac{1}{q}} =$$

$$\left(\sum_{k=1}^{n} \frac{x_k^p}{y_k^{\frac{p}{q}}} \right)^{\frac{1}{p}} \left(\sum_{k=1}^{n} y_k \right)^{\frac{1}{q}}$$

然后将两边 p 次方，此时注意由于 $p < 0$，不等号方向改变，即证.

注 在定理 7 中，令 $m = 2$ 以及在定理 8 中令 $p = 2$ 时，即得到上面的定理 4.

例 3 设 $x_i(i = 1, 2, \cdots, n)$ 为正实数，且 $\prod_{i=1}^{n} x_i \geqslant 1, n \geqslant 3, m \geqslant 2$，则有 $\sum_{i=1}^{n} \frac{x_i^m}{2 + x_{i+1}} \geqslant 1$.

证明 利用定理 7 可知

$$\sum_{i=1}^{n} \frac{x_i^m}{2+x_{i+1}} \geqslant$$

$$\frac{\left(\sum\limits_{i=1}^{n} x_i\right)^m}{n^{m-2}\left(\sum\limits_{i=1}^{n}(2+x_i)\right)} = \frac{\left(\sum\limits_{i=1}^{n} x_i\right)^m}{n^{m-2}\left(2n+\sum\limits_{i=1}^{n} x_i\right)}$$

令 $t = x_1 + x_2 + \cdots + x_n \geqslant n\sqrt[n]{x_1 x_2 \cdots x_n} \geqslant n$,所以只需证

$$\frac{t^m}{n^{m-2}(2n+t)} \geqslant 1 \quad (t \geqslant n) \Leftrightarrow$$

$$t^m - n^{m-2}t - 2n^{m-1} \geqslant 0 \quad (t \geqslant n)$$

再令 $f(t) = t^m - n^{m-2}t - 2n^{m-1}(t \geqslant n)$,则 $f'(t) = mt^{m-1} - n^{m-2} \geqslant 0(t \geqslant n)$,所以 $f(t)$ 在 $[n,+\infty)$ 上是严格单调递增的,所以 $f(t) \geqslant f(n) = n^m - 3n^{m-1} \geqslant 0$ $(t \geqslant n)$,命题得证.

值得注意的是,在《数学通报》(2004 年第 4 期)上刊登的 1485 号问题是:设 $x_k > 0, k = 1, 2, \cdots, n, p \in \mathbf{R}, q > 0$,且令 $\sum\limits_{k=1}^{n} x_k = s, S_k = px_k + q(s-x_k)(k=1,2,\cdots,n)$,则:

(a) 当 $q - p > 0$ 时,$\sum\limits_{k=1}^{n} \frac{x_k}{S_k} \geqslant \frac{n}{p+(n-1)q}$;

(b) 当 $q - p < 0$ 时,$\sum\limits_{k=1}^{n} \frac{x_k}{S_k} \leqslant \frac{n}{p+(n-1)q}$.

笔者对此问题再次进行了深入的研究,得到了一些非常有意义的结果,并且部分地给出了 *Octogon Mathematical Magazine* 中问题 3184 的一个解. 为此我们先介绍几个引理:

引理 1[4]　若 x_k 为正数,且 $0 < m \leqslant x_k \leqslant M, k =$

$1,2,\cdots,n$,有

$$\left(\frac{1}{n}\sum_{k=1}^{n}x_k\right)\left(\frac{1}{n}\sum_{k=1}^{n}\frac{1}{x_k}\right)\leqslant\frac{(M+m)^2}{4Mm}$$

引理 2 设 $x_k(k=1,2,\cdots,n)$ 为正数,且 $\sum_{k=1}^{n}x_k=s$,则有 $\sum_{k=1}^{n}\dfrac{x_k}{s-x_k}\geqslant\dfrac{n}{n-1}$.

证明 利用 Cauchy 不等式,则有

$$\sum_{k=1}^{n}\frac{x_k}{s-x_k}+n=\sum_{k=1}^{n}\frac{x_k}{s-x_k}+\sum_{k=1}^{n}\frac{s-x_k}{s-x_k}=$$

$$s\sum_{k=1}^{n}\frac{1}{s-x_k}=$$

$$\frac{1}{n-1}\sum_{k=1}^{n}(s-x_k)\sum_{k=1}^{n}\frac{1}{s-x_k}\geqslant\frac{n^2}{n-1}$$

移项,整理即得结果.

引理 3 设 x_k 为正数,$0<m\leqslant x_k\leqslant M$,$k=1,2,\cdots,n$,且 $\sum_{k=1}^{n}x_k=s$,则有

$$n^2-n\leqslant\sum_{k=1}^{n}\frac{s-x_k}{x_k}\leqslant n^2\frac{(M+m)^2}{4Mm}-n$$

证明 先证明左边的不等式,利用 Cauchy 不等式,可知

$$\sum_{k=1}^{n}\frac{s-x_k}{x_k}+n=\sum_{k=1}^{n}\frac{s-x_k}{x_k}+\sum_{k=1}^{n}\frac{x_k}{x_k}=$$

$$s\sum_{k=1}^{n}\frac{1}{x_k}=\sum_{k=1}^{n}x_k\sum_{k=1}^{n}\frac{1}{x_k}\geqslant n^2$$

移项即得;

再考虑右边的不等式,利用引理 1,可知

14

$$\sum_{k=1}^{n}\frac{s-x_k}{x_k}+n=n^2\left(\frac{1}{n}\sum_{k=1}^{n}x_k\right)\left(\frac{1}{n}\sum_{k=1}^{n}\frac{1}{x_k}\right)\leqslant$$

$$n^2\,\frac{(M+m)^2}{4Mm}$$

移项后立得.

定理 9 设 $\alpha>1$，$x_k(k=1,2,\cdots,n)$ 为正数，且 $\sum_{k=1}^{n}x_k=s$，则有

$$\sum_{k=1}^{n}\left(\frac{x_k}{s-x_k}\right)^{\alpha}\geqslant\frac{n}{(n-1)^{\alpha}}$$

证明 利用定理 8 与引理 2 可知

$$\sum_{k=1}^{n}\left(\frac{x_k}{s-x_k}\right)^{\alpha}=\sum_{k=1}^{n}\frac{\left(\dfrac{x_k}{s-x_k}\right)^{\alpha}}{1^{\alpha-1}}\geqslant$$

$$\frac{\left(\sum_{k=1}^{n}\dfrac{x_k}{s-x_k}\right)^{\alpha}}{\left(\sum_{k=1}^{n}1\right)^{\alpha-1}}\geqslant\frac{\left(\dfrac{n}{n-1}\right)^{\alpha}}{n^{\alpha-1}}=\frac{n}{(n-1)^{\alpha}}$$

定理 10 设 $0<\alpha<1$，$x_k(k=1,2,\cdots,n)$ 为正数，且 $\sum_{k=1}^{n}x_k=s$，则

$$\sum_{k=1}^{n}\left(\frac{x_k}{s-x_k}\right)^{\alpha}\geqslant\frac{n}{\left(n\,\dfrac{(M+m)^2}{4Mm}-1\right)^{\alpha}}$$

其中 $0<m\leqslant x_k\leqslant M$.

证明 利用定理 8 与引理 3，可知

$$\sum_{k=1}^{n}\left(\frac{x_k}{s-x_k}\right)^{\alpha}=\sum_{k=1}^{n}\frac{\left(\frac{s-x_k}{x_k}\right)^{-\alpha}}{1^{-\alpha-1}}\geqslant$$

$$\frac{\left(\sum_{k=1}^{n}\frac{s-x_k}{x_k}\right)^{-\alpha}}{\left(\sum_{k=1}^{n}1\right)^{-\alpha-1}}=$$

$$\frac{n^{\alpha+1}}{\left(\sum_{k=1}^{n}\frac{s-x_k}{x_k}\right)^{\alpha}}\geqslant$$

$$\frac{n}{\left(n\dfrac{(M+m)^2}{4Mm}-1\right)^{\alpha}}$$

即证.

下面推广和完善上文提到的问题 1485 中的结果.

定理 11 设 $\alpha>1$,且 $x_k(k=1,2,\cdots,n)$ 为正数,$p\in\mathbf{R},q>0$,令

$$\sum_{k=1}^{n}x_k=s,S_k=px_k+q(s-x_k)\quad(k=1,2,\cdots,n)$$

则当 $q-p>0$ 时

$$\sum_{k=1}^{n}\left(\frac{x_k}{S_k}\right)^{\alpha}\geqslant\frac{n}{(p+(n-1)q)^{\alpha}}$$

证明 利用引理 1 以及问题 1485 的结果,可知

$$\sum_{k=1}^{n}\left(\frac{x_k}{S_k}\right)^{\alpha}=\sum_{k=1}^{n}\frac{\left(\frac{x_k}{S_k}\right)^{\alpha}}{1^{\alpha-1}}\geqslant$$

$$\frac{\left(\sum_{k=1}^{n}\frac{x_k}{S_k}\right)^{\alpha}}{\left(\sum_{k=1}^{n}1\right)^{\alpha-1}}=\frac{n}{(p+(n-1)q)^{\alpha}}$$

16

即证.

定理 12　设 $x_k (k=1,2,\cdots,n)$ 为正数, $p \in \mathbf{R}$, $q > 0$, 且令 $\sum\limits_{k=1}^{n} x_k = s$, $S_k = px_k + q(s - x_k)$, 则

(1) 当 $q - p > 0$ 时

$$\sum_{k=1}^{n} \frac{x_k}{S_k} \leqslant \frac{1}{q-p} \left(\frac{n^2}{p+(n-1)q} \frac{(M'+m')^2}{4M'm'} - n \right)$$

(2) 当 $q - p < 0$ 时

$$\sum_{k=1}^{n} \frac{x_k}{S_k} \geqslant \frac{1}{q-p} \left(\frac{n^2}{p+(n-1)q} \frac{(M'+m')^2}{4M'm'} - n \right)$$

其中 $0 < m' \leqslant S_k \leqslant M'$.

证明　因为

$$\sum_{k=1}^{n} S_k = ps + q(n-1)s =$$
$$(p+(n-1)q)s$$

利用引理 2, 从而有

$$(q-p)\sum_{k=1}^{n}\frac{x_k}{S_k} + n = (q-p)\sum_{k=1}^{n}\frac{x_k}{S_k} + \sum_{k=1}^{n}\frac{S_k}{S_k} =$$

$$\left[\frac{\dfrac{q-p}{p+(n-1)q}+1}{n}\right] n^2 \left(\frac{1}{n}\sum_{k=1}^{n}S_k\right)\left(\frac{1}{n}\sum_{k=1}^{n}\frac{1}{S_k}\right) \leqslant$$

$$\frac{n^2}{p+(n-1)q}\frac{(M'+m')^2}{4M'm'}$$

考虑 $q - p$ 的符号, 移项整理即得.

最后, 给出一个公开问题:

公开问题　设 $0 < \alpha < 1$, 且 $x_k (k=1,2,\cdots,n)$ 为正数, $p \in \mathbf{R}$, $q > 0$, 令

$$\sum_{k=1}^{n} x_k = s, S_k = px_k + q(s - x_k) \quad (k=1,2,\cdots,n)$$

则当 $q - p > 0$ 时

$$\sum_{k=1}^{n}\left(\frac{x_k}{S_k}\right)^{\alpha} \geqslant \frac{n}{(p+(n-1)q)^{\alpha}}$$

2. 离散的 Cauchy 不等式应用于祁锋不等式

在文献[6]中,祁锋提出了一个有趣的不等式问题:在什么条件下,当 $p-1>1$ 时成立

$$\int_a^b f^p(x)\,\mathrm{d}x \geqslant \left(\int_a^b f(x)\,\mathrm{d}x\right)^p$$

此后,这个问题引起了很多研究者的兴趣,他们给出了该问题的各种不同的条件和推广形式,且这些结果用到了各种不同的方法,如凸函数方法、抽象空间中的泛函不等式、Hölder 不等式以及 Cauchy 中值定理等,可参看文献[7 − 10].最近,Y. Miao 和 J. F. Liu 又给出了上述祁型不等式的离散形式[9],笔者在文献[11]中将 Y. Miao 和 J. F. Liu 的结果推广到二元情况.下面讨论定理 8 在二元祁锋不等式中的应用,即讨论 p,α,β 在什么条件下,不等式

$$\sum_{i=1}^{n}\sum_{k=1}^{n} x_{ki}^p \geqslant \left(\sum_{i=1}^{n}\sum_{k=1}^{n} x_{ki}\right)^{p-1} \tag{1}$$

和

$$\sum_{i=1}^{n}\sum_{k=1}^{n}(x_k y_i)^{\alpha} a_k b_i \geqslant \left(\sum_{i=1}^{n}\sum_{k=1}^{n} x_k y_i a_k b_i\right)^{\beta} \tag{2}$$

成立.

先给出下面两个引理:

引理 4[5] 设 X 为一个离散型随机变量,$E(X)$ 为其数学期望,若 $g(x)$ 为其上的连续凸函数,则有 $E(g(X)) \leqslant g(E(X))$.

引理 5 设 $x_i(i=1,2,\cdots,n)$ 为非负实数,则当 $p>1$ 时,不等式 $\left(\sum_{i=1}^{n} x_i\right)^p \geqslant n^{p-1}\sum_{i=1}^{n} x_i^p$ 成立.

证明　令 $f(x)=x^p, p>1$，易知 $f(x)$ 为区间 $(0,+\infty)$ 上的凸函数，利用 Jessen 不等式即得.

定理 13　设 $x_{ki}(k=1,2,\cdots,n; i=1,2,\cdots,n)$ 为正数，$p>1$，且满足 $\sum_{i=1}^{n}\sum_{k=1}^{n}x_{ki}\geqslant n^{2(p-1)}$，则有不等式（1）成立.

证明　由定理 8 与引理 5 可得

$$\sum_{i=1}^{n}\sum_{k=1}^{n}x_{ki}^{p}\geqslant\sum_{i=1}^{n}\frac{1}{n^{p-1}}\left(\sum_{k=1}^{n}x_{ki}\right)^{p}=$$

$$\frac{1}{n^{p-1}}\sum_{i=1}^{n}\frac{\left(\sum\limits_{k=1}^{n}x_{ki}\right)^{p}}{1^{p-1}}\geqslant$$

$$\frac{1}{n^{p-1}}\frac{\left(\sum\limits_{i=1}^{n}\sum\limits_{k=1}^{n}x_{ki}\right)^{p}}{\left(\sum\limits_{i=1}^{n}1\right)^{p-1}}\geqslant\left(\sum_{i=1}^{n}\sum_{k=1}^{n}x_{ki}\right)^{p-1}$$

定理 14　设 $x_k, y_i, a_k, b_i (k=1,2,\cdots,n; i=1,2,\cdots,n)$ 为非负数，若 $\alpha>\beta>1$ 且满足

$$\left(\sum_{i=1}^{n}\sum_{k=1}^{n}x_ky_ia_kb_i\right)^{\beta-\alpha}\leqslant\left(\sum_{i=1}^{n}\sum_{k=1}^{n}a_kb_i\right)^{1-\alpha}$$

则不等式（2）成立.

证明　设 (X,Y) 为一个二维随机变量，且定义

$$P(X=x_k, Y=y_i)=\frac{a_kb_i}{\sum\limits_{i=1}^{n}\sum\limits_{k=1}^{n}a_kb_i}$$

易知

$$E(XY)=\frac{\sum\limits_{i=1}^{n}\sum\limits_{k=1}^{n}x_ky_ia_kb_i}{\sum\limits_{i=1}^{n}\sum\limits_{k=1}^{n}a_kb_i}$$

与

$$E[(XY)^\alpha] = \frac{\sum\limits_{i=1}^{n}\sum\limits_{k=1}^{n}(x_k y_i)^\alpha a_k b_i}{\sum\limits_{i=1}^{n}\sum\limits_{k=1}^{n}a_k b_i}$$

又因为 $y=x^\alpha$ 为 $(0,+\infty)$ 上的凸函数,易知 $[E(X)]^\alpha$ $\leqslant E(X^\alpha)$,考虑到引理 4,所以

$$\left(\sum_{i=1}^{n}\sum_{k=1}^{n}x_k y_i a_k b_i\right)^\beta = \left(E(XY)\sum_{i=1}^{n}\sum_{k=1}^{n}a_k b_i\right)^\beta =$$

$$\left(E(XY)\sum_{i=1}^{n}\sum_{k=1}^{n}a_k b_i\right)^\beta \cdot$$

$$(E(XY))^{\beta-\alpha}(E(XY))^\alpha \leqslant$$

$$E(XY)^\alpha\left(\sum_{i=1}^{n}\sum_{k=1}^{n}a_k b_i\right)^\beta(E(XY))^{\beta-\alpha} \leqslant$$

$$E(XY)^\alpha\sum_{i=1}^{n}\sum_{k=1}^{n}a_k b_i$$

整理即得不等式(2).

定理 15 设 $x_k,y_i,a_k,b_i(k=1,2,\cdots,n;i=1,$ $2,\cdots,n)$ 为非负数,$M_1 = \max\{x_1,x_2,\cdots,x_n\}$,$m_1 =$ $\min\{x_1,x_2,\cdots,x_n\}$,$M_2 = \max\{y_1,y_2,\cdots,y_n\}$,$m_2 =$ $\min\{y_1,y_2,\cdots,y_n\}$,$\alpha > \beta > 1$,且满足

$$\frac{(m_1 m_2)^{\alpha-1}}{(M_1 M_2)^{\beta-1}\left(\sum\limits_{i=1}^{n}\sum\limits_{k=1}^{n}a_k b_i\right)^{\beta-1}} \geqslant 1 \qquad (3)$$

则不等式(2)成立. 若条件(3)变为

$$\frac{(M_1 M_2)^{\alpha-1}}{(m_1 m_2)^{\beta-1}\left(\sum\limits_{i=1}^{n}\sum\limits_{k=1}^{n}a_k b_i\right)^{\beta-1}} \leqslant 1 \qquad (4)$$

则不等式(2)中的不等号反向.

证明　设 (X,Y) 为一个二维随机变量且定义

$$P(X=x_k,Y=y_i)=\frac{x_k y_i a_k b_i}{\sum_{i=1}^{n}\sum_{k=1}^{n}x_k y_i a_k b_i}$$

则

$$\frac{\sum_{i=1}^{n}\sum_{k=1}^{n}(x_k y_i)^{\alpha}a_k b_i}{\left(\sum_{i=1}^{n}\sum_{k=1}^{n}x_k y_i a_k b_i\right)^{\beta}}=$$

$$\frac{\sum_{i=1}^{n}\sum_{k=1}^{n}(x_k y_i)^{\alpha-1}\dfrac{x_k y_i a_k b_i}{\sum_{i=1}^{n}\sum_{k=1}^{n}x_k y_i a_k b_i}}{\left(\sum_{i=1}^{n}\sum_{k=1}^{n}x_k y_i a_k b_i\right)^{\beta-1}}\geqslant$$

$$\frac{(m_1 m_2)^{\alpha-1}}{(M_1 M_2)^{\beta-1}\left(\sum_{i=1}^{n}\sum_{k=1}^{n}a_k b_i\right)^{\beta-1}}\geqslant 1$$

用类似方法可证反向的不等式也成立.

3. 一个公开问题的解决

在文献[12]中有一个公开问题 OQ3182,笔者使用 Hölder 不等式与 Cauchy 不等式完满地解决了这个问题,见文献[13].

引理 6　设 $x_k>0,k=1,2,\cdots,n,\alpha>1$,则有

$$\frac{\sqrt[\alpha]{n\sum_{k=1}^{n}x_k^{2\alpha}}}{\sum_{k=1}^{n}x_k^{\alpha-1}}\geqslant\frac{\sum_{k=1}^{n}x_k^{\alpha+1}}{\left(\sum_{k=1}^{n}x_k^{\alpha}\right)^{\frac{\alpha-2}{\alpha}}}$$

证明　上述不等式等价于

$$\sum_{k=1}^{n}x_k^{\alpha+1}\sum_{k=1}^{n}x_k^{\alpha-1}\leqslant\sqrt[\alpha]{n\sum_{k=1}^{n}x_k^{2\alpha}}\left(\sum_{k=1}^{n}x_k^{\alpha}\right)^{\frac{\alpha-2}{\alpha}}\qquad(5)$$

在 Hölder 不等式中取 $p=\dfrac{\alpha}{\alpha-1}>1$ 以及 $q=\alpha$ 可得

$$\sum_{k=1}^{n}x_k^{\alpha+1}=\sum_{k=1}^{n}x_k^2 x_k^{\alpha-1}\leqslant\Big(\sum_{k=1}^{n}x_k^{\alpha}\Big)^{\frac{\alpha-1}{\alpha}}\Big(\sum_{k=1}^{n}x_k^{2\alpha}\Big)^{\frac{1}{\alpha}}$$

所以要证明式(5),只需证明

$$\sum_{k=1}^{n}x_k^{\alpha-1}\leqslant n^{\frac{1}{\alpha}}\Big(\sum_{k=1}^{n}x_k^{\alpha}\Big)^{\frac{\alpha-1}{\alpha}}$$

再次利用 Hölder 不等式可得

$$\sum_{k=1}^{n}x_k^{\alpha-1}=\sum_{k=1}^{n}1\cdot x_k^{\alpha-1}\leqslant$$

$$\Big(\sum_{k=1}^{n}1^{\alpha}\Big)^{\frac{1}{\alpha}}\Big(\Big(\sum_{k=1}^{n}x_k^{\alpha-1}\Big)^{\frac{\alpha}{\alpha-1}}\Big)^{\frac{\alpha-1}{\alpha}}\leqslant$$

$$n^{\frac{1}{\alpha}}\Big(\sum_{k=1}^{n}x_k^{\alpha}\Big)^{\frac{\alpha-1}{\alpha}}$$

证毕.

定理 16(OQ3182)　设 $x_k>0(k=1,2,\cdots,n)$,$\alpha>1$,则有

$$\frac{\sqrt{n\sum_{k=1}^{n}x_k^{2\alpha}}}{\sum_{k=1}^{n}x_k^{\alpha-1}}\geqslant\frac{\sum_{k=1}^{n}x_k^{\alpha+1}}{\sum_{k=1}^{n}x_k^{\alpha}}$$

证明　考虑引理 6 中的不等式(5),只需要证明

$$\Big(\sum_{k=1}^{n}x_k^{\alpha}\Big)^{\frac{2\alpha-2}{\alpha}}\sqrt{n\sum_{k=1}^{n}x_k^{2\alpha}}\leqslant\sum_{k=1}^{n}x_k^{\alpha}\sqrt{\sum_{k=1}^{n}x_k^{2\alpha}}\quad(6)$$

化简不等式(6),只需证明

$$\Big(\sum_{k=1}^{n}x_k^{\alpha}\Big)^{\frac{2\alpha-2}{\alpha}}\leqslant\Big(n\sum_{k=1}^{n}x_k^{2\alpha}\Big)^{\frac{1}{2}-\frac{1}{\alpha}}\quad(7)$$

应用 Cauchy 不等式可得

$$\sum_{k=1}^{n} x_k^{\alpha} = \sum_{k=1}^{n} 1 \cdot x_k^{\alpha} \leqslant \left(n \sum_{k=1}^{n} x_k^{2\alpha} \right)^{\frac{1}{2}}$$

这表明不等式(7) 成立,定理证毕.

注　当 $x_k > 0 (k = 1, 2, \cdots, n)$, $\alpha = 1$ 时,则有

$$\frac{\sqrt{n \sum\limits_{k=1}^{n} x_k^2}}{n} \leqslant \frac{\sum\limits_{k=1}^{n} x_k^2}{\sum\limits_{k=1}^{n} x_k}$$

应用 Cauchy 不等式容易证明此不等式,资不赘述.

注　当 $\alpha = 3$ 时,得到

$$\sum_{k=1}^{n} x_k^2 \sum_{k=1}^{n} x_k^4 \leqslant \sum_{k=1}^{n} x_k^3 \sqrt{n \sum_{k=1}^{n} x_k^6}$$

这是《数学通报》中 2465 号问题.

第二节　积分型 Cauchy 不等式的应用

1. 积分型 Cauchy 不等式及其推广

给出积分形式的 Cauchy 不等式以及与之密切相关的 Hölder 不等式和 Minkowski 不等式:

定理 17(Cauchy)　设 $f(x)$ 与 $g(x)$ 在区间 $[a, b]$ 上可积,则有

$$\left(\int_a^b \mid f(x)g(x) \mid \mathrm{d}x \right)^2 \leqslant$$

$$\left(\int_a^b f^2(x)\mathrm{d}x \right) \left(\int_a^b g^2(x)\mathrm{d}x \right)$$

定理 18(Hölder)　对于任意的 $r, s > 1$ 及 $\dfrac{1}{r} + \dfrac{1}{s} = 1$,若 $\mid f(x) \mid^r$ 与 $\mid g(x) \mid^s$ 在 $[a, b]$ 上可积,则有

$$\int_a^b f(x)g(x)\mathrm{d}x \leqslant$$

$$\left(\int_a^b | f(x) |^r \mathrm{d}x\right)^{\frac{1}{r}} \left(\int_a^b | g(x) |^s \mathrm{d}x\right)^{\frac{1}{s}}$$

定理 19(Minkowski) 设 $f(x)$ 与 $g(x)$ 在区间 $[a,b]$ 上可积,且 $p > 1$,则有

$$\left(\int_a^b | f(x) + g(x) |^p \mathrm{d}x\right)^{\frac{1}{p}} \leqslant$$

$$\left(\int_a^b | f(x) |^p \mathrm{d}x\right)^{\frac{1}{p}} + \left(\int_a^b | g(x) |^p \mathrm{d}x\right)^{\frac{1}{p}}$$

定理 20 设 $f(x)$ 与 $g(x)$ 为 $[a,b]$ 上的连续正值函数,且 $\dfrac{1}{p} + \dfrac{1}{q} = 1, q > 1$,当 $p > 1$ 或 $p < 0$ 时,则

$$\int_a^b \frac{(f(x))^p}{(g(x))^{\frac{p}{q}}} \mathrm{d}x \geqslant \frac{\left(\int_a^b f(x)\mathrm{d}x\right)^p}{\left(\int_a^b g(x)\mathrm{d}x\right)^{\frac{p}{q}}}$$

等号成立当且仅当 $kf(x)^p = lg(x)^q, k, l$ 为任意常数.

证明 当 $p > 1$ 时,利用 Hölder 不等式可知

$$\int_a^b f(x)\mathrm{d}x = \int_a^b \frac{(f(x))^p}{(g(x))^{\frac{1}{q}}} (g(x))^{\frac{1}{q}} \mathrm{d}x \leqslant$$

$$\left(\int_a^b \frac{(f(x))^p}{(g(x))^{\frac{p}{q}}} \mathrm{d}x\right)^{\frac{1}{p}} \left(\int_a^b g(x)\mathrm{d}x\right)^{\frac{1}{q}}$$

所以

$$\left(\int_a^b \frac{(f(x))^p}{(g(x))^{\frac{p}{q}}} \mathrm{d}x\right)^{\frac{1}{p}} \geqslant \frac{\int_a^b f(x)\mathrm{d}x}{\left(\int_a^b g(x)\mathrm{d}x\right)^{\frac{1}{q}}}$$

然后将两边 p 次方即得结果;

当 $p < 0$ 时,由反向的 Hölder 不等式,可知

24

$$\int_a^b f(x)\,\mathrm{d}x = \int_a^b \frac{(f(x))^p}{(g(x))^{\frac{1}{q}}}\,(g(x))^{\frac{1}{q}}\,\mathrm{d}x \geqslant$$

$$\left(\int_a^b \frac{(f(x))^p}{(g(x))^{\frac{p}{q}}}\,\mathrm{d}x\right)^{\frac{1}{p}}\left(\int_a^b g(x)\,\mathrm{d}x\right)^{\frac{1}{q}}$$

注意到 $p < 0$,将两边 p 次方即得结果.

当 $p = 2$ 时,就得到下面有用的不等式,在此我们给出一种新的概率证法.

推论 1　设 $f(x),g(x)$ 为 $[a,b]$ 上的连续正值函数,则

$$\int_a^b \frac{(f(x))^2}{g(x)}\,\mathrm{d}x \geqslant \frac{\left(\int_a^b f(x)\,\mathrm{d}x\right)^2}{\int_a^b g(x)\,\mathrm{d}x}$$

等号成立当且仅当 $f(x) = kg(x)$,k 为任意常数.

证明　对区间 $[a,b]$ 做分割,设分点为 $a = x_0 < x_1 < \cdots < x_n = b$,且设随机变量 ξ 的概率分布为

$$P\left(\xi = \frac{f(x_i)}{g(x_i)}\right) = \frac{g(x_i)}{\sum\limits_{i=1}^n g(x_i)}$$

则易知

$$E(\xi) = \frac{\sum\limits_{i=1}^n f(x_i)}{\sum\limits_{i=1}^n g(x_i)}$$

令 $h(x) = x^2$,则 $h(x)$ 为 $(0, +\infty)$ 上的凸函数. 由 Jensen 不等式可知 $E(h(\xi)) \geqslant h(E(\xi))$. 然而

$$E(h(\xi)) = \sum_{i=1}^n \left(\frac{f(x_i)}{g(x_i)}\right)^2 \frac{g(x_i)}{\sum\limits_{i=1}^n g(x_i)} =$$

25

$$\frac{1}{\sum\limits_{i=1}^{n} g(x_i)} \sum\limits_{i=1}^{n} \frac{f^2(x_i)}{g(x_i)}$$

与

$$h(E(\xi)) = \frac{\left(\sum\limits_{i=1}^{n} f(x_i)\right)^2}{\left(\sum\limits_{i=1}^{n} g(x_i)\right)^2}$$

所以可得到

$$\sum\limits_{i=1}^{n} \frac{f^2(x_i)}{g(x_i)} \geqslant \frac{\sum\limits_{i=1}^{n} f^2(x_i)}{\sum\limits_{i=1}^{n} g(x_i)}$$

两边同乘以 Δx_i,则有

$$\sum\limits_{i=1}^{n} \frac{f^2(x_i)}{g(x_i)} \Delta x_i \geqslant \frac{\sum\limits_{i=1}^{n} (f(x_i)\Delta x_i)^2}{\sum\limits_{i=1}^{n} g(x_i)\Delta x_i}$$

再令 $\|T\| \to 0$ 即得.

下面通过几个例子说明它们在一些积分不等式证明中的应用.

例 4 设 $f(x)$ 在 $[a,b]$ 上连续,且 $f(x) > 0$,则有

$$\left(\int_a^b f(x)\mathrm{d}x\right)^n \leqslant (b-a)^{n-1} \int_a^b f^n(x)\mathrm{d}x$$

证明 在定理 20 中令 $p=n, g(x)=1$,则 $\frac{p}{q} = n-1$,代入即得.

例 5 设 $f(x)$ 为 $[a,b]$ 上的连续函数,且 $f(0) = 0, 0 < f'(x) < 1$,则有

26

$$\int_0^1 \frac{f(x)}{1-f(x)}\mathrm{d}x \geqslant \frac{\int_0^1 f^2(x)\mathrm{d}x}{1-\int_0^1 f(x)\mathrm{d}x}$$

证明　利用推论 1 可知

$$\int_0^1 \frac{f(x)}{1-f(x)}\mathrm{d}x = \int_0^1 \frac{(\sqrt{f(x)})^2}{1-f(x)}\mathrm{d}x \geqslant$$

$$\frac{\left(\int_0^1 \sqrt{f(x)}\,\mathrm{d}x\right)^2}{\int_0^1 1-f(x)\mathrm{d}x}$$

下面只需证明

$$\left(\int_0^1 \sqrt{f(x)}\,\mathrm{d}x\right)^2 \geqslant \int_0^1 f^2(x)\mathrm{d}x$$

令

$$F(x) = \left(\int_0^x \sqrt{f(t)}\,\mathrm{d}t\right)^2 - \int_0^x f^2(t)\mathrm{d}t$$

则易知

$$F(0)=0, F'(x)=2\int_0^x \sqrt{f(t)}\,\mathrm{d}t\sqrt{f(x)} - f^2(x)$$

所以只需证

$$G(x)=2\int_0^x \sqrt{f(t)}\,\mathrm{d}t - f^{\frac{3}{2}}(x) > 0, G(0)=0$$

$$G'(x)=2\sqrt{f(x)} - \frac{3}{2}f^{\frac{1}{2}}(x)f'(x) > 0$$

所以 $F'(x) > 0, F(x)$ 在 $[0,1]$ 上单调递增,所以 $F(1) > F(0)=0$. 即证.

2. 积分型不等式在祁锋不等式中的应用

对于祁锋不等式,目前大约有 50 余篇文献,可见对这个课题的研究兴趣非常大. 积分形式的祁锋不等式最原始的形式是下面的定理[6]:

27

定理 21　对任何连续函数 $f(x) \in [a, b]$ 以及 $\int_a^b f(x)\mathrm{d}x \geqslant (b-a)^{p-1}$, 则有

$$\int_a^b f^p(x)\mathrm{d}x \geqslant \left(\int_a^b f(x)\mathrm{d}x\right)^{p-1} \qquad (8)$$

成立.

之后, 在文献[14] 中, Sarikaya 等人证明了:

定理 22　对任何连续函数 $f(x) \in [a, b]$ 以及 $f(a) = 0$, 满足

$$\left((f(x))^{\frac{\alpha-\beta}{\beta-1}}\right)' \geqslant \frac{(\alpha-\beta)\beta^{\frac{1}{\beta-1}}}{\alpha-1}$$

则有 $\int_a^b f^\alpha(x)\mathrm{d}x \geqslant \left(\int_a^b f(x)\mathrm{d}x\right)^\beta$.

在文献[15] 中, 一个新的祁锋型不等式被证明.

定理 23　设 $p > 1$, 对任何连续函数 $f(x)$ 使得 $f(a) \geqslant 0$ 以及 $f'(x) \geqslant p$, 则有

$$\int_a^b f^{p+2}(x)\mathrm{d}x \geqslant \frac{1}{(b-a)^{p-1}}\left(\int_a^b f(x)\mathrm{d}x\right)^{p+1}$$

下面我们给出一种和式形式的祁锋不等式, 为此先证明下面的引理.

引理 7　若 $f(x)g(x)$ 是连续可微的, $p > 1$, 则有

$$\sum_{k=1}^n \int_a^b \frac{f_k^p(x)}{g_k^{p-1}(x)}\mathrm{d}x \geqslant \sum_{k=1}^n \frac{\left(\int_a^b f_k(x)\mathrm{d}x\right)^p}{\left(\int_a^b g_k(x)\mathrm{d}x\right)^{p-1}} \qquad (9)$$

证明　当 $n = 1$ 时, 不等式显然成立.

当 $n = 2$ 时, 上述不等式可被写为

$$\frac{\int_a^b (f_1(x) + f_2(x))^p \mathrm{d}x}{\int_a^b (g_1(x) + g_2(x))^{p-1} \mathrm{d}x} \leqslant$$

$$\frac{\int_a^b f_1^p(x)\mathrm{d}x}{\int_a^b g_1^{p-1}(x)\mathrm{d}x} + \frac{\int_a^b f_2^p(x)\mathrm{d}x}{\int_a^b g_2^{p-1}(x)\mathrm{d}x} \qquad (10)$$

令

$$A_1 = \parallel f_1(x) \parallel_p = \left(\int_a^b f_1^p(x)\mathrm{d}x\right)^{\frac{1}{p}}$$

$$A_2 = \parallel f_2(x) \parallel_p = \left(\int_a^b f_2^p(x)\mathrm{d}x\right)^{\frac{1}{p}}$$

$$B_1 = \parallel g_1(x) \parallel_{p-1} = \left(\int_a^b g_1^{p-1}(x)\mathrm{d}x\right)^{\frac{1}{p-1}}$$

$$B_2 = \parallel g_2(x) \parallel_{p-1} = \left(\int_a^b g_2^{p-1}(x)\mathrm{d}x\right)^{\frac{1}{p-1}}$$

则不等式变为

$$\frac{A_1^p}{B_1^{p-1}} + \frac{A_2^p}{B_2^{p-1}} \geqslant \frac{(A_1+A_2)^p}{(B_1+B_2)^{p-1}} \qquad (11)$$

通过定理 20,我们得到

$$\frac{A_1^p}{B_1^{p-1}} + \frac{A_2^p}{B_2^{p-1}} \geqslant \frac{(A_1+A_2)^p}{(B_1+B_2)^{p-1}} \qquad (12)$$

因此,为了证明不等式(11),它足以表明

$$\frac{(\parallel f_1(x) \parallel_p + \parallel f_2(x) \parallel_p)^p}{(\parallel g_1(x) \parallel_{p-1} + \parallel g_2(x) \parallel_{p-1})^{p-1}} \geqslant$$
$$\frac{\parallel f_1(x)+f_2(x) \parallel_p^p}{\parallel g_1(x)+g_2(x) \parallel_{p-1}^{p-1}} \qquad (13)$$

因为 $1 < p \leqslant 2$,应用 Minkowski 不等式可得到

$$\parallel f_1(x) \parallel_p + \parallel f_2(x) \parallel_p \geqslant \parallel f_1(x)+f_2(x) \parallel_p \qquad (14)$$

和

$$\parallel g_1(x) \parallel_{p-1} + \parallel g_2(x) \parallel_{p-1} \leqslant$$
$$\parallel g_1(x)+g_2(x) \parallel_{p-1} \qquad (15)$$

综合不等式(14)和不等式(15),就可得到不等式(13).

现在假设不等式(9)对任意的 $n=m$ 都成立.当 $i=1,2,\cdots,m-1$ 时,令

$$\begin{cases} p_i(x)=f_i(x) \\ p_m(x)=f_m(x)+f_{m+1}(x) \end{cases}$$

和

$$\begin{cases} q_i(x)=g_i(x) \\ q_m(x)=g_m(x)+g_{m+1}(x) \end{cases}$$

通过对不等式(10)用归纳假设的方法,我们得到

$$\frac{\displaystyle\int_a^b\Big(\sum_{k=1}^{m+1}f_k(x)\Big)^p\mathrm{d}x}{\displaystyle\Big(\sum_{k=1}^{m+1}g_k(x)\Big)^{p-1}\mathrm{d}x}=\frac{\displaystyle\int_a^b\Big(\sum_{k=1}^{m+1}p_k(x)\Big)^p\mathrm{d}x}{\displaystyle\Big(\sum_{k=1}^{m+1}q_k(x)\Big)^{p-1}\mathrm{d}x}\leqslant$$

$$\sum_{k=1}^m\frac{\displaystyle\int_a^b p_k^p(x)\mathrm{d}x}{\displaystyle\int_a^b q_k^{p-1}(x)\mathrm{d}x}=$$

$$\sum_{k=1}^m\frac{\displaystyle\int_a^b f_k^p(x)\mathrm{d}x}{\displaystyle\int_a^b g_k^{p-1}(x)\mathrm{d}x}+\frac{\displaystyle\int_a^b(f_m(x)+f_{m+1}(x))^p\mathrm{d}x}{\displaystyle\int_a^b(g_m(x)+g_{m+1}(x))^{p-1}\mathrm{d}x}\leqslant$$

$$\sum_{k=1}^{m+1}\frac{\displaystyle\int_a^b f_k^p(x)\mathrm{d}x}{\displaystyle\int_a^b g_k^{p-1}(x)\mathrm{d}x}$$

这意味着不等式(9)对任意的 $n=m+1$ 都成立.

推论 2 设 $x_{ki}(k=1,2,\cdots,n;i=1,2,\cdots,s)$ 为正数,且 $0<\alpha\leqslant 1$,则有

$$\sum_{i=1}^{s} \frac{\sum\limits_{k=1}^{n} x_{ki}^{\alpha+1}}{\sum\limits_{k=1}^{n} y_{ki}^{\alpha}} \geqslant \frac{\sum\limits_{k=1}^{n} \Big(\sum\limits_{i=1}^{s} x_{ki}\Big)^{\alpha+1}}{\sum\limits_{k=1}^{n} \Big(\sum\limits_{i=1}^{s} y_{ki}\Big)^{\alpha}}$$

注 在推论 2 中令 $\alpha=1$，我们得到定理 5.

定理 24 对任意连续函数 $f_k(x) \in [a,b]$ 以及

$$\sum_{k=1}^{n} \int_{a}^{b} f_k(x)\mathrm{d}x \geqslant (n(b-a))^{p-1}, 有$$

$$\sum_{k=1}^{n} \int_{a}^{b} f_k^p(x)\mathrm{d}x \geqslant \Big(\sum_{k=1}^{n} \Big(\int_{a}^{b} f_k(x)\mathrm{d}x\Big)\Big)^{p-1}$$

证明 在引理 7 中，令 $g_k(x)=1$，得到

$$\sum_{k=1}^{n} \frac{\int_{a}^{b} f_k^p(x)\mathrm{d}x}{\int_{a}^{b} 1^{p-1}\mathrm{d}x} \geqslant \frac{\int_{a}^{b} \Big(\sum\limits_{k=1}^{n} f_k(x)\Big)^p \mathrm{d}x}{\int_{a}^{b} \Big(\sum\limits_{k=1}^{n} 1\Big)^{p-1} \mathrm{d}x}$$

因此，通过定理 20 和已知条件我们可得到

$$\sum_{k=1}^{n} \int_{a}^{b} f_k^p(x)\mathrm{d}x \geqslant \frac{1}{n^{p-1}} \int_{a}^{b} \Big(\sum_{k=1}^{n} f_k(x)\Big)^p \mathrm{d}x =$$

$$\frac{1}{n^{p-1}} \int_{a}^{b} \frac{\Big(\sum\limits_{k=1}^{n} f_k(x)\Big)^p}{1^{p-1}} \mathrm{d}x \geqslant$$

$$\frac{1}{n^{p-1}} \frac{\Big(\int_{a}^{b} \sum\limits_{k=1}^{n} f_k(x)\mathrm{d}x\Big)^p}{\Big(\int_{a}^{b} 1\mathrm{d}x\Big)^{p-1}} \geqslant$$

$$\Big(\int_{a}^{b} \sum_{k=1}^{n} f_k(x)\mathrm{d}x\Big)^{p-1}$$

定理 25 对任意连续函数 $f_k(x) \in [a,b]\,(k=1,$

$2,\cdots,n)$ 以及 $\sum\limits_{k=1}^{n} f_k(x)$ 单调递增，且

$$\sum_{k=1}^{n} f_k(x) \geqslant (p-1) n^{p-1} (b-a)^{p-2}$$

则有

$$\sum_{k=1}^{n} \int_a^b f_k^p(x) \mathrm{d}x \geqslant \Big(\sum_{k=1}^{n} \Big(\int_a^b f_k(x) \mathrm{d}x \Big) \Big)^{p-1}$$

证明 对任意的 $x \in [a,b]$,令

$$H(x) = \sum_{k=1}^{n} \int_a^x f_k^p(t) \mathrm{d}t - \Big(\int_a^x f_k(t) \mathrm{d}t \Big)^{p-1}$$

则

$$H'(x) =$$

$$\sum_{k=1}^{n} f_k^p(x) - (p-1) \Big(\int_a^x \sum_{k=1}^{n} f_k(t) \mathrm{d}t \Big)^{p-2} \sum_{k=1}^{n} f_k(x)$$

因为 $\sum_{k=1}^{n} f_k(x)$ 在 $[a,b]$ 上递增,所以

$$0 \leqslant \int_a^b \sum_{k=1}^{n} f_k(t) \mathrm{d}t \leqslant (b-a) \sum_{k=1}^{n} f_k(x)$$

此外,通过引理 5,我们得到

$$H'(x) \geqslant$$

$$\sum_{k=1}^{n} f_k^p(x) - (p-1)(b-a)^{p-2} \Big(\sum_{k=1}^{n} f_k(x) \Big)^{p-1} \geqslant$$

$$\frac{1}{n^{p-1}} \Big(\sum_{k=1}^{n} f_k(x) \Big)^{p} -$$

$$(p-1)(b-a)^{p-2} \Big(\sum_{k=1}^{n} f_k(x) \Big)^{p-1} =$$

$$\Big(\sum_{k=1}^{n} f_k(x) \Big)^{p-1} \frac{\sum_{k=1}^{n} f_k(x) - (p-1) n^{p-1} (b-a)^{p-2}}{n^{p-1}} \geqslant 0$$

因此,函数 $H(x)$ 在 $[a,b]$ 上为增函数.

定理 26 设 $p > 1$,对任意连续函数 $f_k(x) \in [a,$

32

$b](k=1,2,\cdots,n)$，$\displaystyle\sum_{k=1}^{n} f_k(a) \geqslant 0$ 以及 $\displaystyle\sum_{k=1}^{n} f'_k(x) \geqslant p$，有

$$\sum_{k=1}^{n}\int_a^b f_k^{p+2}(x)\mathrm{d}x \geqslant \frac{1}{n^{p+1}(b-a)^{p-1}}\Big(\sum_{k=1}^{n}\int_a^b f_k(x)\mathrm{d}x\Big)^{p+1}$$

证明　设任意的 $x \in [a,b]$，令

$$G(x) =$$

$$\sum_{k=1}^{n}\int_a^x f_k^{p+2}(t)\mathrm{d}t - \frac{1}{n^{p+1}(b-a)^{p-1}}\Big(\sum_{k=1}^{n}\int_a^b f_k(x)\mathrm{d}x\Big)^{p+1}$$

通过简单的计算并应用引理 5，我们得到

$$G'(x) = \sum_{k=1}^{n} f_k^{p+2}(x) -$$

$$\frac{p+1}{n^{p+1}(b-a)^{p-1}}\Big(\int_a^x \sum_{k=1}^{n} f_k(t)\mathrm{d}t\Big)^p \sum_{k=1}^{n} f_k(x) \geqslant$$

$$\frac{1}{n^{p+1}}\Big(\sum_{k=1}^{n} f_k(x)\Big)^{p+2} -$$

$$\frac{p+1}{n^{p+1}(b-a)^{p-1}}\Big(\int_a^x \sum_{k=1}^{n} f_k(t)\mathrm{d}t\Big)^p \sum_{k=1}^{n} f_k(x) =$$

$$\frac{\displaystyle\sum_{k=1}^{n} f_k(x)}{n^{p+1}}h(x)$$

$$h'(x) = (p+1)\Big(\sum_{k=1}^{n} f_k(x)\Big)^p \sum_{k=1}^{n} f'_k(x) -$$

$$\frac{(p+1)p}{(b-a)^{p-1}}\Big(\int_a^x \sum_{k=1}^{n} f_k(t)\mathrm{d}t\Big)^{p-1} \sum_{k=1}^{n} f_k(x) \geqslant$$

$$(p+1)\Big(\sum_{k=1}^{n} f_k(x)\Big)^p \Big(\sum_{k=1}^{n} f'_k(x) - p\Big) \geqslant 0$$

因为 $h(x)$ 在 $[a,b]$ 上是递增的，并且

$(\sum_{k=1}^{n} f_k(a))^{p+1} \geqslant 0$，函数 $G(x)$ 在 $[a,b]$ 上也是递增的. 特别地 $G(b) \geqslant G(a) > 0$，这给出了期望的不等式.

值得注意的是，上面的祁锋不等式也被推广到了时间尺度上，相应的结果可以参看文献[17－19].

参考文献

[1] YIN L. A partial solution of OQ3540[J]. Octogon Math. Mag. ,2011,19(2):554-556.

[2] 宋志敏. 一个柯西型的不等式的推广[J]. 河北理科教学研究,2017,4:46-47.

[3] 宋志敏,尹栃. 数学问题 1885 的推广与再研究[J]. 数学通报,2011,12:29-30.

[4] 密特利诺维奇 D S. 解析不等式[M]. 北京:科学出版社,1970.

[5] 李贤平. 概率论基础[M]. 北京:高等教育出版社,2002.

[6] QI F. Several integral inequalities[J]. RGMIA Res. Rep. Coll,1999,2(7):1-3.

[7] QI F,YU K W. Note on an integral inequality[J]. J. Math. Anal. Approx. Theory,2007,2 (1):96-98.

[8] YU W,QI F. A short note on an integral inequality[J]. RGMIA Res. Rep. Coll. ,2001,4 (1):1-3.

[9] MIAO Y,LIU J F. Discrete results of Qi-type inequality[J]. Bull. Korean Math. Soc. ,2009,46(1):125-134.

[10] YIN L. On several new Qi's inequalities[J]. Creat. Math. Inform. ,2011,20(1):90-95.

[11] 尹栃,窦向凯. 一些二元离散型祁型不等式[J]. 滨州学院

学报,2012,3:76-79.

[12] BENCZE M. OQ3182[J]. Octogon Math. Mag. ,2010,18
(1).

[13] YIN L. A solution of OQ3182[J]. Octogon Math. Mag. ,
2010,18(2):525-527.

[14] SARIKAYA M Z,OZKAN U M,YILDIRIM H. Time
scale integral inequalities similar to Qi's inequality[J]. J.
Inequal. Pure Appl. Math. ,2006 (7),no. 4,Art. 128.

[15] AKKOUCHI M. Some integral inequalities[J]. Divulg.
Mat. ,2003,11 (2):121-125.

[16] YIN L,NIU D W,QI F. Some integral inequalities[J].
Tamkang J. Math. ,2013,44(3):279-288.

[17] YIN L,LUO Q M,QI F. Several integral inequalities on
time scales[J]. J. Math. Inequal. ,2012,6(3):419-429.

[18] YIN L,QI F. Several integral inequalities on time scales
[J]. Results Math. ,2012,6(3):419-429.

[19] YIN L,KRASNIQI V B. Some generalizations of Feng Qi
type integral inequalities on time scales[J]. Applied
Mathematics E-Notes,2016(16):231-243.

广义 Gamma 函数

Gamma 函数是数学中最重要的特殊函数之一，与之相关的 digamma，polygamma 函数在特殊函数、数论、统计学、数学物理以及无穷级数理论中都有广泛的应用．本章主要讨论 gamma 函数的三种常见的推广，并讨论它们的单调性、凹凸性与完全单调性．

第一节　广义 Gamma 函数的三种推广与完全单调性

1. 广义 Gamma 函数的三种推广

经典的 Euler 积分亦即 gamma 函数定义为：当 $x > 0$ 时，有

$$\Gamma(x) = \int_0^{+\infty} t^{x-1} \mathrm{e}^t \mathrm{d}t =$$

$$\lim_{n \to \infty} \frac{n! \ n^x}{x(x+1)(x+2)\cdots(x+n)}$$

众所周知，$\Gamma(x)$ 满足下面两个基本关系式

$$\Gamma(n+1) = n!, \quad n \in \mathbf{Z}^* \bigcup \{0\}$$

$$\Gamma(x+1) = x\Gamma(x), \quad x \in \mathbf{R}^*$$

与 gamma 函数密切相关的是 digamma 函数或称 psi 函数 $\psi(x)$，它是 $x > 0$ 时，gamma 函数的对数微商

$$\psi(x) = \frac{\mathrm{d}}{\mathrm{d}x} \ln \Gamma(x) = \frac{\Gamma'(x)}{\Gamma(x)} =$$

$$-\gamma + (x-1) \sum_{n=0}^{+\infty} \frac{1}{(n+1)(n+x)} =$$

$$-\gamma - \frac{1}{x} + \sum_{n=1}^{+\infty} \frac{x}{n(n+x)}$$

这里 $\gamma = \lim\limits_{n \to \infty} \left(\sum\limits_{k=1}^{n} \frac{1}{k} - \ln n \right) = 0.577\ 215\ 664\cdots$ 为 Euler 常数.

Polygamma 函数定义为

$$\psi^{(m)}(x) = \frac{\mathrm{d}^m}{\mathrm{d}x^m} \psi(x) =$$

$$\frac{\mathrm{d}^{m+1}}{\mathrm{d}x^{m+1}} \ln \Gamma(x) =$$

$$(-1)^{m+1} m! \sum_{n=0}^{+\infty} \frac{1}{(n+x)^{m+1}}$$

其中 $x > 0, m \in \mathbf{N}$. 此时有 $\psi^{(0)}(x) \equiv \psi(x)$.

由上述函数定义拓展，我们将 gamma 函数的 p 推广（又称 p 延拓或 p 变形）定义为：对于满足 $x > 0$，$p \in \mathbf{N}^{[1]}$ 的 x, p，有

$$\Gamma_p(x) = \frac{p! \ p^x}{x(x+1)(x+2)\cdots(x+n)}$$

$$\lim_{p \to \infty} \Gamma_p(x) = \Gamma(x)$$

类比 gamma 函数的基本性质,我们有

$$\Gamma_p(x+1) = \frac{px}{x+p+1}\Gamma_p(x)$$

$$\Gamma_p(1) = \frac{p}{p+1}$$

相应的,我们对 digamma 函数和 polygamma 函数同样有类比定义:当 $x > 0$ 时,有

$$\psi_p(x) = \frac{\mathrm{d}}{\mathrm{d}x}\ln\Gamma_p(x) = \ln p - \sum_{n=0}^{p}\frac{1}{n+x}$$

$$\psi_p(x) = \frac{\mathrm{d}^m}{\mathrm{d}x^m}\varphi_p(x) = (-1)^{m-1}m!\sum_{n=0}^{p}\frac{1}{(n+x)^{m+1}}$$

此时有 $\psi_p^{(0)} \equiv \psi_p(x)$.

在 2007 年,Diaz 和 Pariguan 也在文献[2]中,以 $k > 0, x \in \mathbf{C}/k\mathbf{Z}^-$ 为前提,对 gamma 函数进行了 k 推广

$$\Gamma_k(x) = \int_0^{+\infty} t^{x-1}\mathrm{e}^{-\frac{t^k}{k}}\mathrm{d}t = \lim_{n \to \infty}\frac{n! \ k^n(nk)^{\frac{x}{k}-1}}{(x)_{n,k}}$$

此时,我们有以下结论

$$\lim_{k \to 1}\Gamma_k(x) = \Gamma(x)$$

$$(x)_{n,k} = x(x+k)(x+2k)\cdots(x+(n-1)k)$$

其中 $(x)_{n,k}$ 称为 pochhammer 的 k 符号.

类似的,我们可在 $x > 0$ 时定义 digamma 函数和 polygamma 函数的 k 推广

$$\psi_k(x) = \frac{\mathrm{d}}{\mathrm{d}x}\ln\Gamma_k(x) =$$

$$\frac{\ln k - \gamma}{k} - \frac{1}{x} + \sum_{n=1}^{+\infty}\frac{x}{nk(nk+x)}$$

$$\psi_k^{(m)}(x)=\frac{\mathrm{d}^m}{\mathrm{d}x^m}\psi_k(x)=(-1)^{m+1}m!\sum_{n=0}^{+\infty}\frac{1}{(nk+x)^{m+1}}$$

此时有 $\psi_k^{(0)}(x)\equiv\psi_k(x)$.

　　下面再给出 gamma 函数的 (p,k) 推广,详细的可以参看文献 $[3-5]$.

　　定义 1　对 $p\in\mathbf{N},k>0$,定义 gamma 函数的 (p,k) 推广为

$$\Gamma_{p,k}(x)=\int_0^p t^{x-1}\left(1-\frac{t^k}{pk}\right)^p\mathrm{d}t=$$

$$\frac{(p+1)!\ k^{p+1}(pk)^{\frac{x}{k}-1}}{x(x+k)(x+2k)\cdots(x+pk)}$$

对 $x\in\mathbf{R}^*$,函数应满足以下等式

$$\Gamma_{p,k}(x+k)=\frac{pkx}{x+pk+k}\Gamma_{p,k}(x)\qquad(1)$$

$$\Gamma_{p,k}(ak)=\frac{p+1}{p}k^{a-1}\Gamma_p(a)\quad(a\in\mathbf{R})\qquad(2)$$

$$\Gamma_{p,k}(k)=1\qquad(3)$$

与此同时,我们发现函数 $\Gamma_{p,k}(x)$ 满足下面的交互关系

$$
\begin{array}{ccc}
\Gamma_{p,k}(x) & \xrightarrow{\ p\to\infty\ } & \Gamma_k(x)\\
{\scriptstyle k\to1}\downarrow & & \downarrow{\scriptstyle k\to1}\\
\Gamma_p(x) & \xrightarrow{\ p\to\infty\ } & \Gamma(x)
\end{array}
$$

类似的,我们可将 digamma 函数的 (p,k) 推广定义为 $\Gamma_{p,k}(x)$ 的对数导数

$$\psi_{p,k}(x)=\frac{\mathrm{d}}{\mathrm{d}x}\ln\Gamma_{p,k}(x)=\frac{\Gamma'_{p,k}(x)}{\Gamma_{p,k}(x)}$$

　　函数满足下面的两个基本形式

$$\psi_{p,k}(x)=\frac{1}{k}\ln(pk)-\sum_{n=0}^p\frac{1}{nk+x}=$$

$$\frac{1}{k}\ln(pk) - \int_0^{+\infty} \frac{1 - e^{-k(p+1)t}}{1 - e^{-kt}} e^{-xt} dt \quad (4)$$

Polygamma 函数同样可定义为

$$\psi_{p,k}^{(m)}(x) = \frac{d^m}{dx^m}\psi_{p,k}(x) =$$

$$(-1)^{m+1} m! \sum_{n=0}^{p} \frac{1}{(nk+x)^{m+1}} =$$

$$(-1)^{m+1} \int_0^{+\infty} \left(\frac{1 - e^{-k(m+1)p}}{1 - e^{-kt}}\right) t^m e^{-xt} dt \quad (5)$$

对 $m \in \mathbf{N}$,我们仍有恒等式

$$\psi_{p,k}^{(0)}(x) \equiv \psi_{p,k}(x)$$

我们可容易得出以下结论

$$\psi_{p,k}(x) = \begin{cases} > 0, & m \text{ 为奇数} \\ < 0, & m \text{ 为偶数} \end{cases}$$

这意味着对任意实数 x,函数 $\psi'_{p,k}(x)$ 完全单调.

注 由等式(1),我们可得以下关系

$$\psi_{p,k}(x+k) - \psi_{p,k}(x) = \frac{1}{x} - \frac{1}{x+pk+k} \quad (6)$$

$$\psi_{p,k}^{(m)}(x+k) - \psi_{p,k}^{(m)}(x) =$$

$$\frac{(-1)^m m!}{x^{m+1}} - \frac{(-1)^m m!}{(x+pk+k)^{m+1}} \quad (m \in \mathbf{N}) \quad (7)$$

同时由等式(4),我们可得推论

$$\psi_{p,k}(k) = \frac{1}{k}(\ln(pk) - H(p+1))$$

此处 $H(n)$ 为 n 次调和数.

经典的 beta 函数的 (n,k) 推广定义为

$$B_{p,k}(x,y) = \frac{\Gamma_{p,k}(x)\Gamma_{p,k}(y)}{\Gamma_{p,k}(x+y)} \quad (x > 0, y > 0)$$

引理 1 函数 $\psi_{p,k}(x)$ 满足下面三个限制条件:

(1) $p \to \infty, \psi_{p,k}(x) \to \psi_k(x)$;

$(2) k \to 1, \psi_{p,k}(x) \to \psi_p(x);$

$(3) p \to \infty, k \to 1, \psi_{p,k}(x) \to \psi(x).$

证明 （1）由等式（4），可得

$$\lim_{p \to \infty} \Big(\frac{1}{k}\ln(pk) - \frac{1}{x} -$$

$$\sum_{n=1}^{p} \frac{1}{(nk+x)} - \sum_{n=1}^{p} \frac{1}{nk} + \sum_{n=1}^{p} \frac{1}{nk}\Big) =$$

$$\lim_{p \to \infty} \Big(\frac{1}{k}\ln(pk) - \sum_{n=1}^{p} \frac{1}{nk} - \frac{1}{x} +$$

$$\sum_{n=1}^{p} \frac{1}{nk} - \sum_{n=1}^{p} \frac{1}{(nk+x)}\Big) =$$

$$\lim_{p \to \infty} \Big(\frac{1}{k}\ln p + \frac{1}{k}\ln k - \frac{1}{k}\sum_{n=1}^{p} \frac{1}{n} - \frac{1}{x} +$$

$$\sum_{n=1}^{p} \frac{x}{nk(nk+x)}\Big) =$$

$$\frac{1}{k}\ln k - \frac{\gamma}{k} - \frac{1}{x} + \sum_{n=1}^{+\infty} \frac{x}{nk(nk+x)} =$$

$$\psi_k(x)$$

（2）同样由等式（4），我们有

$$\lim_{k \to 1} \psi_{p,k}(x) = \lim_{k \to 1}\Big(\frac{1}{k}\ln(pk) - \sum_{n=0}^{p} \frac{1}{(nk+x)}\Big) =$$

$$\ln p - \sum_{n=0}^{p} \frac{1}{n+x} =$$

$$\psi_p(x)$$

（3）我们可由（1）或（2）得出

$$\lim_{k \to 1}(\lim_{p \to \infty} \varphi_{p,k}(x)) = \lim_{k \to 1} \varphi_k(x) = \varphi(x)$$

引理 2 使 $C_{p,k}(x) = -\psi_{p,k}(1)$ 称为 (p,k) 的广义 Euler 常数，此时

$$p \to \infty, k \to 1, C_{p,k} \to \gamma$$

证明　此时将结论展开,即

$$\lim_{k \to 1} \psi_{p,k}(1) = \lim_{k \to 1}\left(\ln(pk) - \sum_{n=0}^{p} \frac{1}{(nk+1)}\right) =$$

$$\ln p - \sum_{n=0}^{p} \frac{1}{n+1}$$

然后,化简可得

$$\lim_{p \to \infty}(\lim_{k \to 1} \gamma_{p,k}) = \lim_{p \to \infty}(-\lim_{k \to 1} \psi_{p,k}(1)) =$$

$$-\lim_{p \to \infty}\left(\ln p - \sum_{n=0}^{p} \frac{1}{n+1}\right) =$$

$$-\lim_{p \to \infty}\left(\ln p - \sum_{n=1}^{p} \frac{1}{n} + \sum_{n=1}^{p} \frac{1}{n} - 1 - \sum_{n=1}^{p} \frac{1}{n+1}\right) =$$

$$-\lim_{p \to \infty}\left(\ln p - \sum_{n=1}^{p} \frac{1}{n}\right) + 1 - \sum_{n=1}^{p}\left(\frac{1}{n} - \frac{1}{n+1}\right) = \gamma$$

定理 1　函数 $\Gamma_{p,k}(x)$ 为对数凸函数.

证明　我们欲证明在 $x > 0, y > 0$ 以及 $\alpha > 0$, $\beta > 0, \alpha + \beta = 1$ 的条件下有

$$\Gamma_{p,k}(\alpha x + \beta y) \leqslant (\Gamma_{p,k}(x))^{\alpha}(\Gamma_{p,k}(y))^{\beta}$$

由 Young 不等式我们可得

$$x^{\alpha} y^{\beta} \leqslant \alpha x + \beta y$$

通过整理上述不等式,我们得

$$\left(k + \frac{x}{t}\right)^{\alpha}\left(k + \frac{y}{t}\right)^{\beta} \leqslant k + \frac{\alpha x + \beta y}{t}$$

接下来,在不等式左右两端对 t 从 1 连乘到 p,可得下面这个等式

$$\prod_{t=1}^{p}\left(k + \frac{x}{t}\right)^{\alpha}\left(k + \frac{y}{t}\right)^{\beta} \leqslant \prod_{t=1}^{p}\left(k + \frac{\alpha x + \beta y}{t}\right)$$

亦即

42

$$\left(\frac{(x+k)(x+2k)\cdots(x+pk)}{1\times 2\times\cdots\times p}\right)^{\alpha}\cdot$$

$$\left(\frac{(y+k)(y+2k)\cdots(y+pk)}{1\times 2\times\cdots\times p}\right)^{\beta}\leqslant$$

$$\frac{(\alpha x+\beta y+k)(\alpha x+\beta y+2k)\cdots(\alpha x+\beta y+pk)}{1\times 2\times\cdots\times p}$$

进一步即得

$$\frac{p!}{(\alpha x+\beta y+k)(\alpha x+\beta y+2k)\cdots(\alpha x+\beta y+pk)}\leqslant$$

$$\left(\frac{p!}{(x+k)(x+2k)\cdots(x+pk)}\right)^{\alpha}\cdot$$

$$\left(\frac{p!}{(y+k)(y+2k)\cdots(y+pk)}\right)^{\beta}$$

由 α,β 的定义得

$$\frac{1}{\alpha x+\beta y}\leqslant\frac{1}{x^{\alpha}y^{\beta}}$$

$$(p+1)=(p+1)^{\alpha+\beta}$$

$$k^{p+1}=(k^{p+1})^{\alpha+\beta}$$

$$(pk)^{\frac{\alpha x+\beta y}{k}-1}=(pk)^{\frac{\alpha x}{k}-\alpha}(pk)^{\frac{\beta y}{k}-\beta}$$

我们得到以下不等式

$$\frac{(p+1)!\ k^{p+1}(pk)^{\frac{\alpha x+\beta y}{k}-1}}{(\alpha x+\beta y)(\alpha x+\beta y+k)\cdots(\alpha x+\beta y+pk)}\leqslant$$

$$\left(\frac{(p+1)!\ k^{p+1}(pk)^{\frac{x}{k}-1}}{x(x+k)(x+2k)\cdots(x+pk)}\right)^{\alpha}\cdot$$

$$\left(\frac{(p+1)!\ k^{p+1}(pk)^{\frac{y}{k}-1}}{y(y+k)(y+2k)\cdots(y+pk)}\right)^{\beta}$$

定理得证.

　　注　我们也可通过另一种严密的方法来证明定理 1：通过 $\psi_{p,k}(x)$ 的定义和 $\psi'_{p,k}(x)>0$ 的特性，我们可立即推得 $\Gamma_{p,k}(x)$ 为对数凸函数.

推论 1 若 $p \in \mathbf{N}, k > 0$，则当 $x > 0, y > 0$ 时，有不等式

$$\Gamma_{p,k}\left(\frac{x+y}{2}\right) \leqslant \sqrt{\Gamma_{p,k}(x)\Gamma_{p,k}(y)}$$

2. 函数的完全单调性及其结论

函数的完全单调性这个古老的命题是在 20 世纪 20 年代到 30 年代期间由 S. Bernstein，F. Hausdorff 和 V. Widder 发展起来的，最初这类问题被称为矩问题. Widder 对完全单调函数及其性质进行过详细说明. Feller 通过完全单调函数与无限可分可测的关系来讨论完全单调函数本身，这个过程被称为 Levy 过程. 在过去的几十年里，Levy 过程在财务模型、生物学及物理学中运用得比较普及，这可能也是完全单调函数逐步引起人们兴趣的一个重要原因.

1921 年，数学家 F. Hausdorff 首次提出完全单调函数（completely monotonic function）的概念，这一概念的产生对单调函数的任意高阶导数进行了推广，同时也是对凸函数的任意高阶导数的延伸.

完全单调函数在数学的诸多领域都有广泛且深入的应用，如解析函数理论，特殊函数论（包括 Bernstein 函数以及 Pick 函数），度量空间理论，位势论，概率论，积分变换理论（例如 Stieltjes 变换以及 Laplace 变换等），数值和渐近分析，物理领域，组合论等. 完全单调函数这一概念的提出对数学各个领域的发展产生了极为重要的影响. 它的定义如下：

定义 2 对于定义在区间 I 上的函数 $f(x)$，称它为完全单调函数，若 $f(x)$ 在区间 I 上存在任意阶导数，且满足 $\forall x \in I$ 与 $n = 0, 1, 2, \cdots$，成立

$$(-1)^n f^{(n)}(x) \geqslant 0$$

若不等式是严格的,则称函数 $f(x)$ 为完全单调的.

具有划时代意义的 Bernstein 定理展示了完全单调函数和 Laplace 变换之间的关系.

定理 2(Bernstein 定理) 函数 $f(x)$ 完全单调的充要条件为

$$f(x) = \int_0^{+\infty} e^{-xt} d\mu$$

公式中的 $d\mu$ 表示一个正测度,这就表明完全单调函数 $f(x)$ 是正测度 $d\mu$ 的一个 Laplace 变换.

2004 年,祁锋[6,7] 首次提出对数完全单调性的概念,引起了数学界的广泛关注,对数完全单调的概念定义如下:

定义 3 定义在区间 I 上的正函数 $f(x)$ 被称作对数完全单调,若满足 $\forall x \in I$ 及 $n = 1, 2, \cdots$,成立不等式

$$(-1)^n (\log f(x))^{(n)} \geqslant 0$$

若不等式严格成立,则函数 $f(x)$ 称为严格对数完全单调.

完全单调函数有以下重要性质:

定理 3 若一个函数是(严格)对数完全单调的,则此函数是(严格)完全单调的.

定理 4 若定义在区间 $(0, +\infty)$ 上的函数 $f'(x)$ 是(严格)完全单调的,则 $\exp(-f)$ 同样在此区间上是(严格)完全单调的.

定理 5 若 $f(x)$ 在定义区间 I 上是完全单调的,且 $g(x) \in I$,$g'(x)$ 在区间 $(0, +\infty)$ 上是完全单调的,则 $f[g(x)]$ 在区间 $(0, +\infty)$ 上完全单调.

定理 6 若 $\mu(x)$ 及 $\nu(x)$ 在区间 I 上是(严格)完全单调的,则函数 $\mu(x)\nu(x)$ 在区间 I 上同样是完全单调的;若 $\mu(x)$ 及 $\nu(x)$ 在 I 上是(严格)对数完全单调的,则 $\mu(x)\nu(x)$ 同样在 I 上(严格)完全单调.

关于这个课题的详细内容,读者可以参看本章后列举的文献.

第二节 广义 $k-\mathrm{gamma}$ 函数的单调性质与不等式研究

1. 广义 $k-\mathrm{digamma}$ 函数的单调性质与不等式

本小节讨论 $\psi_k(x)$ 的一些单调性质与不等式以及应用,在文[11] 中,Alzer 证明了函数 $\varphi(x)=\psi(x)+\ln(\mathrm{e}^{\frac{1}{x}}-1)$ 在区间 $(0,+\infty)$ 上严格单调递增. 随后 Guo 和 Qi[13] 证明了函数 $\varphi(x)$ 在区间 $(0,+\infty)$ 上也是严格凹的. Guo 和 Qi[13] 发现当 $a \leqslant -\gamma$ 且 $b \geqslant 0$ 时成立如下不等式

$$a-\ln(\mathrm{e}^{\frac{1}{x}}-1) < \psi(x) < b-\ln(\mathrm{e}^{\frac{1}{x}}-1)$$

本节主要讨论 $\psi_k(x)$ 的性质以及推广上述不等式到广义 $\psi_k(x)$,参看文献[17].

引理 3[14] 设 $f(x)$ 定义在无穷区间 I 上,若对某些 $\varepsilon > 0$,使得 $f(x)-f(x+\varepsilon) > 0$,且 $\lim\limits_{x \to +\infty} f(x)=\delta$,则有 $f(x) > \delta$.

注 引理 3 第一次被祁锋教授提出并应用于特殊函数的完全单调性判别,是一个非常有效的办法,可以参看文献[15,16].

引理 4 对 $k > 0$,函数

$$\alpha(x) = (\psi'_k(x))^2 + \psi''_k(x)$$

在区间 $(0, +\infty)$ 上恒为正,当且仅当 $k \leqslant 1$.

证明　由计算可得

$$\alpha(x) - \alpha(x+k) =$$

$$(\psi'_k(x) - \psi'_k(x+k)) \cdot$$

$$(\psi'_k(x) + \psi'_k(x+k)) + \psi''_k(x) - \psi''_k(x+k) =$$

$$\frac{2}{x^2}\left(\psi'_k(x) - \frac{1}{2x^2} - \frac{1}{x}\right) \triangleq$$

$$\frac{2}{x^2}\beta(x)$$

与

$$\beta(x+k) - \beta(x) = \psi'_k(x+k) - \frac{1}{2(x+k)^2} -$$

$$\frac{1}{x+k} - \psi'_k(x) + \frac{1}{2x^2} + \frac{1}{x} =$$

$$\frac{1}{x} - \frac{1}{2x^2} - \frac{1}{x+k} - \frac{1}{2(x+k)^2} =$$

$$\frac{2(k-1)x^2 + 2k(k-1)x - k^2}{2x^2(x+k)^2}$$

如此,容易知道 $\beta(x+k) - \beta(x) < 0$,当且仅当 $k \leqslant 1$.

引理 5　$\lim\limits_{x \to 0^+}\left(\ln(\mathrm{e}^{\frac{1}{x}} - 1) - \frac{1}{x}\right) = 0.$

证明　通过两次应用 l'Hopital 法则即可证明,这里省略细节.

引理 6　对 $k > 0$ 以及 $x \in (0, +\infty)$,有

$$\frac{1}{kx} \leqslant \psi'_k(x) \leqslant \frac{1}{kx} + \frac{1}{x^2}$$

证明　由已知不等式[4]

$$\frac{1}{k}\left(\frac{1}{x}-\frac{1}{x+pk+k}\right)\leqslant$$

$$\psi'_{p,k}(x)\leqslant\frac{1}{k}\left(\frac{1}{x}-\frac{1}{x+pk+k}\right)+\frac{1}{x^2}-$$

$$\frac{1}{(x+pk+k)^2}$$

两边令 $p\to\infty$ 即得.

定理 7 对 $0<k\leqslant 1$,函数

$$\varphi_k(x)=\psi_k(x)+\ln(\mathrm{e}^{\frac{1}{x}}-1)$$

在$(0,+\infty)$上严格单调递增. 特别地,成立如下不等式

$$\frac{\ln k-\gamma}{k}<\psi_k(x)+\ln(\mathrm{e}^{\frac{1}{x}}-1)<0$$

证法 1 计算可得

$$\mathrm{e}^{\varphi_k(x)}=\mathrm{e}^{\psi_k(x)}(\mathrm{e}^{\frac{1}{x}}-1)=$$

$$\mathrm{e}^{\psi_k(x)+\frac{1}{x}}-\mathrm{e}^{\psi_k(x)}=$$

$$\mathrm{e}^{\psi_k(x+k)}-\mathrm{e}^{\psi_k(x)}\triangleq$$

$$\delta_k(x)$$

和

$$\delta'_k(x)=\mathrm{e}^{\psi_k(x+k)}\psi'_k(x)-\mathrm{e}^{\psi_k(x)}\psi'_k(x)\triangleq$$

$$\mu_k(x+k)-\mu_k(x)$$

应用定理 4 可得

$$\mu'_k(x)=\mathrm{e}^{\psi_k(x)}((\psi'_k(x))^2+\psi''_k(x))>0$$

所以 $\mu_k(x)$ 在区间$(0,+\infty)$上严格单调增加. 进而 $\delta'_k(x)>0$. 因此函数 $\mathrm{e}^{\varphi_k(x)}$ 在区间$(0,+\infty)$上也严格单调增加,再应用定理 5 可得 $\lim\limits_{x\to 0^+}\varphi_k(x)=\dfrac{\ln k-\gamma}{k}$ 和 $\lim\limits_{x\to+\infty}\varphi_k(x)=0$.

即证.

证法 2 容易看出 $\delta'_k(x) > 0$ 等价于

$$e^{\frac{1}{x}} \cdot \frac{1}{k(x+k)} > \frac{1}{kx} + \frac{1}{x^2}$$

两边取对数,需证

$$\frac{1}{x} + \ln \frac{1}{k} + \ln \frac{1}{x+k} > \ln \frac{x+k}{kx^2}$$

即证

$$\lambda_k(x) = \frac{1}{x} - \ln k - \ln(x+k) - \ln \frac{x+k}{kx^2} > 0$$

又因为 $k \leqslant 1$,所以

$$\lambda'_k(x) = \frac{-2kx^2 + (1-k)x + k(1-k)}{kx^2(x+k)} < 0$$

这说明 $\lambda_k(x)$ 在区间 $(0, +\infty)$ 上严格单调减少. 又因为 $\lim\limits_{x \to +\infty} \lambda_k(x) = 0$,所以 $\lambda_k(x) > 0$.

证明 3 由计算可得

$$\varphi'_k(x) = \psi'_k(x) - \frac{e^{\frac{1}{x}}}{(e^{\frac{1}{x}} - 1)x^2}$$

与

$$\varphi'_k(x) - \varphi'_k(x+k) =$$

$$\frac{1}{x^2} - \frac{e^{\frac{1}{x}}}{(e^{\frac{1}{x}} - 1)x^2} + \frac{e^{\frac{1}{x+k}}}{(e^{\frac{1}{x+k}} - 1)(x+k)^2} \quad (8)$$

且 $\lim\limits_{x \to +\infty} \varphi'_k(x) = 0$.

为了证明 $\varphi'_k(x) - \varphi'_k(x+k) > 0$,只需证

$$x^2(e^{\frac{1}{x}} - 1) > (x+k)^2(1 - e^{-\frac{1}{x+k}}) \quad (9)$$

如此需证

$$1 - k + \sum_{n=3}^{+\infty} \frac{1}{n!}\left(\frac{1}{x^{n-2}} + \frac{(-1)^n}{(x+k)^{n-2}}\right) > 0$$

这是显然的. 应用定理 3 可得 $\varphi'_k(x) > 0$. 即证.

注 我们给出定理 7 的一个应用. 定义 Nielson $-\beta$

函数的 k 推广如下

$$\beta_k(x) = \int_0^1 \frac{t^{x-1}}{1+t^k} dt =$$

$$\int_0^{+\infty} \frac{e^{-xt}}{1+e^{-xt}} dt =$$

$$\sum_{n=0}^{+\infty} \left(\frac{1}{2nk+x} - \frac{1}{2nk+k+x} \right) =$$

$$\frac{1}{2} \left\{ \psi_k \left(\frac{x+k}{2} \right) - \psi_k \left(\frac{x}{2} \right) \right\}$$

应用定理 7,可得如下估计,对 $0 < k \leqslant 1$ 以及 $x \in (0, +\infty)$,则有

$$\frac{1}{2} \ln \left(\frac{e^{\frac{2}{x}} - 1}{e^{\frac{2}{x+k}} - 1} \right) + \frac{\ln k - \gamma}{2k} < \beta_k(x) <$$

$$\frac{1}{2} \ln \left(\frac{e^{\frac{2}{x}} - 1}{e^{\frac{2}{x+k}} - 1} \right) - \frac{\ln k - \gamma}{2k}$$

定理 8 对 $0 < k \leqslant 1$,函数 $\varphi_k(x)$ 在区间 $(0, +\infty)$ 上为严格凹的. 特别的,成立如下不等式:对 $\alpha > 0$,以及 $0 < k \leqslant 1$,有

$$2\varphi_k \left(\frac{x+y}{2} \right) - \varphi_k(x) - \varphi_k(y) \geqslant$$

$$\ln \frac{(e^{\frac{1}{x}} - 1)(e^{\frac{1}{y}} - 1)}{(e^{\frac{2}{x+y}} - 1)^2}$$

证明 应用公式(8),可得

$$\varphi''_k(x) - \varphi''_k(x+k) = (\varphi'_k(x) - \varphi'_k(x+k))' =$$

$$\frac{e^{\frac{1}{x+k}}(1 + 2k + 2x - 2(x+k)e^{\frac{1}{x+k}})}{(e^{\frac{1}{x+k}} - 1)^2 (x+k)^4} - \frac{(1-2x)e^{\frac{1}{x}} + 2x}{(e^{\frac{1}{x}} - 1)^2 x^4}$$

对 $x > 0$,则 $\varphi''_k(x) - \varphi''_k(x+k) < 0$ 等价于

$$\frac{(e^{\frac{1}{x}}-1)^2}{(e^{\frac{1}{x+k}}-1)^2} >$$

$$\frac{(x+k)^4}{x^4} \frac{(1-2x)e^{\frac{1}{x}}+2x}{e^{\frac{1}{x+k}}(1+2k+2x-2(x+k)e^{\frac{1}{x+k}})}$$

应用不等式(9),只需证

$$\Delta_k(x)=2k+1+2x-2ke^{\frac{1}{x+k}}-(1+2x)e^{\frac{1}{x}+\frac{1}{x+k}}<0$$

计算可得

$$\Delta'_k(x)=$$

$$\frac{(4(1-k)x^3+(2+4k-2k^2)x^2+(2k+2k^2)x-2x^4+k^2)e^{\frac{1}{x}+\frac{1}{x+k}}}{x^2(x+k)^2}+$$

$$\frac{2ke^{\frac{1}{x+k}}}{(x+k)^2}+2$$

$$\Delta''_k(x)=\frac{q_n(x)e^{\frac{1}{x+k}}+r_n(x)e^{\frac{1}{x}+\frac{1}{x+k}}}{x^4(x+k)^4}$$

其中 $\lim\limits_{x\to+\infty}\Delta'_k(x)=0$,以及

$$q_n(x)=-4kx^5-2k(1+2k)x^4$$

$$r_n(x)=4(k-3)x^5+2(2k^2-13k-2)x^4-$$

$$4k(2+7k)x^3-8k^2(1+2k)x^2-4k^3(1+k)x-k^4$$

对于 $0<k\leqslant1$,易知 $q_n(x)<0$ 与 $r_n(x)<0$,如此可知 $\Delta'_k(x)$ 在区间 $(0,+\infty)$ 上严格递减,再应用 $\lim\limits_{x\to+\infty}\Delta_k(x)=-4<0$ 以及引理3即证.

应用定理7和定理8,易得下面的推论:

推论 2　对 $0<k\leqslant1$ 以及 $x>0$,则有

$$\psi'_k(x)>\frac{1}{(1-e^{-\frac{1}{x}})x^2}$$

$$\psi''_k(x)<\frac{e^{-\frac{1}{x}}-2x(1-e^{-\frac{1}{x}})}{(1-e^{-\frac{1}{x}})x^4}$$

51

定理 9 对 $x > 0$ 以及 $k \geqslant 1$,有

$$\frac{\ln k - \gamma}{k} + x\psi_k'\left(k + \frac{x}{2}\right) < \psi_k(x + k) <$$

$$\frac{\ln k - \gamma}{k} + x\psi_k'(\sqrt{k(k + x)})$$

证明 应用公式 $\Gamma_k(x + k) = x\Gamma_k(x)$ 与

$$\psi_k(x) = \frac{\ln k - \gamma}{k} - \frac{1}{x} + \sum_{n=1}^{+\infty} \frac{x}{nk(nk + x)}$$

可得

$$\psi_k(x + k) = \psi_k(x) + \frac{1}{x} =$$

$$\frac{\ln k - \gamma}{k} + \left(\sum_{n=1}^{+\infty} \frac{1}{nk} - \frac{1}{nk + x}\right)$$

由微分中值定理知,存在 $\sigma_{k,n} = \sigma_{k,n}(x) \in (0, x)$ 使得

$$\frac{1}{nk} - \frac{1}{nk + x} = \frac{x}{(nk + \sigma_{k,n})^2}$$

所以

$$\sigma_{k,n} = \sqrt{nk(nk + x)} - nk$$

由于 $k \geqslant 1$,所以 $\sigma_{k,n}$ 关于 n 是严格单调增加的. 又因

$$\sigma_{k,1} = \sqrt{k(k + x)}$$

$$\sigma_{k,\infty} = \lim_{n \to \infty} \sigma_{k,n} = \frac{x}{2}$$

可得

$$x\sum_{n=1}^{+\infty} \frac{1}{(nk + \sigma_{k,\infty})^2} <$$

$$\psi_k(x + k) - \frac{\ln k - \gamma}{k} < x\sum_{n=1}^{+\infty} \frac{1}{(nk + \sigma_{k,1})^2}$$

定理 10 对 $p, k, x > 0$,有不等式

$$\frac{k}{\ln\left(\dfrac{B+2k}{B+k}\right)} < \psi_{p,k}^{-1}(x) < \frac{k(p+1)\mathrm{e}^{kx}}{pk-\mathrm{e}^{kx}} + \frac{k}{2}$$

成立,且 $B = \dfrac{k(p+1)\mathrm{e}^{kx}}{pk-\mathrm{e}^{kx}}$.

证明　应用 $\Gamma_{p,k}(x)$ 的定义

$$\Gamma_{p,k}(x) = \int_0^p t^{x-1}\left(1-\frac{t^k}{pk}\right)^p \mathrm{d}t =$$

$$\frac{(p+1)!\; k^{p+1}(pk)^{\frac{x}{k}-1}}{x(x+k)\cdots(x+pk)}$$

以及泛函方程

$$\Gamma_{p,k}(x+k) = \frac{pkx}{x+pk+k}\Gamma_{p,k}(x)$$

经简单的计算可得

$$\ln \Gamma_{p,k}(x+k) =$$

$$\ln(p+1)! \;+(p+1)\ln k + \left(\frac{x+k}{k}-1\right)\ln pk -$$

$$\sum_{i=0}^{p}\ln(x+(i+1)k)$$

$$\ln \Gamma_{p,k}(x) = \ln(p+1)! \;+(p+1)\ln k +$$

$$\left(\frac{x}{k}-1\right)\ln pk - \sum_{i=0}^{p}\ln(x+ik)$$

$$\ln \Gamma_{p,k}(x+k) =$$

$$\ln\frac{pkx}{x+pk+k} + \ln \Gamma_{p,k}(x)$$

合并上面三式得

$$\ln\frac{pkx}{x+pk+k} = \ln pk - \sum_{i=0}^{p}\ln\frac{x+(i+1)k}{x+ik}$$

由中值定理可得

$$\ln\frac{x+(i+1)k}{x+ik} = \frac{k}{ik+\rho(i)}, \rho(i)\in(x,x+k)$$

53

所以 $\rho(i) = \dfrac{k}{\ln\left(1+\dfrac{k}{x+ik}\right)} - ik$，微分 $\rho(i)$，可知

$\rho'(i) > 0$，当且仅当

$$\sqrt{(x+ik)(x+ik+k)} < $$
$$\frac{(x+ik+k)-(x+ik)}{\ln(x+ik+k)-\ln(x+ik)}$$

这是显然的(两个数的几何平均数小于或等于其算术平均数)，所以 $\rho(i)$ 在区间 $(1,+\infty)$ 上单调递增. 又因

$$\rho(1) = \frac{k}{\ln\left(\dfrac{x+2k}{x+k}\right)} - k, \rho(+\infty) = x + \frac{k}{2}$$

以及 $\psi_{p,k}^{-1}(x)$ 在区间 $(0,+\infty)$ 上严格单调递增，可得

$$\psi_{p,k}(\rho(1)) < \frac{1}{k}\ln\frac{pkx}{x+pk+k} < \psi_{p,k}(\rho(+\infty))$$

即

$$\frac{k}{\ln\left(\dfrac{x+2k}{x+k}\right)} - k < \psi_{p,k}^{-1}\left(\frac{1}{k}\ln\frac{pkx}{x+pk+k}\right) < x + \frac{k}{2}$$

再用 $\dfrac{k(p+1)\mathrm{e}^{kx}}{pk-\mathrm{e}^{kx}}$ 代替 x 即证.

在文献 [17] 结尾，笔者还给出了一个猜测：

猜测 1　对 $p > 0$ 以及 $k \geqslant 1$，函数

$$\varphi_{p,k}(x) = \psi_{p,k}(x) + \ln(\mathrm{e}^{\frac{1}{x}-\frac{1}{x+pk+k}} - 1)$$

从区间 $(0,+\infty)$ 到区间 $(-\infty,\psi_{p,k}(k))$ 严格单调递减.

注　如果上述猜测成立，一方面由于 $\varphi_{p,k}(k) = \dfrac{1}{k}(\ln pk - H(p+1))$，可以用来估计调和数的上下界. 另一方面也可以讨论广义 (p,k) Nielson$-\beta$ 函数的

上下界

$$\beta_{p,k}(x) = \int_0^1 \frac{1 - t^{2k(p+1)}}{1 + t^k} t^{x-1} \, \mathrm{d}t =$$

$$\int_0^{+\infty} \frac{1 - \mathrm{e}^{-2k(p+1)t}}{1 + \mathrm{e}^{-kt}} \mathrm{e}^{-xt} \, \mathrm{d}t =$$

$$\sum_{n=0}^p \left(\frac{1}{2nk + x} - \frac{1}{2nk + k + x} \right) =$$

$$\frac{1}{2} \left\{ \psi_{p,k} \left(\frac{x+k}{2} \right) - \psi_{p,k} \left(\frac{x}{2} \right) \right\}$$

这里 $k \in (0, 1], p, x \in (0, +\infty)$.

注　在一篇最近的文献[18] 中，Matejicka 在一般情况下给出了一个否定的解决.

2. 广义 digamma 函数的单调性与不等式

本小节继续讨论 $\psi_k(x)$ 的单调性与凹凸性，笔者在文献[19] 中给出了与 $\psi_k(x)$ 有关的一些组合式的单调性质与凹凸性.

引理 7　对 $k > 0$ 及 $x > 0$, 有

$$\Gamma_k(x) = k^{\frac{x}{k}-1} \Gamma \left(\frac{x}{k} \right)$$

$$\psi_k(x) = \frac{\ln k}{k} + \frac{1}{k} \psi \left(\frac{x}{k} \right)$$

证明　应用代换 $\frac{t}{\sqrt[k]{k}} = u$ 与 $u^k = p$, 则有

$$\Gamma_k(x) = (\sqrt[k]{k})^x \int_0^{+\infty} \left(\frac{t}{\sqrt[k]{k}} \right)^{x-1} \mathrm{e}^{-\left(\frac{t}{\sqrt[k]{k}} \right)^k} \mathrm{d} \left(\frac{t}{\sqrt[k]{k}} \right) =$$

$$k^{\frac{x}{k}} \int_0^{+\infty} u^{x-1} \mathrm{e}^{-u^k} \, \mathrm{d}u =$$

$$k^{\frac{x}{k}-1} \int_0^{+\infty} p^{\frac{x}{k}-1} \mathrm{e}^{-p} \, \mathrm{d}p =$$

$$k^{\frac{x}{k}-1} \Gamma \left(\frac{x}{k} \right)$$

经进一步的计算,有

$$\psi_k(x) = \frac{\Gamma'_k(x)}{\Gamma_k(x)} = \frac{\left(k^{\frac{x}{k}-1}\Gamma\left(\frac{x}{k}\right)\right)'}{\left(k^{\frac{x}{k}-1}\Gamma\left(\frac{x}{k}\right)\right)} =$$

$$\frac{\ln k}{k} + \frac{1}{k}\psi\left(\frac{x}{k}\right)$$

引理 8[20]   对 $x > 0$ 成立

$$\psi'_k(x) < \frac{1}{x} + \frac{1}{2x^2} + \frac{1}{6x^3}$$

与

$$\psi''_k(x) < -\frac{1}{x^2} - \frac{1}{x^3}$$

引理 9   对 $k > 0, m > 0, m \in \mathbf{N}$,有

$$\psi_k^{(m)}(x) = (-1)^{m+1}m! \sum_{n=0}^{+\infty} \frac{1}{(nk+x)^{m+1}}$$

与

$$\psi_k^{(m)}(x) = (-1)^{m+1}\int_0^{+\infty} \frac{t^m}{1+\mathrm{e}^{-kt}}\mathrm{e}^{-xt}\mathrm{d}t$$

证明   第一个不等式的证明可在文献[4]中找到,对于第二个不等式,应用等式(5),两边令 $p \to \infty$ 即得.

定理 11   对 $k > 0$,函数 $x^2\psi'_k(x)$ 在区间$(0, +\infty)$上严格单调递增.

证明   由引理可知

$$\psi'_k(x) = \frac{1}{k^2}\psi'\left(\frac{x}{k}\right)$$

与

$$\psi''_k(x) = \frac{1}{k^3}\psi''\left(\frac{x}{k}\right)$$

又因为

$$\psi^{(m)}(x) = (-1)^{m+1} m! \sum_{n=0}^{+\infty} \frac{1}{(n+x)^{m+1}}$$

可得

$$\frac{\mathrm{d}}{\mathrm{d}x}(x^2 \psi_k'(x)) = \frac{2x}{k^2}\psi'\left(\frac{x}{k}\right) + \frac{x^2}{k^3}\psi''\left(\frac{x}{k}\right) =$$

$$2x \sum_{n=0}^{+\infty} \frac{nk}{(nk+x)^3} > 0$$

定理 12　对 $k > 0$，函数 $\psi_k\left(\dfrac{1}{x}\right)$ 在区间 $(0, +\infty)$

上是严格凹的.

证明　由 $\dfrac{\mathrm{d}}{\mathrm{d}x}\left(\psi_k\left(\dfrac{1}{x}\right)\right) = -\dfrac{1}{x^2}\psi_k'\left(\dfrac{1}{x}\right)$ 以及定理

11，即证.

定理 13　$k \geqslant \dfrac{1}{\sqrt[3]{3}} = 0.693\,361\cdots$，则函数 $\lambda_k(x) =$

$\psi_k(x) + \psi_k\left(\dfrac{1}{x}\right)$ 在区间 $(0, +\infty)$ 上严格凹.

证明　应用引理 7 及微分运算可得

$$\lambda_k'(x) = \psi_k'(x) - \frac{1}{x^2}\psi_k'\left(\frac{1}{x}\right)$$

$$\lambda_k''(x) = \psi_k''(x) + \frac{2}{x^3}\psi_k'\left(\frac{1}{x}\right) + \frac{1}{x^4}\psi_k''\left(\frac{1}{x}\right)$$

与

$$k^3 x^4 \lambda_k''(x) = x^4 \psi''\left(\frac{x}{k}\right) + 2kx\psi'\left(\frac{1}{kx}\right) + \psi''\left(\frac{1}{kx}\right)$$

应用引理 8 中的递推关系

$$\psi'\left(\frac{1}{kx}+1\right) = \psi'\left(\frac{1}{kx}\right) - k^2 x^2$$

$$\psi''\left(\frac{1}{kx}+1\right) = \psi''\left(\frac{1}{kx}\right) + 2k^3 x^3$$

则有

$$k^3 x^4 \lambda''_k(x) = x^4 \psi''\left(\frac{x}{k}\right) + 2kx\psi'\left(\frac{1}{kx}\right) + \psi''\left(\frac{1}{kx}\right) <$$

$$x^4\left(-\frac{k^2}{x^2} - \frac{k^3}{x^3}\right) +$$

$$2kx\left(\frac{kx}{1+kx} + \frac{k^2 x^2}{2(1+kx)^2} + \frac{k^3 x^3}{6(1+kx)^3}\right)$$

$$-\frac{k^2 x^2}{2(1+kx)^2} - \frac{k^3 x^3}{(1+kx)^3} =$$

$$-\frac{kx}{3(1+kx)^3}(3k^2 + 9k^3 x + 9k^2 x^2 +$$

$$k^2(3k^3 - 1)x^3 + 3k^4 x^4) < 0$$

即证.

定理 14 对 $x > 0$ 及 $k \geqslant \dfrac{1}{\sqrt[3]{3}}$，有

$$\psi_k(x) + \psi_k\left(\frac{1}{x}\right) \leqslant \frac{2\ln k + 2\psi\left(\frac{1}{k}\right)}{k}$$

证明 由于函数 $\lambda_k(x)$ 在区间 $(0, +\infty)$ 上严格凹，所以

$$\lambda'_k(x) \geqslant \lambda'_k(1) = 0, x \in (0,1]$$

以及

$$\lambda'_k(x) \leqslant \lambda'_k(1) = 0, x \in (1, +\infty)$$

所以 $\lambda_k(x)$ 在区间 $(0,1]$ 上单调递增，以及在 $(1, +\infty)$ 上单调递增，如此 $\lambda_k(x) \leqslant \lambda_k(1)$ 即证.

定义 4 由于 $\psi_k(x)$ 在区间 $(0, +\infty)$ 上严格单调递增，所以 $\psi_k(0^+)\psi_k(\infty) < 0$. 如此 $\psi_k(x)$ 在区间 $(0, +\infty)$ 上有唯一正根，记为 x_k，且 x_k 满足方程

$$\ln k + \psi\left(\frac{x_k}{k}\right) = 0$$

定理 15　设 $x \in (0,1)$ 及 $\dfrac{1}{\sqrt[3]{3}} \leqslant k \leqslant 1$,则

$$\psi_k(1+x)\psi_k(1-x) \leqslant$$

$$\frac{\ln^2 k + \gamma^2 - 2(\gamma+1)\ln k}{k^2}$$

证明　由于 $\dfrac{1}{\sqrt[3]{3}} \leqslant k \leqslant 1$ 以及 x_k 的定义,所以

$\dfrac{1}{\sqrt[3]{3}} x_0 \leqslant x_k \leqslant x_0$. 其中 x_0 满足 $\psi(x_0) = 0$, $x_0 = 1.461\,63\cdots$.

情形 1:若 $x \in [x_{k-1},1)$,则 $\psi_k(1-x) \leqslant 0 \leqslant \psi_k(1+x)$. 即定理 15 成立.

情形 2:若 $x \in (0,x_{k-1}]$,使用 $\psi(1+z)$ 的幂级数展开式

$$\psi(1+z) = -\gamma + \sum_{k=2}^{+\infty}(-1)^k \zeta(k) z^{k-1}, \ |z| < 1$$

可得

$$\psi_k(1+x) \geqslant \psi_k(k+x) = \frac{\ln k}{k} + \frac{1}{k}\psi\left(1+\frac{x}{k}\right) =$$

$$\frac{\ln k}{k} + \frac{1}{k}\left(-\gamma + \sum_{k=2}^{+\infty}(-1)^k \zeta(k) z^{k-1}\right)$$

其中 $\zeta(k) = \sum\limits_{n=1}^{+\infty}\dfrac{1}{n^k}$ 为 Riemann zata 函数.

进而可得

$$0 < -\psi_k(1+x) \leqslant -\frac{\ln k}{k} + \frac{1}{k}(\gamma - \zeta(2)x + \zeta(3)x^2)$$

$$(10)$$

类似可得

$$0 < -\psi_k(1-x) \leqslant$$

59

$$-\frac{\ln k}{k} + \frac{1}{k}\left(\gamma + \zeta(2)y + \zeta(3)\sum_{k=2}^{+\infty} x^k\right) \leqslant$$

$$-\frac{\ln k}{k} + \frac{1}{k}\left(\gamma + \zeta(2)x + \zeta(3)x^2\right) \qquad (11)$$

利用 $\zeta(3)x^2 < 1$ 以及公式(10)和(11)可得结论.

定理 16　对 $x > 0$ 及 $\dfrac{1}{\sqrt[3]{3}} \leqslant k \leqslant 1$,有

$$\psi_k(x)\psi_k\left(\frac{1}{x}\right) \leqslant \frac{\ln^2 k + \gamma^2 - 2(\gamma+1)\ln k}{k^2} \qquad (12)$$

证明　仅需考虑 $x \geqslant 1$ 时,若 $x \geqslant x_k$,则 $\psi_k\left(\dfrac{1}{x}\right) \leqslant 0 \leqslant \psi_k(x)$,所以不等式(12)成立. 若 $x \in (1, x_k]$,令 $x = 1 + z$,可得 $\psi_k(1-z) \leqslant \psi_k\left(\dfrac{1}{x}\right)$. 应用定理 15 可得

$$\psi_k(x)\psi_k\left(\frac{1}{x}\right) = \psi_k(1+z)\psi_k\left(\frac{1}{x}\right) \leqslant$$

$$\psi_k(1+z)\psi_k(1-z) \leqslant$$

$$\frac{\ln^2 k + \gamma^2 - 2(\gamma+1)\ln k}{k^2}$$

即证.

推论 3　对 $x > 0$ 及 $\dfrac{1}{\sqrt[3]{3}} \leqslant k \leqslant 1$,有

$$\frac{2\psi_k(x)\psi_k\left(\dfrac{1}{x}\right)}{\psi_k(x) + \psi_k\left(\dfrac{1}{x}\right)} \geqslant \frac{\ln^2 k + \gamma^2 - 2(\gamma+1)\ln k}{k\left(\ln k + \psi\left(\dfrac{1}{k}\right)\right)}$$

证明　应用定理 14 和定理 16,可得

$$\frac{2\psi_k(x)\psi_k\left(\dfrac{1}{x}\right)}{\psi_k(x)+\psi_k\left(\dfrac{1}{x}\right)} \geqslant$$

$$2\,\frac{\ln^2 k + \gamma^2 - 2(\gamma+1)\ln k}{k^2}\,\frac{1}{\psi_k(x)\psi_k\left(\dfrac{1}{x}\right)} \geqslant$$

$$\frac{\ln^2 k + \gamma^2 - 2(\gamma+1)\ln k}{k^2}\,\frac{k}{\ln k + \psi\left(\dfrac{1}{k}\right)}$$

即证.

对 $m,n,j \in \mathbf{N}$,定义行列式函数 $\mu_n(x)$ 如下

$$\mu_n(x) = \begin{vmatrix} \psi_k^{(m)}(x) & \psi_k^{(m+j)}(x) & \cdots & \psi_k^{(m+nj)}(x) \\ \psi_k^{(m+j)}(x) & \psi_k^{(m+2j)}(x) & \cdots & \psi_k^{((m+(n+1)j)}(x) \\ \vdots & \vdots & & \vdots \\ \psi_k^{(m+nj)}(x) & \psi_k^{((m+(n+1)j)}(x) & \cdots & \psi_k^{(m+2nj)}(x) \end{vmatrix}$$

则有下面的结论.

定理 17　对 $m,n,j \in \mathbf{N}$,有 $(-1)^{(n+1)(m+1)}\mu_n(x)$ 在区间 $(0,+\infty)$ 上完全单调.

证明　由引理 9 可知

$$\mu_n(x) = (-1)^{(n+1)} \cdot$$

$$\int_{-\infty}^{0}\cdots\int_{-\infty}^{0} \underbrace{\begin{vmatrix} \mu_0^m & \mu_0^{m+j} & \cdots & \mu_0^{m+nj} \\ \mu_1^{m+j} & \mu_1^{m+2j} & \cdots & \mu_1^{m+(n+1)j} \\ \vdots & \vdots & & \vdots \\ \mu_n^{m+nj} & \mu_n^{m+(n+1)j} & \cdots & \mu_n^{m+2nj} \end{vmatrix}}_{n+1\text{阶}} \cdot$$

$$\frac{\mathrm{e}^{\frac{x}{k}(\mu_0+\mu_1+\cdots+\mu_n)}}{\prod\limits_{i=0}^{n}(1-\mathrm{e}^{\mu_i})}\mathrm{d}\mu_0\,\mathrm{d}\mu_1\cdots\mathrm{d}\mu_n =$$

$$(-1)^{(n+1)} \cdot$$

$$\int_{-\infty}^{0}\cdots\int_{-\infty}^{0}\underbrace{\begin{vmatrix} \mu_{\delta(0)}^{m} & \mu_{\delta(0)}^{m+j} & \cdots & \mu_{\delta(0)}^{m+nj} \\ \mu_{\delta(1)}^{m+j} & \mu_{\delta(1)}^{m+2j} & \cdots & \mu_{\delta(1)}^{m+(n+1)j} \\ \vdots & \vdots & & \vdots \\ \mu_{\delta(n)}^{m+nj} & \mu_{\delta(n)}^{m+(n+1)j} & \cdots & \mu_{\delta(n)}^{m+2nj} \end{vmatrix}}_{n+1\ \text{阶}}\cdot$$

$$\frac{e^{\frac{x}{k}(\mu_0+\mu_1+\cdots+\mu_n)}}{\prod_{i=0}^{n}(1-e^{\mu_i})}\,d\mu_0\,d\mu_1\cdots d\mu_n$$

其中 δ 为 $0,1,2,\cdots,n$ 的排列. 令 $\mathrm{sgn}(\delta)$ 为 δ 的符号,则

$$\mu_n(x)=(-1)^{(n+1)}\cdot$$

$$\int_{-\infty}^{0}\cdots\int_{-\infty}^{0}\frac{e^{\frac{x}{k}(\mu_0+\mu_1+\cdots+\mu_n)}}{\prod_{i=0}^{n}(1-e^{\mu_i})}\mathrm{sgn}(\delta)\prod_{i=0}^{n}\mu_i^{m}\cdot$$

$$\underbrace{\begin{vmatrix} \mu_0^{0} & \mu_0^{j} & \cdots & \mu_0^{nj} \\ \mu_1^{j} & \mu_1^{2j} & \cdots & \mu_1^{(n+1)j} \\ \vdots & \vdots & & \vdots \\ \mu_n^{nj} & \mu_n^{(n+1)j} & \cdots & \mu_n^{2nj} \end{vmatrix}}_{n+1\ \text{阶}}d\mu_0\,d\mu_1\cdots d\mu_n=$$

$$\frac{(-1)^{(n+1)}}{(n+1)!}\cdot$$

$$\int_{-\infty}^{0}\cdots\int_{-\infty}^{0}\frac{e^{\frac{x}{k}(\mu_0+\mu_1+\cdots+\mu_n)}}{\prod_{i=0}^{n}(1-e^{\mu_i})}(\mu_0+\mu_1+\cdots+\mu_n)^{m}\cdot$$

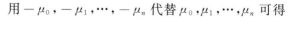

$$\prod_{0\leqslant i<l\leqslant n}(\mu_i^{j}-\mu_l^{j})\,d\mu_0\,d\mu_1\cdots d\mu_n$$

用 $-\mu_0,-\mu_1,\cdots,-\mu_n$ 代替 $\mu_0,\mu_1,\cdots,\mu_n$ 可得

第二章 广义 Gamma 函数

$$\mu_n(x) = (-1)^{(n+1)(m+1)} \int_{-\infty}^{0} \cdots \int_{-\infty}^{0} e^{-\frac{x}{k}(\mu_0+\mu_1+\cdots\mu_n)} \cdot$$

$$\prod_{0 \leqslant i < l \leqslant n} (\mu_i^j - \mu_l^j) \prod_{i=0}^{n} \frac{\mu_i^n}{1-e^{\mu_i}} \mathrm{d}\mu_0 \mathrm{d}\mu_1 \cdots \mathrm{d}\mu_n$$

即证.

3. 含有 $k-$digamma 函数组合的完全单调性

在文[22]中,Buric 和 Elezovic 考虑了包含 psi 函数的一些组合的完全单调性,并给出了一些充分必要条件. 笔者在文献[23]中将他们的部分结果推广到 $k-$psi 函数.

引理 10[22]　设 φ 在零点有界且连续. 假设对任意 $x>0$,成立 $\int_{0}^{+\infty} e^{-xt}\varphi(t)\mathrm{d}t \geqslant 0$,则有 $\varphi(0) \geqslant 0$.

定理 18　设 k,a,b,c,d 为正数且 $a \leqslant c$,则函数

$$f_{k,1}(x) = \psi_k(ax+b) - \psi_k(cx+d) + \log\left(\frac{c}{a}\right)$$

$$(13)$$

在区间 $(0,+\infty)$ 上完全单调,当且仅当 $\lambda \leqslant \frac{k(c-a)}{2}$,

其中 $\lambda = k(c-a) + ad - bc$.

证明　由计算可得

$$(-1)^n f_{k,1}^{(n)}(x) =$$

$$(-1)^n (a^n \psi_k^{(n)}(ax+b) - c^n \psi_k^{(n)}(cx+d)) =$$

$$\int_{0}^{+\infty} \frac{c^n t^n e^{-(cx+d)t}}{1-e^{-kt}} \mathrm{d}t - \int_{0}^{+\infty} \frac{a^n t^n e^{-(ax+b)t}}{1-e^{-kt}} \mathrm{d}t$$

则替换 $t=au$ 与 $t=cu$ 可得

63

$$(-1)^n f_{k,1}^{(n)}(x) =$$

$$\int_0^{+\infty} \frac{c^n a^{n+1} u^n e^{-(cx+d)au}}{1-e^{-kau}} du - \int_0^{+\infty} \frac{a^n c^{n+1} u^n e^{-(ax+b)cu}}{1-e^{-kcu}} du =$$

$$\int_0^{+\infty} (act)^n \left(\frac{a e^{-adt}}{1-e^{-kat}} - \frac{c e^{-bct}}{1-e^{-kct}} \right) e^{-acxt} dt$$

定义

$$g_{k,1}(t) = \frac{a e^{-adt}}{1-e^{-kat}} - \frac{c e^{-bct}}{1-e^{-kct}}$$

并重写为如下形式

$$g_{k,1}(t) = e^{(ka-ad)t} \left(\frac{a}{e^{kat}-1} - \frac{c e^{\lambda}}{e^{kct}-1} \right)$$

其中 $\lambda = k(c-a) + ad - bc$.

为证明定理,只需证明 $g_{k,1}(t) \geqslant 0$,这等价于

$$h_{k,1}(t) = a(e^{kct}-1) - c e^{\lambda}(e^{kat}-1) \geqslant 0$$

当 $\lambda \leqslant 0$ 时,以及 $a \leqslant c$ 可得

$$h_{k,1}(t) = \sum_{n=1}^{+\infty} \frac{k^n c^{n+1} a}{n!}(c^{n-1} - a^{n-1} e^{\lambda}) \geqslant 0$$

当 $\lambda > 0$ 时,易得

$$h_{k,1}(t) = a \sum_{n=1}^{+\infty} \frac{k^n c^n t^n a}{n!} - c \sum_{i=1}^{+\infty} \frac{\lambda^i t^i}{i!} \sum_{j=1}^{+\infty} \frac{k^j a^j t^j}{j!} =$$

$$\sum_{n=1}^{+\infty} \left(\frac{a^n k^n c^n t^n}{n!} - c \sum_{j=1}^{n-1} \frac{\lambda^{n-j}}{(n-j)!} \frac{k^j a^j t^j}{j!} \right) t^n =$$

$$\sum_{n=1}^{+\infty} \frac{c(ak^n c^{n-1} - (ka+\lambda)^n + \lambda^n)}{n!} t^n$$

如此仅需证

$$ak^n c^{n-1} - (ka+\lambda)^n + \lambda^n \geqslant 0 \qquad (14)$$

下面使用数学归纳法.

当 $n=1$ 时,不等式显然成立,当 $n=2$ 时,这等价于已知条件. 下面考虑 $n > 2$ 时的情形,要证

$$ak^{n+1}c^n - (ka + \lambda)^{n+1} + \lambda^{n+1} \geqslant 0$$

由归纳假设,只需证

$$(ka + \lambda)^{n+1} = (ka + \lambda)^n (ka + \lambda) \leqslant$$
$$(ak^n c^{n-1} + \lambda^n)(ka + \lambda) \leqslant$$
$$\lambda^{n+1} + ak^{n+1}c^n$$

这只需证

$$k^{n+1}ac^{n-1} + k^{n-1}c^{n-1}\lambda + \lambda^n \leqslant k^{n+1}c^n$$

由于 $ka \leqslant kc - 2\lambda$ 与 $\lambda \leqslant kc$,可得

$$k^{n+1}ac^{n-1} + k^{n-1}c^{n-1} + \lambda^n \leqslant$$
$$k^n c^{n-1}(kc - 2\lambda) + k^{n-1}c^{n-1}\lambda + \lambda^n \leqslant$$
$$k^{n+1}c^n + \lambda(\lambda^{n-1} - (kc)^{n-1}) \leqslant$$
$$k^{n+1}c^n$$

所以不等式(13) 得证.

另外,由于 $f_{k,1}(x)$ 在区间 $(0, +\infty)$ 上完全单调,令 $n = 0$ 可得 $\int_0^{+\infty} e^{-acxt} g_{k,1}(t) \mathrm{d}t \geqslant 0$. 应用引理 10 可知 $g_{k,1}(0) \geqslant 0$. 直接计算

$$g_{k,1}(0) = \lim_{t \to 0} \left(\frac{a}{e^{kat} - 1} - \frac{ce^\lambda}{e^{kct} - 1} \right) =$$
$$\lim_{t \to 0} \frac{a(e^{kct} - 1) - ce^\lambda(e^{kat} - 1)}{(e^{kct} - 1)(e^{kat} - 1)} \geqslant 0$$

这即是 $\lambda \leqslant \dfrac{k(c-a)}{2}$,证毕.

应用定理 18,易得下面的推论.

推论 4　设 k, a, b, c, d 为正数,则函数 $\psi_k(ax + b) - \psi_k(cx + d)$ 在区间 $(0, +\infty)$ 上完全单调当且仅当 $d \leqslant b$.

推论 5　设 k, a, c 为正数,则函数 $\psi_k(ax + 1) - \psi_k(cx + 1) + \log\left(\dfrac{c}{a}\right)$ 在区间 $(0, +\infty)$ 上完全单调,当

且仅当 $a \leqslant c$ 和 $k \leqslant 2$.

引理 11 对 $k > 0$ 及 $x > 0$,有下面 $\psi_k(x)$ 的倍角公式成立

$$\psi_k(2kx) = \frac{1}{2}\psi_k(kx) + \frac{1}{2}\psi_k\left(kx + \frac{k}{2}\right) + \frac{1}{k}\log 2$$

证明 应用引理 7 及 gamma 函数的 Legendre 恒等式可得

$$\Gamma_k(kx) = k^{x-1}\Gamma(x)$$

$$\Gamma_k\left(kx + \frac{k}{2}\right) = k^{x-\frac{1}{2}}\Gamma\left(x + \frac{1}{2}\right)$$

$$\Gamma_k(2kx) = \frac{(2k)^{2x-1}}{\pi^{\frac{1}{2}}}\Gamma(x)\Gamma\left(x + \frac{1}{2}\right)$$

如此可得

$$\left(\frac{\pi}{k}\right)^{\frac{1}{2}}\Gamma_k(2kx) = 2^{2x-1}\Gamma_k(kx)\Gamma_k\left(kx + \frac{k}{2}\right)$$

两边取对数并微分即得.

应用引理 11 易得如下推论.

推论 6 设 $k > 0$,则函数

$$\psi_k(x + \xi) = \frac{1}{2}\psi_k(kx) - \frac{1}{2}\psi_k\left(kx + \frac{k}{2}\right) + \frac{k-1}{k}\ln 2$$

在区间 $(0, +\infty)$ 上完全单调当且仅当 $u \leqslant \dfrac{kc}{2}$,其中 $u = kc + ad - bc$.

证明 应用 $k -$ digamma 函数的积分展开式与等式

$$\log x = \int_0^{+\infty} \frac{e^{-t} - e^{-xt}}{t}dt$$

可得

$$(-1)^n f_{k,2}^{(n)}(x) =$$

$$(-1)^n (a^n \psi_k^{(n)}(ax+b) - kc^n \log^{(n)}(cx+d)) =$$

$$\int_0^{+\infty} (act)^n e^{-acxt} g_{k,2}(t) dt$$

其中 $g_{k,2}(t) = \dfrac{e^{-adt}}{t} - \dfrac{kc\,e^{-bct}}{1 - e^{-kct}}$.

通过计算可知 $g_{k,2}(t) = \dfrac{e^{-adt}}{t\,e^{kct}-1} h_{k,2}(t)$，这里 $h_{k,2}(t) = e^{kct} - 1 - kct\,e^{ut}$. 要证 $g_{k,2}(x) > 0$，只需证 $h_{k,2}(x) \geqslant 0$. 下面分两种情形讨论.

情形一：若 $u \leqslant 0$，则对 $k,t > 0$，有 $e^{kct} \geqslant 1 + kct$，易知 $h_{k,2}(t) \geqslant 0$.

情形二：若 $u > 0$，则

$$h_{k,2}(t) = \sum_{n=1}^{+\infty} \frac{(kct)^n}{n!} - kct \sum_{n=0}^{+\infty} \frac{(ut)^n}{n!} =$$

$$kc \sum_{n=1}^{+\infty} \frac{t^n}{n!} (k^{n-1}c^{n-1} - nu^{n-1})$$

所以仅需证

$$k^{n-1}c^{n-1} - nu^{n-1} \geqslant 0 \tag{15}$$

对不等式(15)应用数学归纳法.

当 $n = 1$ 时，显然成立.

当 $n = 2$ 时，等价于已知条件，即 $2ad < (2b-k)c$.

假设式(15)对 n 成立，则考虑 $n+1$ 的情况，由于 $u \leqslant \dfrac{kc}{2}$，可知

$$(n+1)u^n = nu^{n-1}u + u^n \leqslant$$

$$k^{n-1}c^{n-1}u + u^n \leqslant$$

$$k^{n-1}c^{n-1}\frac{kc}{2} + \frac{(kc)^n}{2} =$$

$$k^n c^n$$

67

由数学归纳法知不等式(15)成立.

下面证明必要性.由于 $f_{k,2}$ 完全单调,所以令 $n=0$ 可得

$$\int_0^{+\infty} \mathrm{e}^{-actx} g_{k,2}(t)\,\mathrm{d}t \geqslant 0$$

由引理 10 可知 $g_{k,2}(0) \geqslant 0$.

应用 Taylor 展式可得

$$\lim_{t\to 0} g_{k,2}(t) = \lim_{t\to 0} \frac{\mathrm{e}^{-adt}(1-\mathrm{e}^{-kct}) - kct\,\mathrm{e}^{-bct}}{t(1-\mathrm{e}^{-kct})} =$$

$$\lim_{t\to 0} \frac{(1-adt)\left(kct - \dfrac{k^2 c^2 t^2}{2}\right) - kct(1-bct) + o(t^2)}{t\mathrm{e}^{-kct} + o(t^2)} =$$

$$bc - ad - \frac{kc}{2}$$

定理即证.

4. 含有 $\psi_k'(x)$ 的界估计

本小节主要给出 $\psi_k'(x)$ 的一个新的界估计与引理 4 的一个更好的上下界,其有关背景可参见文献 [24,25].

引理 12 对 $k>0$ 成立不等式

$$\psi_k'(x) = \frac{1}{k^2}\psi_k'\left(\frac{x}{k}\right)$$

以及

$$\psi_k'(k+x) = \psi_k'(x) - \frac{1}{x^2}$$

$$\psi_k''(k+x) = \psi_k''(x) + \frac{2}{x^3}$$

证明 通过引理 7 与 $\psi_k'(x)$ 的定义易证.

引理 13[13] 设 $r>0$,则 $\dfrac{1}{x^r} = \dfrac{1}{\Gamma(r)}\displaystyle\int_0^{+\infty} t^{r-1}\mathrm{e}^{-xt}\,\mathrm{d}t$.

定理 20　对 $k > 0$,函数

$$f_k(x) = (x+k)^2 \left(\psi_k'(x) - \frac{1}{x^2} - \frac{1}{k(x+k)} \right)$$

在 $(0, +\infty)$ 上完全单调.

　　证明　由 $\psi_k'(x)$ 的积分表示可得

$$x\psi_k'(x) = x \int_0^{+\infty} \frac{te^{-xt}}{1-e^{-kt}} \mathrm{d}t = \int_0^{+\infty} \frac{-t}{1-e^{-kt}} \mathrm{d}e^{-xt} =$$

$$\frac{1}{k} + \int_0^{+\infty} \frac{e^{2kt} - e^{kt} - kt\,e^{kt}}{(e^{kt}-1)^2} \mathrm{d}t$$

$$x^2 \psi_k'(x) = \frac{x}{k} + x \int_0^{+\infty} \frac{e^{2kt} - e^{kt} - kt\,e^{kt}}{(e^{kt}-1)^2} e^{-xt} \mathrm{d}t =$$

$$\frac{x}{k} + \frac{1}{2} + x \int_0^{+\infty} \frac{e^{kt}((k^2t - 2k)e^{kt} + 2k + k^2 t)}{(e^{kt}-1)^3} e^{-xt} \mathrm{d}t$$

进一步计算可得

$$f_k(x) = x^2 \psi_k'(x) + 2kx\psi_k'(x) + k^2 \psi_k'(x) -$$

$$2 - \frac{x}{k} - \frac{2k}{x} - \frac{k^2}{x^2}$$

合并上述等式,并应用引理 13 可得

$$f_k(x) = \frac{1}{2} + \int_0^{+\infty} \frac{w_k(t)}{(e^{kt}-1)^3} e^{-xt} \mathrm{d}t$$

其中 $w_k(t) = (k^2 t - 2k)e^{kt} + 2k + k^2 t.$

　　下面证明 $w_k(t) > 0$,由简单计算可知

$$w_k'(t) = k^3 t e^{kt} - k^2 e^{kt} + k^2$$

与

$$w''_k(t) = k^4 t e^{kt} > 0$$

又因为 $\psi_k'(0) = w_k(0) = 0$,所以 $\psi_k'(t)$ 与 $w_k(t)$ 在 $(0, +\infty)$ 上是正单调增的,即证.

　　推论 7　对 $x > 0$ 及 $k > 0$,有

$$\frac{1}{k(x+k)} + \frac{1}{x^2} + \frac{a}{(x+k)^2} <$$

$$\psi'_k(x) < \frac{1}{k(x+k)} + \frac{1}{x^2} + \frac{b}{(x+k)^2}$$

其中 $a = \dfrac{1}{2}$ 与 $b = \dfrac{\pi^2}{6} - 1$ 为最佳常数.

证明　由 $f_k(x)$ 的完全单调性可知,$f_k(x)$ 在区间 $(0, +\infty)$ 上单调递减,所以

$$f_k(+\infty) < f_k(x) < f_k(0)$$

应用引理 12,得到

$$f_k(x) = (x+k)^2 \left(\psi'_k(x+k) - \frac{1}{(x+k)^2} \right)$$

易知

$$f_k(0) = k^2 \psi'_k(k) - 1 = \frac{\pi^2}{6} - 1$$

另外,应用渐近公式

$$\psi'(x) \sim \frac{1}{x} + \frac{1}{2x^2} + \frac{1}{6x^3} - \frac{1}{30x^5} \cdots \quad (x \to +\infty)$$

可知

$$f_k(x) = \frac{1}{2} + o\left(\frac{1}{x+k} \right) \to \frac{1}{2} \quad (x \to +\infty)$$

即证.

定理 21　设 $0 < k \leqslant 1$,则函数

$$\alpha_k(x) = k(\psi'_k(x))^2 + \psi''_k(x) - \frac{k(x^2 + 12k^2)}{12k^4(x+k)^2}$$

与

$$\beta_k(x) = \frac{k(x+12k)}{12k^4(x+k)} - k(\psi'_k(x))^2 - \psi''_k(x)$$

在区间 $(0, +\infty)$ 上完全单调. 特别的,对 $0 < k \leqslant 1$ 及 $x > 0$,下面的不等式成立

$$\frac{k(x^2+12k^2)}{12x^4(x+k)^2}<$$

$$k(\psi'_k(x))^2+\psi''_k(x)<\frac{k(x+12k)}{12x^4(x+k)}$$

证明　由引理 12 可得

$$\alpha_k(x)-\alpha_k(x+k)=$$

$$k(\psi'_k(x)-\psi'_k(x+k))(\psi'_k(x)-\psi'_k(x+k))+$$

$$\psi''_k(x)-\psi''_k(x+k)-$$

$$\left(\frac{k(x^2+12k^2)}{12x^4(x+k)^2}-\frac{k((x+k)^2+12k^2)}{12(x+k)^4(x+2k)^2}\right)=$$

$$\frac{2k}{x^2}\left(\psi'_k(x)-\frac{1}{2x^2}-\frac{1}{kx}-\frac{x^2+12k^2}{24x^2(x+k)^2}+\right.$$

$$\left.\frac{x^2((x+k)^2+12k^2)}{24(x+k)^4(x+2k)^2}\right)=$$

$$\frac{2k}{x^2}g_k(x)$$

其中

$$g_k(x)=\psi'_k(x)-\frac{1}{x^2}-\frac{k^2}{2(x+k)^4}-\frac{2k}{(x+k)^3}+$$

$$\frac{7}{2(x+k)^2}-\frac{43}{6k(x+k)}+\frac{37}{6k(x+2k)}+\frac{13}{6(x+2k)^2}$$

应用引理 13 及 $\psi_k^{(m)}(x)$ 的积分表示可得

$$g_k(x)=\frac{1}{12k}\int_0^{+\infty}\frac{q_k(x)}{e^{kt}-1}e^{-(x+2k)t}\mathrm{d}t$$

其中

$$q_k(x)=e^{2kt}(k^3t^3-12k^2t^2+12kt+42t-86)+$$

$$e^{kt}(-k^3t^3+12k^2t^2-16t+160)-26t-74$$

直接计算可得

$$q'_k(x)=e^{2kt}(2k^4t^3-21k^3t^2+84kt+42-160k)+$$

$$e^{kt}(-k^4t^3+9k^3t^2+(24k^2-16k)t+160k-16)-26$$

与

$$q''_k(x) = e^{kt}\lambda_k(x)$$

其中

$$\lambda_k(x) = e^{kt}(4k^5t^3 - 36k^4t^2 + 168k^2t - \\
42k^3t + 168k - 320k^2) - \\
k^5t^3 + 6k^4t^2 + (42k^3 - 16k^2)t + \\
184k^2 - 32k$$

进一步计算

$$\lambda'_k(x) = k^2(-16 + 42k + 12k^2t - 3k^3t^2) + \\
2k^2e^{kt}(168 - 57k^2t - 12k^3t^2 + \\
2k^4t^3 - 181k + 84kt)$$

$$\lambda''_k(x) = 2k^3(-3k(-2 + kt) + e^{kt}(252 - 81k^2t - \\
6k^3t^2 + 2k^4t^3 + 14k(-17 + 6t)))$$

$$\lambda'''_k(x) = -6k^5 + 2k^4e^{kt}(336 - 319k + \\
(84k - 93k^2)t + 2k^4t^3)$$

由于 $0 < k \leqslant 1$,所以多项式

$$336 - 319k + (84k - 93k^2)t + 2k^4t^3$$

在 t 趋于 $\sqrt{\dfrac{3}{2}}$ 与 k 趋于 1 时达到极小值 $14 - 3\sqrt{6}$.

所以 $\lambda'''(t) > 0$,从事实 $\lambda'_k(0) = k^2(320 - 320k) > 0$ 以及

$$\lambda''_k(0) = 2k^3(252 - 232k) > 0$$

所以 $\lambda'_k(x), \lambda''_k(x), \lambda'''_k(x)$ 在区间 $(0, +\infty)$ 上为正的单调递增函数. 如此由 $q''_k(x)$ 为正,得到 $q'_k(x)$ 在区间 $(0, +\infty)$ 上单调递增. 又因为 $q'_k(0) = 0$,所以 $q'_k(t) \geqslant 0$ 而得到 $q_k(t)$ 在区间 $(0, +\infty)$ 上单调递增. 又因为 $q_k(0) = 0$,所以 $q_k(t)$ 在区间 $(0, +\infty)$ 上是正的.

这样得到 $g_k(x)$ 在区间 $(0, +\infty)$ 上完全单调. 又

因为 $\dfrac{2k}{x^2}$ 在区间 $(0,+\infty)$ 上也完全单调,利用完全单调

函数乘积仍为完全单调函数可得 $\alpha_k(x)-\alpha_k(x+k)$ 在 $(0,+\infty)$ 上完全单调,即

$$(-1)^n(\alpha_k(x)-\alpha_k(x+k))^{(n)}=$$

$$(-1)^n(\alpha_k(x))^{(n)}-(-1)^n(\alpha_k(x+k))^{(n)}>0$$

由归纳法

$$(-1)^n(\alpha_k(x))^{(n)}>$$

$$(-1)^n(\alpha_k(x+k))^{(n)}\cdots(-1)^n(\alpha_k(x+ik))^{(n)}\to 0$$

这完成了定理的证明.

5. 关于与 $\psi_k(x)$ 有关的函数完全单调性的新结果

关于 $\psi_k(x)$ 有关的与本小节主要基于 Batir[26] 的工作,我们把 Batir 的结果推广到了广义 $k-\text{gamma}$ 函数与 polygamma 函数.

引理 14[27]　Gamma 函数 $\Gamma(x)$ 满足下列等式

$$\log \Gamma(x)=\left(x-\frac{1}{2}\right)\log x-x+$$

$$\frac{1}{2}\log(2\pi)+2\int_0^{+\infty}\frac{\arctan\dfrac{t}{x}}{\mathrm{e}^{2\pi t}-1}\mathrm{d}t \quad (x>0)$$

定理 22　对 $x>0$ 及 $k>0$,令

$$A_{k,a}(x)=k\log \Gamma_k(x+k)-x\log x+x-$$

$$\frac{k}{2}\log x-\frac{k^3}{12}\psi'_k(x+a)-\frac{k}{2}\log\frac{2\pi}{k}$$

则 $A_{k,a}(x)$ 在区间 $(0,+\infty)$ 上完全单调,当且仅当 $b=0$.

证明　微分 $A_{k,a}(x)$ 可得

$$A'_{k,a}(x)=k\psi_k(x+k)-\log x-$$

$$\frac{k}{2x}-\frac{k^3}{12}\psi''_k(x+a)$$

应用 $\psi_k^{(m)}(x)$ 的递推公式及 $\psi_k(x)$ 与 $\psi(x)$ 的关系可得

$$A''_{k,a}(x) = k\psi'_k(x+k) - \frac{1}{x} + \frac{k}{2x^2} - \frac{k^3}{12}\psi'''_k(x+a) =$$

$$k\psi'_k(x) - \frac{1}{x} - \frac{k}{2x^2} - \frac{k^3}{12}\psi'''_k(x+a)$$

再应用引理 13 及 $\psi'_k(x), \psi''_k(x)$ 的积分表示可得

$$A''_{k,a}(x) = \frac{1}{12}\int_0^{+\infty} \frac{\delta_{k,a}(t)}{e^{kt}-1} e^{-xt}\, dt$$

其中

$$\delta_{k,a}(t) = 12kt - 12(e^{kt}-1) + 6kt(e^{kt}-1) - (kt)^3 e^{(k-a)t} \quad (a > 0)$$

由指数函数的幂函数展开可得

$$\delta_{k,a}(x) = \sum_{n=4}^{+\infty} \frac{\delta_n(a)}{n!}(kt)^n$$

其中

$$\delta_n(a) = -12a + 6n - n(n-1)(n-2)\left(1 - \frac{9}{k}\right)^{n-3}$$

情形一. 当 $a \geq \dfrac{k}{2}$ 时

$$\delta_n\left(\frac{k}{2}\right) = (n-2)\left[6 - n(n-1)\left[1 - \frac{\frac{k}{2}}{k}\right]^{n-3}\right] =$$

$$(n-2)(6 - n(n-1)2^{n-3}) > 0 \quad (k \geq 5)$$

由于 $a \to \delta_{k,a}(t)$ 在 $a \geq \dfrac{k}{2}$ 时单调递增, 故 $\delta_{k,a}(t) \geq \delta_{k,\frac{k}{2}}(t) > 0$, 所以 $A''_{k,a}(x) > 0$. 如此 $A''_{k,a}(x)$ 在区间 $(0, +\infty)$ 上完全单调.

又由

$$A'_{k,a}(x) = \log k + \psi\left(\frac{x}{k}\right) + \frac{k}{2x} -$$

$$\log x - \frac{1}{12}\psi''\left(\frac{x}{k} + \frac{9}{k}\right)$$

74

单调递增可得 $\lim\limits_{x\to+\infty} A_{k,\frac{k}{2}}(x)=0$ 和 $A'_{k,\frac{k}{2}}(x)<0$,所以 $A'_{k,a}(x)<A'_{k,\frac{k}{2}}(x)<0$.继续运算可得

$$A_{k,a}(x)=k\log x+(x-k)\log k+$$

$$k\log\Gamma\left(\frac{x}{k}\right)-\frac{k}{12}\psi'_k\left(\frac{x+a}{k}\right)-$$

$$\log x+x-\frac{k}{2}\log x-\frac{k}{2}\log\left(\frac{2\pi}{k}\right)$$

由于 $\lim\limits_{x\to+\infty} A_{k,a}(x)=0$ 且 $A'_{k,a}(x)<0$,所以 $A_{k,a}(x)>0$.因此当 $a\geqslant\dfrac{k}{2}$ 时,$A_{k,a}(x)$ 在区间 $(0,+\infty)$ 上完全单调.

情形二. 若 $0<a<\dfrac{k}{2}$,则当 $n=0,1,2,3$ 时,$\delta_{k,a}^{(n)}(t)=0$.而 $\delta_{k,a}^{(4)}(0)=24a-12k$,所以当 $t>0$ 接近于 0 时,$\delta_{k,a}(t)<0$.这说明 $A''_{k,a}(x)$ 在区间 $(0,+\infty)$ 上不完全单调.

情形三. 当 $a=0$ 时,由于 $n\geqslant5$ 时

$$\delta_n(0)=-(n-3)(n-2)(n+2)<0$$

所以 $\delta_{k,0}(t)<0$,进而 $A''_{k,a}(x)<0$,所以 $-A''_{k,a}(x)$ 在区间 $(0,+\infty)$ 上完全单调,又因 $\lim\limits_{x\to+\infty} A_{k,0}(x)=0$ 以及 $\lim\limits_{x\to+\infty} A'_{k,0}(x)=0$,所以 $-A'_{k,0}(x)<0$.因此 $-A_{k,0}(x)$ 在区间 $(0,+\infty)$ 上完全单调.现在假设 $-A_{k,b}(x)(b>0)$ 在区间 $(0,+\infty)$ 上完全单调,那么 $A_{k,b}(x)$ 在区间 $(0,+\infty)$ 上为负.矛盾.定理得证.

推论 8 设 $x>0,k>0$,令

$$B_k(x)=x\log x-x+\frac{k}{2}\log\left(\frac{2\pi}{k}\right)+$$

$$\frac{k}{2}\log\left(x+\frac{k}{2}\right)-k\log\Gamma_k(x+k)-$$

$$\frac{k^2}{6\left(x + \frac{k}{2}\right)} - \frac{k^3}{48\left(x + \frac{k}{2}\right)^2}$$

证明   经计算可得

$$B'_k(x) = \log x - k\psi_k(x + k) +$$

$$\frac{k}{2}\frac{1}{x + k/2} + \frac{k^2}{6(x + k/2)^2} + \frac{k^3}{24(x + k/2)^3}$$

与

$$B''_k(x) = \frac{1}{x} - k\psi'_k(x + k) - \frac{k}{2}\frac{1}{(x + k/2)^2} -$$

$$\frac{k^2}{3(x + k/2)^3} - \frac{k^3}{14(x + k/2)^4} =$$

$$-k\psi'_k(x) + \frac{1}{x} + \frac{k}{x^2} - \frac{k}{2}\frac{1}{(x + k/2)^2} -$$

$$\frac{k^2}{3(x + k/2)^3} - \frac{k^3}{14(x + k/2)^4}$$

类似于定理 22 可得

$$B''_k(x) = \frac{1}{48}\int_0^{+\infty} \frac{\eta_k(t)}{1 - e^{-kt}} e^{-3t/2} e^{-kt} \, dt$$

其中

$$\eta_k(t) = 24kt(1 - e^{kt}) + 8(kt)^2(1 - e^{kt}) -$$

$$(kt)^3(1 - e^{kt}) + 48e^{3kt/2} - 48e^{kt/2} - 48(kt)e^{kt/2}$$

应用级数展开式得

$$\eta_k(t) = \sum_{n=5}^{+\infty} \frac{Q(n)}{n!}\left(\frac{kt}{2}\right)^n$$

其中

$$Q(n) = 48 \times 3^n - (n^3 - 5n^2 + 18n)2^n - 48 - 96n$$

易知 $n \geqslant 5$ 时,$Q(n) > 0$,所以 $B''_{k,a}(x) > 0$. 这证明了 $B''_{k,a}(x)$ 在区间 $(0, +\infty)$ 上完全单调. 又因

76

$$B_k'(x) = -\frac{k}{x} - \log k - \psi\left(\frac{k}{x}\right) +$$

$$\log x + \frac{k}{2}\frac{1}{x + \frac{k}{2}} +$$

$$\frac{k^2}{6\left(x + \frac{k}{2}\right)^2} + \frac{k^3}{24\left(x + \frac{k}{2}\right)^3}$$

及 $\lim\limits_{x \to +\infty} B_k'(x) = 0$, 所以 $B_k'(x) < 0$, 所以 $B_k(x) > \lim\limits_{x \to 0} B_k(x) = 0$. 所以 $B_k(x)$ 在区间 $(0, +\infty)$ 上完全单调.

推论 9　设 $x, k > 0$, 则

$$\sqrt[k]{2}\,\mathrm{e}^{\frac{5k}{12}}\left(\frac{x}{\mathrm{e}}\right)^x\sqrt[k]{\frac{x + k/2}{k}} \cdot$$

$$\exp\left\{-\frac{k^2}{6(x + k/2)} - \frac{k^3}{48(x + k/2)^2}\right\} \leqslant$$

$$(\Gamma_k(x + k))^k < \sqrt[k]{2\pi}\left(\frac{x}{\mathrm{e}}\right)^x\sqrt[k]{\frac{x + k/2}{k}} \cdot$$

$$\exp\left\{-\frac{k^2}{6(x + k/2)} - \frac{k^3}{48(x + k/2)^2}\right\}$$

证明　由

$$\lim_{x \to +\infty} B_k(x) = 0$$

$$\lim_{x \to +\infty} B_k(x) = \left(\frac{1}{2}\log \pi - \frac{5}{12}\right)k$$

及 $B_k(x)$ 在区间 $(0, +\infty)$ 上单调递减易得结论.

定理 24　设 $x, k > 0$, 定义

$$F_k(x) = k\log \Gamma_k(x + k) -$$

$$\left(x + \frac{k}{2}\right)\log\left(x + \frac{k}{2}\right) + x +$$

$$\frac{k}{2} - \frac{k}{2}\log\frac{2\pi}{k} + \frac{k^2}{24(x + k/2)}$$

则 $F_k(x)$ 在区间 $(0,+\infty)$ 上完全单调.

证明　证明过程完全类似于定理 22 和定理 23，这里省去细节.

由定理 24 易得：

推论 10　若 $x,k>0$，则

$$\frac{k^2}{2}\psi_k'\left(x+\frac{k}{3}\right)<\log x-k\psi_k(x)<$$

$$\frac{k^2}{2}\psi_k'\left(\frac{k}{\sqrt{\dfrac{2k}{x}-2\log\left(1+\dfrac{k}{x}\right)}}\right)$$

证明　由计算可知

$$\log x=\log\Gamma_k(x+k)-\log\Gamma_k(x)=$$

$$-\gamma+\log k+\sum_{n=1}^{+\infty}\left(\frac{k}{nk}-\log\left(1+\frac{k}{(n-1)k+x}\right)\right)$$

应用 Taylor 公式

$$\log\left(1+\frac{k}{(n-1)k+x}\right)=$$

$$\frac{k}{(n-1)k+x}-\left(1+\frac{k^2}{2((n-1)k+\xi(n))^2}\right)$$

其中

$$\xi(n)=k\left(\frac{2k}{(n-1)k+x}-\right.$$

$$\left.2\log\left(1+\frac{k}{(n-1)k+x}\right)\right)^{-\frac{1}{2}}-$$

$$(n-1)k$$

所以

$$\log x = -\gamma + \log k +$$

$$\sum_{n=1}^{+\infty} \left(\frac{k}{nk} - \frac{k}{(n-1)k+x} + \frac{k^2}{2((n-1)k+\xi(n))^2} \right) =$$

$$k\psi_k(x) + \sum_{n=1}^{+\infty} \frac{k^2}{2((n-1)k+\xi(n))^2}$$

进而

$$\log x - k\psi_k(x) = \frac{k^2}{2} \sum_{n=1}^{+\infty} \frac{1}{((n-1)k+\xi(n))^2}$$

令 $u = \dfrac{k}{(n-1)k+x}$，则 $\xi(n) = \lambda_k(u) + x$，其中 $\lambda_k(u) =$

$$\frac{k}{\sqrt{2u - 2\log(1+u)}} - \frac{k}{u}.$$

容易证明 $\lambda_k(u)$ 在区间 $(0, +\infty)$ 上严格单调递增. 所以

$$\frac{k^2}{2} \sum_{n=1}^{+\infty} \frac{1}{((n-1)k+\xi(n))^2} <$$

$$\log x - k\psi_k(x) <$$

$$\frac{k^2}{2} \sum_{n=1}^{+\infty} \frac{1}{((n-1)k+\xi(1))^2}$$

经计算可得

$$\xi(1) = \frac{k}{\sqrt{\dfrac{2k}{x} - 2\log\left(1 + \dfrac{k}{x}\right)}}$$

与

$$\xi(\infty) = \lim_{n \to \infty} \xi(n) = \frac{k}{3} + x$$

即证.

6. 广义 $k-$gamma 函数的一个 Grunbaum 型不等式

在文 [28] 中，Alzer 和 Kwong 证明了这些经典

gamma 函数的一个不等式,对 $x,y,z > 0$,且 $x^2 + y^2 = z^2$,则不等式

$$\frac{1}{(1+x)^a \Gamma(1+x)} + \frac{1}{(1+y)^a \Gamma(1+y)} \leqslant$$

$$1 + \frac{1}{(1+z)^a \Gamma(1+z)} \qquad (16)$$

成立. 当且仅当 $a \geqslant r$. 本小节笔者把上述不等式推广到了 $k-$gamma 函数.

定义 5 设 $\gamma_k = -k\psi_k(k) = \gamma - \ln k$ 为 Euler 常数的推广. 易知 $\gamma_k \to \gamma(k-1)$.

引理 15 设 $k > 0$,且 $G:[1,+\infty) \to \mathbf{R}$ 为可微的,且 $t \to \dfrac{G'(k+t)}{t}$ 在区间 $(0,+\infty)$ 上严格单调递增,则对 x,y,满足 $0 \leqslant x_1 \leqslant x \leqslant y \leqslant y_1$ 及 $x^2 + y^2 = x_1^2 + y_1^2$,成立

$$G(k+x) + G(k+y) \leqslant G(k+x_1) + G(k+y_1)$$

证明 引理 16 证明类似于文[28]中引理 2.1,兹不赘述.

引理 16 当 $k > \mathrm{e}^{r-1}$ 时,函数

$$w_k(x) = \frac{\gamma_k}{x(k+x)} - \frac{\psi_k(x+k)}{x}$$

在区间 $(0,+\infty)$ 上为正的且单调增.

证明 由直接计算可得

$$R_k(x) = x^2 w_k(x) =$$

$$x\psi_k(x+k) - \psi_k(x+k) - \frac{\gamma_k(k+2x)}{(k+x)^2}$$

与

$$\frac{R_k'(x)}{x} = \psi''_k(x+k) + \frac{2\gamma_k}{(k+x)^3}$$

应用引理 9 和引理 13 可得

$$\frac{R'_k(x)}{x} = \int_0^{+\infty} t^2 \mathrm{e}^{-(x+k)t} \frac{1 - \gamma_k + \gamma_k \mathrm{e}^{-kt}}{1 - \mathrm{e}^{-kt}} \mathrm{d}t$$

事实上,令 $A(t) = 1 - \gamma_k + \gamma_k \mathrm{e}^{-kt} \ (k > 0)$,则 $A'(t) = -k\gamma_k \mathrm{e}^{-kt}$,所以

$$1 - \gamma_k + \gamma_k \mathrm{e}^{-kt} \geqslant A(0) = 1 - \gamma_k > 0$$

所以 $R_k(x)$ 在区间 $(0, +\infty)$ 上单调递减,即 $R_k(x) \leqslant R_k(0) = 0$,所以 $w'_k(x) < 0$. 进而 $w_k(x) \geqslant w_k(+\infty) = 0$ 即证.

定理 26　设 $x, y, z > 0$,且 $x^2 + y^2 = z^2$,当 $k > \mathrm{e}^{\gamma-1}$ 时不等式

$$\frac{1}{(k+x)^\alpha \Gamma_k(k+x)} + \frac{1}{(k+y)^\alpha \Gamma_k(k+y)} \leqslant$$

$$\frac{1}{(k+z)^\alpha \Gamma_k(k+z)} + \frac{1}{k^\alpha}$$

成立,当且仅当 $\alpha \geqslant \gamma_k$.

证明　当 $\alpha \geqslant \gamma_k$ 时,在引理 15 中令 $x_1 = 0, y_1 = z$ 及 $\lambda_k(x) = \dfrac{1}{x^\alpha \Gamma_k(k)}$,则只需证 $u_k(x) = \dfrac{\lambda'_k(x+k)}{x}$ 在区间 $(0, +\infty)$ 上严格单调递增,由计算可得

$$u_k(x) = p_k(x)(q_k(x) + w_k(x))$$

其中 $p_k(x) = \dfrac{1}{(k+x)^\alpha \Gamma_k(k+x)}$,$q_k(x) = \dfrac{\alpha - r_k}{x(k+x)}$.

引理 16　声明 $q_k(x) + w_k(x)$ 为正的单调递减函数,则

$$(x+k)p'_k(x) =$$

$$-p_k(x)\left(\frac{\alpha}{x(k+x)} + \frac{\psi_k(k+x)}{x}\right) < 0$$

如此 $p_k(x)$ 在区间 $(0, +\infty)$ 上严格单减,所以 $u_k(x)$

在区间$(0,+\infty)$上为严格递增函数.

另外,由于

$$\Omega_k(x) = \frac{1}{(k+z)^\alpha \Gamma_k(k+z)} + \frac{1}{k^\alpha} -$$

$$\frac{1}{(k+x)^\alpha \Gamma_k(k+x)} - \frac{1}{(k+y)^\alpha \Gamma_k(k+y)}$$

则$\Omega_k(x) \geqslant \Omega_k(0) = 0$. 进而$\Omega'_k(x) = \dfrac{\alpha + k\Gamma'_k(k)}{k^{\alpha+1}} > 0$.

所以$\alpha \geqslant -k\Gamma'_k(k) = -k\psi_k(k) = \gamma_k$. 即证.

同样的方法可以应用于另一种形式的广义 Euler 常数:$C_k = \lim\limits_{p\to\infty} C_{p,k}$.

引理 18 对于$0 < k \leqslant 6$,有

$$I_k(x) = \frac{C_k}{x(x+k)} + \frac{\psi_k(x+k)}{x}$$

在区间$(0,+\infty)$上为正的单调递减函数.

定理 27 设$0 < k \leqslant 6$,且$\alpha \geqslant C_k$,则对于$x,y,$ $z \geqslant 0$,且$x^2 + y^2 = z^2$ 不等式(16)成立.

7. 含有广义$k-$gamma 函数比值的完全单调性

在文[29]中,Merkle 证明了函数$\dfrac{\Gamma(2x)}{x\Gamma^2(x)}$与

$\dfrac{\Gamma(2x)}{\Gamma^2(x)}$在区间$(0,+\infty)$上分别为严格对数凸与严格对数凹的. 随后陈超平得到了一个更深入的结果. 由此证明$\dfrac{\Gamma(2x)}{x\Gamma^2(x)}$与$\dfrac{\Gamma^2(x)}{\Gamma(2x)}$在区间$(0,+\infty)$上是严格对数完全单调的. 在文[32]中,笔者把上面的结果推广到了广义$k-$gamma 函数.

引理 19[32] 对$m \geqslant 2, r \geqslant 1$为整数,下列等式成立

$$\Gamma_k(mx) = m^{\frac{mx}{k}-\frac{1}{2}} k^{\frac{m-1}{2}} (2\pi)^{\frac{1-m}{2}} \prod_{s=0}^{m-1} \Gamma_k\left(x+\frac{sk}{m}\right) \quad (m \geqslant 2)$$

$$\psi_k^{(r)}(mx) = \frac{1}{m^{r+1}} \sum_{s=0}^{m-1} \psi_k^{(r)}\left(x+\frac{sk}{m}\right) \quad (m \geqslant 2)$$

引理 20　对于 $t > 0$ 及 $n \in \mathbf{N}$,有

$$\sum_{s=1}^{n} e^{-\frac{st}{n+1}} - ne^{-t} > 0$$

证明　由于 $0 < u < 1$ 及 $t > 0$ 时,$e^{-ut} > e^{-t}$,故

$$\sum_{s=1}^{n} e^{-\frac{st}{n+1}} = e^{-\frac{1}{n+1}t} + e^{-\frac{2}{n+1}t} + e^{-\frac{3}{n+1}t} + \cdots + e^{-\frac{n}{n+1}t} >$$

$$e^{-t} + e^{-t} + e^{-t} + \cdots + e^{-t} = ne^{-t}$$

定理 28　对于 $m \geqslant 2, k > 0$ 以及 $x \in (0, +\infty)$,

定义函数 $F(x) = \dfrac{\Gamma_k(mx)}{x^{m-1}\Gamma_k^m(x)}$ 与 $G(x) = \dfrac{\Gamma_k(mx)}{\Gamma_k^m(x)}$,则:

(1)$F(x)$ 在区间 $(0, +\infty)$ 上严格对数完全单调;

(2)$\dfrac{1}{G(x)}$ 在区间 $(0, +\infty)$ 上严格对数完全单调.

证明　应用引理 19 以及微分运算可得

$$(\ln F(x))^{(r)} - m^r \psi_k^{(r-1)}(mx) - m\psi_k^{(r-1)}(x) +$$

$$(-1)^r \frac{(m-1)(r-1)!}{x^r} =$$

$$\sum_{s=0}^{m-1} \psi_k^{(r-1)}\left(x+\frac{sk}{m}\right) - m\psi_k^{(r-1)}(x) +$$

$$(-1)^r \frac{(m-1)(r-1)!}{x^r}$$

再应用引理 9 与引理 20 可知

$$(-1)^r (\ln F(x))^{(r)} =$$

$$\int_0^{+\infty} \Big(\sum_{s=0}^{m-1} e^{-\frac{sk}{m}t} - m + (m-1)(1 - e^{-kt}) \Big) \frac{t^{r-1} e^{-xt}}{1 - e^{-kt}} dt =$$

$$\int_0^{+\infty}\Big(\sum_{s=0}^{m-1}\mathrm{e}^{-\frac{sk}{m}t}-(m-1)\mathrm{e}^{-kt}\Big)\frac{t^{r-1}\mathrm{e}^{-xt}}{1-\mathrm{e}^{-kt}}\mathrm{d}t>0$$

（1）部分证完.

对于（2）类似的有

$$\Big(\ln\frac{1}{G(x)}\Big)^{(r)}=m\psi_k^{(r-1)}(x)-m^r\psi_k^{(r-1)}(mx)=$$

$$m\psi_k^{(r-1)}(x)-\sum_{s=0}^{m-1}\psi_k^{(r-1)}\Big(x+\frac{sk}{m}\Big)$$

所以

$$(-1)^r\Big(\ln\frac{1}{G(x)}\Big)^{(r)}=\int_0^{+\infty}\Big(m-\sum_{s=0}^{m-1}\mathrm{e}^{-\frac{sk}{m}t}\Big)\frac{t^{r-1}\mathrm{e}^{-xt}}{1-\mathrm{e}^{-kt}}\mathrm{d}t=$$

$$\int_0^{+\infty}\Big(1+\sum_{s=1}^{m-1}1-\sum_{s=0}^{m-1}\mathrm{e}^{-\frac{sk}{m}t}\Big)\frac{t^{r-1}\mathrm{e}^{-xt}}{1-\mathrm{e}^{-kt}}\mathrm{d}t=$$

$$\int_0^{+\infty}\sum_{s=1}^{m-1}(1-\mathrm{e}^{-\frac{sk}{m}t})\frac{t^{r-1}\mathrm{e}^{-xt}}{1-\mathrm{e}^{-kt}}\mathrm{d}t>0$$

证毕.

推论 11　设 $m\geqslant 2$ 为整数，且 $k>0$. 若 $x\in(k,+\infty)$，则

$$k^{m-1}(m-1)!<\frac{\Gamma_k(mx)}{\Gamma_k^m(x)}<x^{m-1}(m-1)!$$

若 $x\in(0,k)$，则上述不等式反向.

证明　当 $x\in(k,+\infty)$ 时，由定理 28 可知 $F(x)$ 严格单调递减，且 $G(x)$ 严格单调递增. 利用 $F(x)<F(k)$ 与 $G(x)>G(k)$ 即得. 当 $x\in(0,k)$ 时，证明细节类似，兹不赘述.

推论 12　设 $m\geqslant 2$ 为整数，且 $k>0$，则当 $x\in(0,+\infty)$ 时，成立不等式

$$\frac{\Gamma_k(mx)}{\Gamma_k^m(x)}<\frac{x^{m-1}}{m}$$

84

证明　由于 $F(x)$ 在区间 $(0,+\infty)$ 上严格递减,则

$$F(x) < F(0) = \lim_{x \to 0} F(x) = \frac{1}{m}$$

即证.

推论 13　设 $m \geqslant 2$ 为整数,且 $k > 0$,当 $x > 0$ 时

$$\frac{1}{m}\sum_{s=0}^{m-1}\psi_k'\left(x+\frac{sk}{m}\right) < \psi_k'(x) <$$

$$\frac{1}{m}\sum_{s=0}^{m-1}\psi_k'\left(x+\frac{sk}{m}\right) + \frac{m-1}{mx^2}$$

证明　由定理 28 可知 $F(x)$ 在区间 $(0,+\infty)$ 上为严格对数凸的,且 $G(x)$ 在区间 $(0,+\infty)$ 上是严格对数凹的,所以

$$(\ln F(x))^{(n)} = \sum_{s=0}^{m-1}\psi_k'\left(x+\frac{sk}{m}\right) -$$

$$m\psi_k'(x) + \frac{m-1}{x^2} > 0$$

与

$$(\ln G(x))^{(n)} = \sum_{s=0}^{m-1}\psi_k'\left(x+\frac{sk}{m}\right) -$$

$$m\psi_k'(x) < 0$$

即证.

第三节　广义 $p-\mathrm{gamma}$ 函数与 $(p,k)-\mathrm{gamma}$ 函数的单调性质与不等式

广义 $p-\mathrm{gamma}$ 函数与广义 $(p,k)-\mathrm{gamma}$ 函数的研究较之 $k-\mathrm{gamma}$ 函数更困难.其困难的原因

主要在于参数 p 的存在,使得很多经典 gamma 函数的性质很难推广过来. 本节讨论与这两类函数密切相关的一些函数, 如 $p-$polygamma 或 $(p,k)-$polygamma 函数在奇点处的极限单调性,凹凸性以及完全单调性.

1. 广义 $p-$gamma 函数与 $p-$polygamma 函数在奇点处的极限公式

在文[33]中,Prabhu 等研究了经典 gamma 函数在奇点处的极限公式,他们证明了对非负整数 k 以及正整数 n,q,成立极限等式

$$\lim_{z\to -k}\frac{\Gamma(nz)}{\Gamma(qz)}=(-1)^{(n-q)k}\frac{q}{n}\frac{(qk)!}{(nk)!}\qquad(17)$$

与

$$\lim_{z\to -k}\frac{\psi(nz)}{\psi(qz)}=\frac{q}{n}\qquad(18)$$

他们的证明用到了经典 gamma 函数与 psi 函数的性质,较为烦琐、技巧性较高,在文[34]中,祁锋通过应用余切函数的 n 阶求导公式给出了如下的结果

$$\lim_{z\to -k}\frac{\psi^{(i)}(nz)}{\psi^{(i)}(qz)}=\left(\frac{q}{n}\right)^{i+1}\qquad(19)$$

与

$$\lim_{z\to -k}\frac{\Gamma^{(i)}(nz)}{\Gamma^{(i)}(qz)}=(-1)^{(n-q)k}\left(\frac{q}{n}\right)^{i+1}\frac{(qk)!}{(nk)!}\quad(20)$$

笔者在文[35]中给出了广义 $p-$gamma 函数在奇点处的极限公式. 如果令 p 趋于 $+\infty$,可以给出上述极限等式的一个新的、简单的证明.

定理 29 对每一正整数 n 以及 $p>0$,有

$$\lim_{z\to 0}\frac{\Gamma_p(nz)}{\Gamma_p(z)}=\frac{1}{n}$$

86

证明　由 $\Gamma_p(z)$ 定义可得

$$\lim_{z \to 0} \frac{\Gamma_p(nz)}{\Gamma_p(z)} =$$

$$\lim_{z \to 0} \frac{p!\ p^{nz}}{nz(nz+1)\cdots(nz+p)} \frac{z(z+1)\cdots(z+p)}{p!\ p^z} =$$

$$\lim_{z \to 0} \frac{p^{(n-1)z}(z+1)\cdots(z+p)}{n(nz+1)\cdots(nz+p)} = \frac{1}{n}$$

定理 30　非负整数 k 以及正整数 n,p 满足 $nk = m \leqslant p, qk = l \leqslant p$，则

$$\lim_{z \to -k} \frac{\Gamma_p(nz)}{\Gamma_p(qz)} = (-1)^{l-m} \left(\frac{q}{n}\right)^2 \frac{p^{l-m}(l-1)!\ (p-1)!}{(m-1)!\ (p-m)!}$$

证明　由 $\Gamma_p(z)$ 的展开式易得

$$\lim_{z \to -k} \frac{\Gamma_p(nz)}{\Gamma_p(qz)} =$$

$$\lim_{z \to -k} \frac{p!\ p^{nz}}{nz(nz+1)\cdots(nz+p)} \frac{qz(qz+1)\cdots(qz+p)}{p!\ p^{qz}} =$$

$$\lim_{z \to -k} \frac{qp^{(n-q)z}}{n} \frac{(qz+1)\cdots(qz+l-1)(qz+l)(qz+l+1)\cdots(qz+p)}{(nz+1)\cdots(nz+m-1)(nz+m)(nz+m+1)\cdots(nz+p)} =$$

$$\frac{qp^{(n-q)z}}{n} \lim_{z \to -k} \frac{(qz+1)\cdots(qz+l-1)q(z+k)(qz+l+1)\cdots(qz+p)}{(nz+1)\cdots(nz+m-1)n(z+k)(nz+m+1)\cdots(nz+p)} =$$

$$(-1)^{l-m} \left(\frac{q}{n}\right)^2 \frac{p^{l-m}(l-1)!\ (p-1)!}{(m-1)!\ (p-m)!}$$

定理 31　非负整数 k 及正整数 n,p 满足 $nk = m \leqslant p, qk = l \leqslant p$，则

$$\lim_{z \to -k} \frac{\psi_p^{(i)}(nz)}{\psi_p^{(i)}(qz)} = \left(\frac{q}{n}\right)^{i+1}$$

证明　通过计算可得

$$\lim_{z \to -k} \frac{\psi_p^{(i)}(nz)}{\psi_p^{(i)}(qz)} = \lim_{z \to -k} \frac{\displaystyle\sum_{k=0}^{p} \frac{(-1)^{i-1} i!}{(nz+k)^{i+1}}}{\displaystyle\sum_{k=0}^{p} \frac{(-1)^{i-1} i!}{(qz+k)^{i+1}}} =$$

$$\lim_{z \to -k} \frac{\dfrac{(-1)^{i-1} i!}{(nz)^{i+1}} + \cdots + \dfrac{(-1)^{i-1} i!}{(nz+m)^{i+1}} + \cdots + \dfrac{(-1)^{i-1} i!}{(nz+p)^{i+1}}}{\dfrac{(-1)^{i-1} i!}{(qz)^{i+1}} + \cdots + \dfrac{(-1)^{i-1} i!}{(qz+l-1)^{i+1}} + \cdots + \dfrac{(-1)^{i-1} i!}{(qz+p)^{i+1}}} =$$

$$\lim_{z \to -k} \frac{\left(\dfrac{(-1)^{i-1} i!}{(nz)^{i+1}} + \cdots + \dfrac{(-1)^{i-1} i!}{(nz+m)^{i+1}} + \cdots + \dfrac{(-1)^{i-1} i!}{(nz+p)^{i+1}}\right)(z+k)^{i+1}}{\left(\dfrac{(-1)^{i-1} i!}{(qz)^{i+1}} + \cdots + \dfrac{(-1)^{i-1} i!}{(qz+l-1)^{i+1}} + \cdots + \dfrac{(-1)^{i-1} i!}{(qz+p)^{i+1}}\right)(z+k)^{i+1}} =$$

$$\left(\frac{q}{n}\right)^{i+1}$$

笔者曾给出了一个猜测:非负整数 k 以及正整数 $n \geqslant 2$ 满足 $nk = m \leqslant p, qk = l \leqslant p$,则

$$\lim_{z \to -k} \frac{\Gamma_p^{(i)}(nz)}{\Gamma_p^{(i)}(qz)} =$$

$$(-1)^{l-m} \left(\frac{q}{n}\right)^{i+2} \frac{p^{l-m}(l-1)! \ (p-1)!}{(m-1)! \ (p-m)!}$$

之后,Furdui 证明了这个猜测.

2. 一个 Bohr-Mollerup 型定理

经典 gamma 函数的 Bohr-Mollerup 型定理指的是:$f(x)$ 是 $(0, +\infty)$ 到 $(0, +\infty)$ 上的对数凸函数,且满足 $f(x) = f(1)$,并设方程 $f(x+1) = xf(x)$,则 $f(x)$ 必为 gamma 函数.

笔者在文[36]中将其推广到 (p, k) — gamma 函数.

定理 32 对 $k > 0$,函数 $F: (0, +\infty) \to (0, +\infty)$ 满足 $F(k) = 1$,以及 $F(x+k) = \dfrac{pkx}{x + px + k} F(x)$,若 $F(x)$

为区间$(0, +\infty)$上的对数凸函数,则 $F(x) = \Gamma_{p,k}(x)$.

证明 假设 $F(x) \neq \Gamma_{p,k}(x)$,取 $x_1 = nk$,$x_2 = nk + k$,$x_3 = x + nk + k$,$x_4 = nk + 2k$,则 $x_1 < x_2 < x_3 < x_4$,$x \in (0, k)$,由于 F 是对数凸的,所以

$$\frac{\log F(x_2) - \log F(x_1)}{x_2 - x_1} \leqslant \frac{\log F(x_3) - \log F(x_4)}{x_3 - x_4} \leqslant$$
$$\frac{\log F(x_4) - \log F(x_2)}{x_4 - x_2}$$

即

$$\frac{1}{k} \log \frac{F(pk + k)}{F(pk)} \leqslant \frac{1}{x} \log \frac{F(pk + k + x)}{F(pk + k)} \leqslant$$
$$\frac{1}{k} \log \frac{F(pk + 2k)}{F(pk + k)}$$

应用方程 $F(x + k) = \dfrac{pkx}{x + px + k} F(x)$,可得

$$\frac{x}{k} \log F\left(\frac{p^2 k^2}{2pk + k}\right) \leqslant \log\left(\lambda \frac{(x)_{p,k}}{p!\ k^p} F(x)\right) \leqslant$$
$$\frac{x}{k} \log F\left(\frac{pk(pk + k)}{2(pk + k)}\right)$$

其中

$$\lambda = \frac{(pk + pk + k)((p-1)k + pk + k) \cdots (k + pk + k)}{(x + pk + pk + k)(x + (p-1)(k + pk + k) \cdots (x + pk + k))}$$

所以

$$0 \leqslant \log\left(\lambda \frac{(x)_{p,k}}{(1 + p)!\ k^{p+1} (pk)^{\frac{x}{k}-1}} F(x)\right) \leqslant$$
$$\log\left(\frac{1}{\lambda} \frac{p}{p + 1} \frac{1}{2^{\frac{x}{k}}}\right) < 0$$

其中 $\lim\limits_{p \to +\infty} \dfrac{1}{\lambda} \dfrac{p}{p + 1} = 1$. 矛盾,定理得证.

这里提出一个公开问题:若 $g(x) : (0, +\infty) \to$

$(0,+\infty)$ 为几何凸函数,且满足 $g(k)=1,g(x+k)=\dfrac{pkx}{x+px+k}g(x),k>0$,则 $g(x)=\Gamma_{p,k}(x)$?

3. $(p,k)-$gamma 函数与 $(p,k)-$digamma 函数的完全单调性

在文[20]中,Alzer 证明了函数 $x^{\alpha}(\ln x-\psi(x))$ 在区间 $(0,+\infty)$ 上完全单调,当且仅当 $\alpha\leqslant 1$. 之后在文[37]中,Krasniqi 和 Qi 推广此结果到广义 $k-$digamma 函数,在文[38]中,笔者推广到了广义 $(p,k)-$digamma 函数.

引理 21[38]   对实数 $a,b>0$,有
$$\ln\frac{b}{a}=\int_{0}^{+\infty}\frac{\mathrm{e}^{-at}-\mathrm{e}^{-bt}}{t}\mathrm{d}t$$

引理 22[37]   函数 $Q(t)=\dfrac{1}{1-\mathrm{e}^{-t}}$ 在 $(0,+\infty)$ 上单调递增,且 $\lim\limits_{t\to+\infty}Q(t)=1$ 和 $\lim\limits_{t\to 0}Q(t)=\dfrac{1}{2}$.

定理 33   对 $p\in\mathbf{N},k>0$ 及 $\alpha\leqslant 1$,则函数
$$\delta_{p,k,\alpha}(x)=x^{\alpha}\left(\frac{1}{k}\ln\frac{pkx}{x+k(p+1)}-\psi_{p,k}(x)\right)$$
在区间 $(0,+\infty)$ 上完全单调.

证明   应用引理 21 及 $\psi_{p,k}(x)$ 的表示可得
$$\delta_{p,k,1}(x)=x\left(\frac{pkx}{x+k(p+1)}-\psi_{p,k}(x)\right)=$$
$$x\left(\frac{1}{k}\ln\frac{x}{x+k(p+1)}+\int_{0}^{+\infty}\frac{1-\mathrm{e}^{-k(p+1)t}}{1-\mathrm{e}^{-kt}}\mathrm{e}^{-xt}\mathrm{d}t\right)=$$
$$x\int_{0}^{+\infty}(1-\mathrm{e}^{-k(p+1)t})\theta_{k}(t)\mathrm{e}^{-xt}\mathrm{d}t$$

其中 $\theta_k(t) = \dfrac{1}{1 - \mathrm{e}^{-kt}} - \dfrac{1}{kt}$，由引理 22 可知 $\theta_k(t)$ 为正单调递增的，应用 Leibniz 公式可得

$$(-1)^n \delta_{p,k,l}^{(n)}(x) =$$

$$x(-1)^n \frac{\mathrm{d}^n}{\mathrm{d}x^n} \int_0^{+\infty} (1 - \mathrm{e}^{-k(p+1)t}) \theta_k(t) \mathrm{e}^{-xt} \,\mathrm{d}t -$$

$$n(-1)^n \frac{\mathrm{d}^{n-1}}{\mathrm{d}x^{n-1}} \int_0^{+\infty} (1 - \mathrm{e}^{-k(p+1)t}) \theta_k(t) \mathrm{e}^{-xt} \,\mathrm{d}t =$$

$$x \int_0^{+\infty} (1 - \mathrm{e}^{-k(p+1)t}) \theta_k(t) \mathrm{e}^{-xt} t^n \,\mathrm{d}t -$$

$$n \int_0^{+\infty} (1 - \mathrm{e}^{-k(p+1)t}) \theta_k(t) \mathrm{e}^{-xt} t^{n-1} \,\mathrm{d}t =$$

$$\int_0^{\frac{n}{x}} (1 - \mathrm{e}^{-k(p+1)t}) \theta_k(t) \mathrm{e}^{-xt} t^{n-1} (xt - n) \,\mathrm{d}t +$$

$$\int_{n/x}^{+\infty} (1 - \mathrm{e}^{-k(p+1)t}) \theta_k(t) \mathrm{e}^{-xt} t^{n-1} (xt - n) \,\mathrm{d}t \geqslant$$

$$\int_0^{+\infty} (1 - \mathrm{e}^{-k(p+1)t}) \theta_k\left(\frac{n}{x}\right) \mathrm{e}^{-xt} t^{n-1} (xt - n) \,\mathrm{d}t =$$

$$\theta_k\left(\frac{n}{x}\right) \int_0^{+\infty} (1 - \mathrm{e}^{-k(p+1)t}) \mathrm{e}^{-xt} t^{n-1} (xt - n) \,\mathrm{d}t$$

再应用引理 13，可知

$$(-1)^n \delta_{p,k,l}^{(n)}(x) \geqslant$$

$$\theta_k\left(\frac{n}{x}\right) \int_0^{+\infty} (1 - \mathrm{e}^{-k(p+1)t}) \mathrm{e}^{-xt} t^{n-1} (xt - n) \,\mathrm{d}t =$$

$$\theta_k\left(\frac{n}{x}\right) \left(x \frac{\Gamma(n+1)}{x^{n+1}} - x \frac{\Gamma(n+1)}{(x + k(p+1))^{n+1}} - \right.$$

$$\left. n \frac{\Gamma(n)}{x^n} + n \frac{\Gamma(n)}{(x + k(p+1))^{n+1}} \right) = 0$$

如此 $\delta_{p,k,l}(x)$ 在区间 $(0, +\infty)$ 上完全单调. 又因 $\alpha < 1$ 时，$x^{\alpha-1}$ 也为完全单调的. 所以 $\delta_{p,k,a}(x) = x^{\alpha-1} \delta_{p,k,l}(x)$ 在区间 $(0, +\infty)$ 上也完全单调.

定理 34 若函数 $\delta_{p,k,a}(x)$ 在区间 $(0,+\infty)$ 上完全单调,则 $\alpha \leqslant 2$.

证明 由于函数 $\delta_{p,k,a}(x)$ 在区间 $(0,+\infty)$ 上完全单调,所以 $\delta_{p,k,a}(x) \geqslant 0$,$\delta'_{p,k,a}(x) \leqslant 0$,则有

$$\delta'_{p,k,l}(x) = x^{a-1}\left(\alpha\left(\frac{1}{k}\ln\frac{pkx}{x+k(p+1)} - \psi'_{p,k}(x)\right) + \frac{p+1}{x+k(p+1)} - x\psi'_{p,k}(x)\right) \leqslant 0$$

如此可得

$$\alpha \leqslant \frac{x\psi'_{p,k}(x) - \dfrac{p+1}{x+k(p+1)}}{\dfrac{1}{k}\ln\dfrac{pkx}{x+k(p+1)} - \psi_{p,k}(x)}$$

由 l'Hopital 法则易知

$$\lim_{x\to+\infty}\frac{x\psi'_{p,k}(x) - \dfrac{p+1}{x+k(p+1)}}{\dfrac{1}{k}\ln\dfrac{pkx}{x+k(p+1)} - \psi_{p,k}(x)} =$$

$$\frac{\displaystyle\sum_{n=0}^{p}(4nk-2k(p+1))}{\displaystyle\sum_{n=0}^{p}(2nk-k(p+1))} = 2$$

即证.

注 这里我们猜测若 $\delta_{p,k,a}(x)$ 在区间 $(0,+\infty)$ 上也完全单调,则 $\alpha \leqslant 1$.

定理 35 对 $k>0$ 及 $\alpha \leqslant 1$,函数

$$x\left((-1)^m\psi_{p,k}^{(m+1)}(x) - \frac{m!}{kx^{m+1}} + \frac{m!}{k(x+(p+1)k)^{m+1}}\right)$$

在区间 $(0,+\infty)$ 上完全单调.

证明 由引理 13,可知

$$f_{m,k,1}(x) = x\left(t^{m+1}\int_0^{+\infty}(1 - e^{-k(p+1)t})\theta_k(t)e^{-xt}\,dt\right)$$

其中 $\theta_k(t) = \dfrac{1}{1 - e^{-kt}} - \dfrac{1}{kt}$.

再由 Leibniz 公式可知

$$(-1)^n f_{m,k,1}^{(n)}(x) =$$

$$x(-1)^n\frac{d^n}{dx^n}\int_0^{+\infty}t^{m+1}(1 - e^{-k(p+1)t})\theta_k(t)e^{-xt}\,dt -$$

$$n(-1)^n\frac{d^{n-1}}{dx^{n-1}}\int_0^{+\infty}t^{m+1}(1 - e^{-k(p+1)t})\theta_k(t)e^{-xt}\,dt =$$

$$x\int_0^{+\infty}(1 - e^{-k(p+1)t})\theta_k(t)e^{-xt}t^{n+m}\,dt -$$

$$n\int_0^{+\infty}(1 - e^{-k(p+1)t})\theta_k(t)e^{-xt}\,dt =$$

$$x\int_0^{+\infty}(1 - e^{-k(p+1)t})\theta_k(t)e^{-xt}t^{n+m}\,dt -$$

$$n\int_0^{+\infty}(1 - e^{-k(p+1)t})\theta_k(t)e^{-xt}t^{n+m-1}\,dt =$$

$$\int_0^{\frac{n}{x}}(1 - e^{-k(p+1)t})\theta_k(t)e^{-xt}t^{n+m-1}(xt - n)\,dt +$$

$$\int_{\frac{n}{x}}^{+\infty}(1 - e^{-k(p+1)t})\theta_k(t)e^{-xt}t^{n+m-1}(xt - n)\,dt \geqslant$$

$$\int_0^{+\infty}(1 - e^{-k(p+1)t})\theta_k\left(\frac{n}{x}\right)e^{-xt}t^{n+m-1}(xt - n)\,dt =$$

$$\theta_k\left(\frac{n}{x}\right)\int_0^{+\infty}(1 - e^{-k(p+1)t})e^{-xt}t^{n+m-1}(xt - n)\,dt$$

如此

$$(-1)^n\frac{d^n}{dx^n}\int_0^{+\infty}t^{m+1}(1 - e^{-k(p+1)t})\theta_k(t)e^{-xt}t^{n+m-1}(xt - n)\,dt =$$

$$\left(x\frac{\Gamma(n+m-1)}{x^{n+m+1}} - x\frac{\Gamma(n+m+1)}{(x+k(p+1))^{n+m+1}} -\right.$$

$$n\,\frac{\Gamma(n+m)}{x^{n+m}} + n\,\frac{\Gamma(n+m)}{(x+k(p+1))^{n+m+1}}\Big) =$$

$$m\Gamma(n+m)\Big(\frac{1}{x^{n+m+1}} - \frac{1}{(x+k(p+1))^{n+m+1}}\Big) > 0$$

所以 $f_{m,k,1}$ 在区间 $(0,+\infty)$ 上也完全单调,剩下的细节完全与定理 33 相同.

定理 36 对 $k,p,\beta > 0$ 且 $2\alpha \leqslant 1 \leqslant \beta$,函数

$$h_{p,k,\alpha,\beta}(x) =$$

$$\frac{\Gamma_{p,k}(x+\beta)}{(pk)^{x/k}x^{x+\beta-\alpha}}(x+k(p+1))^{x+k(p+1)+\beta-\alpha}$$

在 $(0,+\infty)$ 上对数完全单调.

证明 计算可得

$$\ln h_{p,k,\alpha,\beta}(x) =$$

$$\ln\Gamma_{p,k}(x+\beta) - \frac{x}{k}\ln(pk) - (x+\beta-\alpha)\ln x +$$

$$(x+k(p+1)+\beta-\alpha)\ln(x+k(p+1))$$

和

$$(\ln h_{p,k,\alpha,\beta}(x))' = \psi_{p,k}(x+\beta) + \ln(x+k(p+1))$$

$$\frac{x+k(p+1)+\beta-\alpha}{x+k(p+1)} -$$

$$\ln x - \frac{x+\beta-\alpha}{x} - \frac{1}{k}\ln(pk)$$

所以

$$(-1)^n(\ln h_{p,k,\alpha,\beta}(x))^{(n)} =$$

$$(-1)^n\psi_{p,k}^{(n-1)}(x+\beta) + \frac{(\beta-\alpha)(n-1)!}{x^n} +$$

$$\frac{(\beta-\alpha)(n-1)!}{(x+k(p+1))^n} + \frac{(n-2)!}{(x+k(p+1))^{n-1}} -$$

$$\frac{(n-2)!}{x^{n-1}}$$

应用引理 13 可得

$$(-1)^n(\ln h_{p,k,a,\beta}(x))^{(n)} =$$

$$\int_0^{+\infty} \frac{1-\mathrm{e}^{-k(p+1)t}}{1-\mathrm{e}^{-t}} t^{n-2}\,\mathrm{e}^{-xt}\lambda_{k,a,\beta}(t)\,\mathrm{d}t$$

这里 $\lambda_{k,a,\beta}(t) = t + ((\beta-\alpha)-1)(\mathrm{e}^{\beta t}-\mathrm{e}^{(\beta-1)t})$.

因为 $2\alpha \leqslant 1 \leqslant \beta$,所以 $\lambda_{k,a,\beta}(t)$ 在区间 $(0,+\infty)$ 上为正(参看文献[39]),所以当 $n>1$ 时

$$(-1)^n(\ln h_{p,k,a,\beta}(x))^{(n)} > 0$$

当 $n=1$ 时,由于 $(\ln h_{p,k,a,\beta}(x))'$ 在区间 $(0,+\infty)$ 上单调增加,所以

$$(\ln h_{p,k,a,\beta}(x))' \leqslant$$

$$\lim_{x\to+\infty}\Big(\psi_{p,k}(x+\beta) + \frac{\beta-\alpha}{x+k(p+1)} - \frac{\beta-\alpha}{x} +$$

$$\ln\Big(1 + \frac{k(p+1)}{x}\Big) - \frac{1}{k}\ln(pk)x -$$

$$\frac{x+\beta-\alpha}{x} - \frac{1}{k}\ln(pk)\Big)$$

即证.

4. 广义 $(p,k)-$polygamma 函数的比值的单调性

在文[40]中,Alzer 和 Wells 对经典 polygamma 函数做出了一个有趣的不等式,当 $m \geqslant 2$ 及 $x>0$ 时

$$\frac{m-1}{m} < \frac{(\psi^{(m)}(x))^2}{\psi^{(m-1)}(x)\psi^{(m+1)}(x)} < \frac{m}{m+1}$$

值得注意的是文[40]中的证明非常复杂,笔者利用 Mehrez-Sithik 方法给出了一个新的简单证明,还证明了函数的单调性,并且推广到了 $(p,k)-$polygamma 函数.

定理 37　对 $p,k>0$ 以及 $m \geqslant 2$,函数

$$\phi_{m,p,k}(x) = \frac{(\psi_{p,k}^{(m)}(x))^2}{\psi_{p,k}^{(m-1)}(x)\psi_{p,k}^{(m+1)}(x)}$$

在区间$(0,+\infty)$上严格单调递减,且有

$$\lim_{x \to +\infty} \phi_{m,p,k}(x) = \frac{m-1}{m}$$

以及

$$\lim_{x \to 0} \phi_{m,p,k}(x) = \frac{m}{m+1}$$

特别,对 $p,k > 0$ 以及 $m \geqslant 2$,有

$$\frac{m-1}{m} < \frac{(\psi_{p,k}^{(m)}(x))^2}{\psi_{p,k}^{(m-1)}(x)\psi_{p,k}^{(m+1)}(x)} < \frac{m}{m+1}$$

证明　由简单计算可知

$$\frac{(\psi_{p,k}^{(m)}(x))^2}{\psi_{p,k}^{(m-1)}(x)\psi_{p,k}^{(m+1)}(x)} =$$

$$\frac{(m!)\displaystyle\sum_{n=0}^{p}\frac{1}{(nk+x)^{m+1}}\sum_{n=0}^{p}\frac{1}{(nk+x)^{m+1}}}{(m-1)!\,(m+1)!\displaystyle\sum_{n=0}^{p}\frac{1}{(nk+x)^{m}}\sum_{n=0}^{p}\frac{1}{(nk+x)^{m+2}}} =$$

$$\frac{m}{m+1}\frac{\displaystyle\sum_{n=0}^{p}\sum_{i=0}^{n}\frac{1}{(ik+x)^{m+1}((n-i)k+x)^{m+1}}}{\displaystyle\sum_{n=0}^{p}\sum_{i=0}^{n}\frac{1}{(ik+x)^{m}((n-i)k+x)^{m+2}}} =$$

$$\frac{m}{m+1}\frac{\displaystyle\sum_{n=0}^{p}A_n(x)}{\displaystyle\sum_{n=0}^{p}B_n(x)}$$

其中

$$A_n(x) = \sum_{i=0}^{n}\frac{1}{(ik+x)^{m+1}((n-i)k+x)^{m+1}}$$

$$B_n(x) = \sum_{i=0}^{n}\frac{1}{(ik+x)^{m}((n-i)k+x)^{m+2}}$$

定义数列$\{\alpha_{m,i}\}_{i \geqslant 0}, \{\beta_{m,i}\}_{i \geqslant 0}, \{\omega_{m,i}\}_{i \geqslant 0}$

$$\{\alpha_{m,i}\} = \frac{1}{(ik+x)^{m+1}((n-i)k+x)^{m+1}}$$

$$\{\beta_{m,i}\} = \frac{1}{(ik+x)^{m}((n-i)k+x)^{m+2}}$$

$$\{\omega_{m,i}\} = \frac{\{\alpha_{m,i}\}}{\{\beta_{m,i}\}} = \frac{(n-i)k+x}{ik+x}$$

且

$$\frac{\omega_{m,i+1}}{\omega_{m,i}} = \frac{((n-i-1)k+x)(ik+x)}{((i+1)k+x)((n-i)k+x)}$$

显然 $\dfrac{\omega_{m,i+1}}{\omega_{m,i}} < 1$ 等价于

$$((n-i-1)k+x)(ik+x) <$$
$$((i+1)k+x)((n-i)k+x) \Leftrightarrow$$
$$-nk^{2} - 2kx < 0$$

所以 $\{\omega_{m,i}\}_{i\geqslant 0}$ 严格递减，由 Mehrez-Sithik 方法可知 $\left\{\dfrac{A_{n}(x)}{B_{n}(x)}\right\}$ 也严格递减，进而 $\phi_{m,p,k}(x)$ 在区间 $(0,+\infty)$ 上单调递减.

再由等式

$$\psi_{p,k}^{(m)}(x+k) =$$
$$(-1)^{m}\frac{m!}{x^{m+1}} - (-1)^{m}\frac{m!}{(x+pk+k)^{m+1}} +$$
$$\psi_{p,k}^{(m)}(x)$$

可知

$$\lim_{x\to 0}\phi_{m,p,k}(x) = \frac{m}{m+1}$$

与

$$\lim_{x\to 0}x^{m+1}\psi_{p,k}^{(m)}(x) = \frac{(-1)^{m}(m-1)!}{k}$$

（事实上，利用文[4]中不等式

97

$$\frac{1}{k}\left(\frac{1}{x}-\frac{1}{x+pk+k}\right)\leqslant$$

$$\psi'_{p,k}(x)\leqslant$$

$$\frac{1}{k}\left(\frac{1}{x}-\frac{1}{x+pk+k}\right)+\frac{1}{x^2}-\frac{1}{(x+pk+k)^2}$$

并微分 $n-1$ 次.)

如此可得

$$\lim_{x\to+\infty}\phi_{m,p,k}(x)=$$

$$\frac{(x^{m+1}\psi_{p,k}^{(m)}(x))^2}{x^m\psi_{p,k}^{(m-1)}(x)x^{m+2}\psi_{p,k}^{(m+1)}(x)}=\frac{m-1}{m}$$

即证.

5. 广义 $p-\mathrm{gamma}$ 函数的一个界估计

Gamma 函数的一个界估计一直是一个前沿课题,1997 年,Anderson 与 Qiu 证明了当 $x>1$ 时

$$x^{(1-r)-1}<\Gamma(x)<x^{x-1}$$

之后在文[42]中 Alzer 证明了:当 $x>1$ 时

$$x^{\alpha(x-1)-\gamma}<\Gamma(x)<x^{\beta(x-1)-\gamma}$$

其中 $\alpha=\dfrac{\left(\dfrac{-\pi^2}{6}-\gamma\right)}{2}$ 与 $\beta=1$ 为最优常数. 在文[43]中,笔者给出了 $\Gamma_p(x)$ 的一个界估计.

引理 23 当 $x\in(0,1)$ 时

$$\frac{(x+n)^{x+n}}{x^x n^n \mathrm{e}}<\frac{(x+n)(x+n-1)\cdots(x+1)}{n!}<$$

$$\frac{(x+n)^{x+n}}{x^x n^n}$$

证明 定义函数

$$f(x)=(x+n)\ln(x+n)-x\ln x-$$

$$n\ln n+\ln n!-\sum_{i=1}^{n}\ln(x+i)$$

98

求导得

$$f'(x) = \ln(x+n) - \ln x - \sum_{i=1}^{n} \frac{1}{x+i}$$

以及

$$f''(x) = \frac{1}{x+n} - \frac{1}{x} + \sum_{i=1}^{n} \frac{1}{(x+i)^2} <$$

$$\frac{1}{x+n} - \frac{1}{x} + \sum_{i=1}^{n} \frac{1}{(x+i-1)(x+i)} = 0$$

所以 $f'(x)$ 在区间 $(0, +\infty)$ 上单调递减. $f'(x) \geqslant f'(+\infty) = 0$,所以 $f'(x)$ 在区间 $(0,1)$ 上单调递增,所以

$$0 = f(0) < f(x) < f(1) = n\ln\Big(1+\frac{1}{n}\Big) < 1$$

即证.

定理 38　当 $x \in (0,1)$ 时

$$\frac{x^{x-1}x^{p+x}}{(x+p)^{x+p}} < \Gamma_p(x) < \frac{x^{x-1}x^{p+x}\mathrm{e}}{(x+p)^{x+p}}$$

证明　由引理 23 以及 $\Gamma_p(x)$ 的定义可得.

注　令 $p \to +\infty$ 可得 $x \in (0,1)$ 时,成立

$$x^{x-1}\mathrm{e}^{-x} < \Gamma(x) < x^{x-1}\mathrm{e}^{1-x}.$$

在文 $[43]$ 的结尾,笔者也给出了一个优美的不等式.

定理 39　设 $x_i, y_i, z_i, w_i \in \mathbf{R}^*, i = 1, 2, \cdots, n$, $\alpha > 0, \beta > 0$ 且

$$\sum_{i=1}^{n} x_i = nx, \sum_{i=1}^{n} y_i = ny, \sum_{i=1}^{n} w_i = nw$$

$$\Gamma(z_i) \geqslant \Gamma(w_i), \sum_{i=1}^{n} \Gamma(z_i) = n\Gamma^*(z)$$

则

$$\sum_{i=1}^{n} \frac{(\Gamma(x_i) + \Gamma(y_i))^\alpha}{(\Gamma(z_i) - \Gamma(w_i))^\beta} \geqslant n \frac{(\Gamma(x) + \Gamma(y))^\alpha}{(\Gamma^*(z) - \Gamma(w))^\beta}$$

证明　先来证明如下不等式

$$\frac{\sqrt[n]{\prod_{i=1}^{n} (\Gamma(x_i) + \Gamma(y_i))^\alpha}}{\sqrt[n]{\prod_{i=1}^{n} (\Gamma(z_i) - \Gamma(w_i))^\beta}} \geqslant$$

$$\frac{\left(\sqrt[n]{\prod_{i=1}^{n} \Gamma(x_i)} + \sqrt[n]{\prod_{i=1}^{n} \Gamma(y_i)}\right)^\alpha}{\left(\sqrt[n]{\prod_{i=1}^{n} \Gamma(z_i)} - \sqrt[n]{\prod_{i=1}^{n} \Gamma(w_i)}\right)^\beta}$$

如此,仅需证明

$$\sqrt[n]{\prod_{i=1}^{n} (\Gamma(x_i) + \Gamma(y_i))^\alpha} \geqslant$$

$$\left(\sqrt[n]{\prod_{i=1}^{n} \Gamma(x_i)} + \sqrt[n]{\prod_{i=1}^{n} \Gamma(y_i)}\right)^\alpha \qquad (21)$$

与

$$\sqrt[n]{\prod_{i=1}^{n} (\Gamma(z_i) - \Gamma(w_i))^\beta} \leqslant$$

$$\left(\sqrt[n]{\prod_{i=1}^{n} \Gamma(z_i)} - \sqrt[n]{\prod_{i=1}^{n} \Gamma(w_i)}\right)^\beta \qquad (22)$$

易知

$$式(21) \Leftrightarrow \sqrt[n]{\prod_{i=1}^{n} (\Gamma(x_i) + \Gamma(y_i))} \geqslant$$

$$\sqrt[n]{\prod_{i=1}^{n} \Gamma(x_i)} + \sqrt[n]{\prod_{i=1}^{n} \Gamma(y_i)}$$

$$\Leftrightarrow 1 \geqslant \sqrt[n]{\dfrac{\prod\limits_{i=1}^{n}\Gamma(x_i)}{\prod\limits_{i=1}^{n}(\Gamma(x_i)+\Gamma(y_i))}}+$$

$$\sqrt[n]{\dfrac{\prod\limits_{i=1}^{n}\Gamma(y_i)}{\prod\limits_{i=1}^{n}(\Gamma(x_i)+\Gamma(y_i))}}$$

由 AM－GM 不等式易得

$$\sqrt[n]{\dfrac{\prod\limits_{i=1}^{n}\Gamma(x_i)}{\prod\limits_{i=1}^{n}(\Gamma(x_i)+\Gamma(y_i))}} \leqslant \dfrac{\sum\limits_{i=1}^{n}\dfrac{\Gamma(x_i)}{\Gamma(x_i)+\Gamma(y_i)}}{n}$$

与

$$\sqrt[n]{\dfrac{\prod\limits_{i=1}^{n}\Gamma(y_i)}{\prod\limits_{i=1}^{n}(\Gamma(x_i)+\Gamma(y_i))}} \leqslant \dfrac{\sum\limits_{i=1}^{n}\dfrac{\Gamma(y_i)}{\Gamma(x_i)+\Gamma(y_i)}}{n}$$

如此式（21）易证. 对于式（22）可知

$$\text{式（22）} \Leftrightarrow \sqrt[n]{\prod\limits_{i=1}^{n}(\Gamma(z_i)-\Gamma(w_i))} \leqslant$$

$$\sqrt[n]{\prod\limits_{i=1}^{n}\Gamma(z_i)}-\sqrt[n]{\prod\limits_{i=1}^{n}\Gamma(w_i)}$$

$$\Leftrightarrow \sqrt[n]{\prod\limits_{i=1}^{n}\left(1-\dfrac{\Gamma(w_i)}{\Gamma(z_i)}\right)} \leqslant$$

$$1-\sqrt[n]{\prod\limits_{i=1}^{n}\dfrac{\Gamma(w_i)}{\Gamma(z_i)}}$$

再利用 AM－GM 不等式易得

101

$$\sqrt[n]{\prod_{i=1}^{n}\left(1-\frac{\Gamma(w_i)}{\Gamma(z_i)}\right)} \leqslant \left[\frac{\sum_{i=1}^{n}\left(1-\frac{\Gamma(w_i)}{\Gamma(z_i)}\right)}{n}\right]^{n} =$$

$$\left[\frac{n-\sum_{i=1}^{n}\frac{\Gamma(w_i)}{\Gamma(z_i)}}{n}\right]^{n} \leqslant$$

$$\left[\frac{n-n\sqrt[n]{\prod_{i=1}^{n}\frac{\Gamma(w_i)}{\Gamma(z_i)}}}{n}\right]^{n} =$$

$$\left[1-\sqrt[n]{\prod_{i=1}^{n}\frac{\Gamma(w_i)}{\Gamma(z_i)}}\right]^{n}$$

再由已知不等式：当 $\sum_{i=1}^{n}x_i = nx\,(x_i > 0)$ 时

$$\prod_{i=1}^{n}\Gamma(x_i) \geqslant (\Gamma(x))^{n}$$

易得

$$\sum_{i=1}^{n}\frac{(\Gamma(x_i)+\Gamma(y_i))^{\alpha}}{(\Gamma(z_i)-\Gamma(w_i))^{\beta}} \geqslant$$

$$n\frac{\sqrt[n]{\prod_{i=1}^{n}(\Gamma(x_i)+\Gamma(y_i))^{\alpha}}}{\sqrt[n]{\prod_{i=1}^{n}(\Gamma(z_i)-\Gamma(w_i))^{\beta}}} \geqslant$$

$$\frac{\left(\sqrt[n]{\prod_{i=1}^{n}\Gamma(x_i)}+\sqrt[n]{\prod_{i=1}^{n}\Gamma(y_i)}\right)^{\alpha}}{\left(\sqrt[n]{\prod_{i=1}^{n}\Gamma(z_i)}-\sqrt[n]{\prod_{i=1}^{n}\Gamma(w_i)}\right)^{\beta}} \geqslant$$

$$n\frac{(\Gamma(x)+\Gamma(y))^{\alpha}}{\dfrac{\sum_{i=1}^{n}\Gamma(z_i)}{n}-\Gamma(w)^{\beta}}=$$

$$n\frac{(\Gamma(x)+\Gamma(y))^{\alpha}}{(\Gamma^{*}(z)-\Gamma(w))^{\beta}}$$

即证.

参考文献

［1］APOSTOL T M. Introduction to Analytic Number Theory[M]. Berlin：Springer-Verlag,1976.

［2］DIAZ R,PARIGUAN E. On hypergeometric functions and Pachhammer k-symbol[J]. Divulgaciones Math. ,2007, 15(2)：179-192.

［3］NANTOMAH K. Convexity properties and inequalities concerning the (p,k)-gamma functions[J]. Commun. Fac. Sci. Univ. Ank. Sér. A1. Math. Stat. ,2017,66(2)：130-140.

［4］NANTOMAH K,MEROVCI F,NASIRU S. Some monotonic properties and inequalities for the (p,q)-gamma function[J]. Kragujevac J. Math. ,2018,42 (2)：287-297.

［5］NANTOMAH K,PREMPEH E,TWUM S B. On a (p,k)-analogue of the gamma function and some associated inequalities[J]. Moroccan J. Pure Appl. Anal. ,2016,2(2)：79-90.

［6］QI F,CHEN C P. A complete monotonicity property of the gamma function[J]. J. Math. Anal. Appl. ,2004 (296)：603-607.

［7］QI F,GUO B N. Complete monotonicities of functions involving the gamma and digamma functions[J]. RGMIA Res. Rep. Coll. ,2004 (7) ：63-72.

［8］QI F,GUO B N. Some logarithmically completely

monotonic functions related to the gamma function[J]. J. Korean Math. Soc. ,2010,47（6）:1283-1297.

[9] QI F,GUO B N,CHEN C P. Some completely monotonic functions involving the gamma and ploygamma functions[J]. RGMIA Res. Rep. Coll. ,2004,7（1）:31-36.

[10] QI F,GUO B N,CHEN C P. Some completely monotonic functions involving the gamma and polygamma functions[J]. J. Aust. Math. Soc. ,2006（80）:81-88.

[11] ALZER H. Sharp inequalities for the harmonic numbers[J]. Expo. Math. ,2006,24(4):385-388.

[12] BATIR N. On some properties of digamma and polygamma functions[J]. J. Math. Anal. Appl. ,2014,328(1),452-465.

[13] GUO B N,QI F. Some properties of the psi and polygamma functions[J]. Hacet. J. Math. Stat. ,2010,39(2),219-231.

[14] QI F,GUO S L,GUO B N. Completely monotonicity of some functions involving polygamma functions. J. Comput. Appl. Math. ,2010,233:2149-2160.

[15] GUO B N,QI F. Two new proofs of the complete monotonicity of a function involving the psi function[J]. Bull. Korean Math. Soc. ,2010,47(1):103-111.

[16] QI F,GUO B N. A class of completely monotonic functions involving divided differences of the psi and tri-gamma functions and some applications[J]. J. Korean Math. Soc. ,2011,48(3):655-667.

[17] YIN L,HUANG L G,SONG ZH M,DOU X K. some monotonicity properties and inequalities for the generalized digamma and polygamma functions[J]. Journal of Inequalities and Applications,2018（2018）:249.

[18] MATEJÍČKA L. Notes on three conjectures involving the digamma and generalized digamma functions[J]. Journal of Inequalities and Applications,2018（2018）:342.

[19] YIN L,HUANG L G,LIN X L,WANG Y L. Monotonicity,concavity,and inequalities related to the generalized digamma function[J]. Advances in Difference Equations,2018 (2018)：246.

[20] ALZER H. On some inequalities for the gamma and psi functions[J]. Math. Comp. ,1997 (66)：373-389.

[21] ISMAIL M E H,MULDOON M E,LORCH L. Completely monotonic functions associated with the gamma function and its q-analogues[J]. J. Math. Anal. Appl. ,1986 (116)：1-9.

[22] BURIC T,ELEZOVIC N. Some completely monotonic functions related to psi function,Math. Inequal. Appl. ,2011 (3)：14.

[23] YIN L,LIN X L. Complete monotonicity of some functions involving k-digamma function[J]. Journal of Mathematical Inequalities，In press.

[24] ZHAO J L,GUO B N,QI F. Complete monotonicity of two functions involving the triand tetra-gamma functions[J]. Peiodica Math. Hung. ,2012,65 (1)：147-155.

[25] YIN L,ZHANG J M,LIN X L. Complete monotonicity related to k-digamma and polygamma function[J]. Advances in Difference Equation,2019(2019)：364.

[26] BATIR N. Inequalities involving the gamma and digamma functions[EB/OL]. http://arxiv. org/abs/1812. 05343v1.

[27] SRIVASTAVA H M,JUNESANG CHOI. Zeta and q-Zeta Functions and Associated Series and Integrals[M]. Singapore：Elseier,2012.

[28] ALZER H,KWONG M K. Grünbaum type inequality for gamma function[J]. Results Math. ,2018 (73)：156.

[29] MERKLE M. On log-convexity of a ratio of gamma functions[J]. Ser. Mat. ,1997 (8)：114-119.

［30］CHEN C P. Complete monotonicity properties for a ratio of gamma functions［J］. Ser. Mat. ,2005（16）:26-28

［31］LI A J,ZHAO W Z,CHEN C P. Logarithmically complete monotonicity and Shur-convexity for some ratios of gamma functions［J］. Ser. Mat. ,2006（17）:88-92.

［32］NANTOMAH K,YIN L. Logarithmically complete monotonicity properties of certain ratios of the k-gamma function［J］. Communications in Math. ,2018,9(4):559-565.

［33］PRABHU A,SRIVASTAVA H M. Some limit formulas for the gamma and psi（or digamma）functions at its singularities［J］. Integral Transforms Spec. Funct. ,2011（22）:587-592.

［34］QI F. Limit formulas for ratios between derivatives of the gamma and digamma functions at their singularities［J］. Filomat,2013（27）:601-604.

［35］YIN L,HUANG L G. Limit formulas related to the p-gamma and p-polygamma functions at their singularities［J］. Filomat,2015（29）:1501-1505.

［36］SONG ZH M,YIN L. A new Bohr-Mollerup type theorem related to gamma function with two parameters［J］. Int. J. Open Problems Compt. Math. ,2018,11（1）:1-5

［37］KRASNIQI F,QI F. Complete monotonicity of a function involving the p-psi function and alternative proofs［J］. Global Journal of Mathematical Analysis,2014（2）:204-208.

［38］YIN L. Complete monotonicity of a function involving the (p,k)-digamma function［J］. Int. J. Open Problems Compt. Math. ,2018,11(2):103-109.

［39］KRASNIQI F,MEROVCI F. Some completely monotonic properties for the (p,q)-gamma function［J］. Mathematica Balkanica（N. S. ）,2012,26,Fasc. No. 1-2.

［40］CUI L Y,YIN L. Completely monotonic theorems of the

generalized gamma and digamma function[J]. Octogon
Math. Mag. ,2018,26(1):3-8.

[41] ANDERSON G D,QIU S L. A monotonicity property of
the gamma function[J]. Proc. Amer. Math. Soc. ,1997
(125):3355-3362.

[42] ALZER H. Inequalities for the gamma function[J]. Proc.
Amer. Math. soc. ,1999 (128):141-147.

[43] YIN L,SONG ZH M. Inequalities for gammap function
and gamma function[J]. Demonstratio Mathematics,
2013,46(3):485-490.

广义三角函数

广义三角函数是经典三角函数的推广,它们最早出现于一维 $p-$Laplacian 算子的 Dirichlet 本征值问题中,本章我们主要讨论 Lindqvist 给出的单参数推广与 Takeuchi 给出的双参数推广,这是最近比较活跃的一个课题,我们主要讨论这些函数的一些经典不等式以及单调性、凹凸性与完全单调性.

第一节　单参数广义三角函数

1.单参数广义三角函数的定义

众所周知,反正弦函数 $\arcsin x$ 和常数 $\dfrac{\pi}{2}$ 可以表示成如下积分形式

第三章

$$\arcsin x = \int_0^x \frac{1}{(1-t^2)^{\frac{1}{2}}} \mathrm{d}t \quad (0 \leqslant x \leqslant 1)$$

以及

$$\frac{\pi}{2} = \arcsin 1 = \int_0^1 \frac{1}{(1-t^2)^{\frac{1}{2}}} \mathrm{d}t$$

令 $p > 1$，定义下面单参数广义三角函数

$$\frac{\pi}{2} = \arcsin_p x = \int_0^x \frac{1}{(1-t^p)^{\frac{1}{p}}} \mathrm{d}t \quad (0 \leqslant x \leqslant 1)$$

以及

$$\frac{\pi_p}{2} = \arcsin_p 1 = \int_0^1 \frac{1}{(1-t^p)^{\frac{1}{p}}} \mathrm{d}t$$

在区间 $\left[0, \dfrac{\pi}{2}\right]$ 上的函数 $\arcsin_p x$ 的反函数称为广义正弦函数，并记为 $\sin_p x$. 通过函数延拓可以将 $\sin_p x$ 连续的延拓到实数集上. 容易知道函数 $y = \sin_p x$ 为区间 $\left[0, \dfrac{\pi_p}{2}\right]$ 上的严格递增凹函数. 自然可以定义广义余弦函数与正切函数如下

$$\cos_p x = \frac{\mathrm{d}}{\mathrm{d}x} \sin_p x$$

$$\tan_p x = \frac{\sin_p x}{\cos_p x}$$

类似地，可以定义广义正割与余割函数如下

$$\sec_p x = \frac{1}{\cos_p x}$$

$$\csc_p x = \frac{1}{\sin_p x}$$

广义正弦函数最早出现于对一维 $p-$Laplacian 算子 Δp 的 Dirichlet 问题的本征值研究，即本征值问题

109

$$\begin{cases} -\Delta_p u = -(\mid u' \mid^{p-2} u')' = \lambda \mid u \mid^{p-2} u \\ u(0) = u(1) = 0 \end{cases}$$

有特征值 $\lambda_n = (p-1)(n\pi_p)^p$ 和本征函数 $y = \sin_p(n\pi_p t)$，可见文献[4].

此后，这类函数的性质，特别是与此有关的不等式被广泛讨论. 值得注意的是，这些函数都可以表示成某种形式的 Gauss 超几何函数.

同理，广义双曲正弦函数的反函数定义为

$$\operatorname{arsinh}_p(x) \equiv \begin{cases} \int_0^x \dfrac{1}{(1+t^p)^{\frac{1}{p}}} dt, x \in [0, +\infty) \\ -\operatorname{arsinh}_p(-x), x \in (-\infty, 0) \end{cases}$$

arsinh_p 的反函数称为广义双曲正弦函数，记作 $\sinh_p$.

广义双曲余弦函数定义为

$$\cosh_p(x) \equiv \frac{\mathrm{d}}{\mathrm{d}x} \sinh_p(x)$$

由定义知

$$\cosh_p(x)^p - \mid \sinh_p(x) \mid^p = 1 \quad (x \in \mathbf{R})$$

$$\frac{\mathrm{d}}{\mathrm{d}x} \cosh_p(x) = \cosh_p(x)^{2-p} \sinh_p(x)^{p-1} \quad (x \geqslant 0)$$

广义双曲正切函数定义为

$$\tanh_p(x) \equiv \frac{\sinh_p(x)}{\cosh_p(x)}$$

$$\frac{\mathrm{d}}{\mathrm{d}x} \tanh_p(x) = 1 - \mid \tanh_p(x) \mid^p$$

显然所有的广义函数与 $p = 2$ 的函数相一致.

2. 单参数广义三角函数的经典不等式(一)

在文献[32]中，Klen,Vuorinen 和 Zhang 给出了广义三角函数与广义双曲函数的 Mitrinovic-Adamovic 型不等式、Lazarevic 型不等式、Huygens 型不等式、第一型 Wilker

110

不等式和 Cusa-Huygens 型不等式等. 下面的广义 l'Hopital 单调法则是证明函数比值单调性的重要工具. 我们举几个应用的例子.

引理 1[8] （广义 l'Hopital Monotone Rule）设 $-\infty < a < b < +\infty$,定义 f,g 是在 $[a,b] \to \mathbf{R}$ 上的连续函数,并且在区间 (a,b) 上可微,其中 $f(a) = g(a) = 0$ 或 $f(b) = g(b) = 0$. 假设对任意的 $x \in (a,b)$, $g'(b) \neq 0$,若 $\dfrac{f'}{g'}$ 在区间 (a,b) 上是增（减）函数,则 $\dfrac{f}{g}$ 也是增（减）函数.

引理 2 对于 $p > 2$,函数 $f(x) = \tan_p(x)^{p-2} - \tanh_p(x)^{p-2}$ 在区间 $(0, \dfrac{\pi_p}{2})$ 上是严格增函数.

证明 经过微分,$f(x)$ 变为

$$f(x) = (x)(\tan_p(x)^{p-3}(1 + \tan_p(x)^p) - \tanh_p(x)^{p-3}(1 - \tanh_p(x)^p))$$

当 $p \geqslant 3$ 时,由于 $\tan_p(x) > \tanh_p(x)$,所以

$$f'(x) \geqslant (p-2)(\tan_p(x)^{p-3} - \tanh_p(x)^{p-3}) > 0$$

对于 $p \in [2,3)$,由

$$\sin_p(x) < \sinh_p(x)$$
$$\sin_p(x)^p + \cos_p(x)^p = 1$$
$$\cosh_p(x)^p - \sinh_p(x)^p = 1$$

得

$$f'(x) = (p-2)\left(\frac{\sin_p(x)^{p-3}}{\cos_p(x)^{2p-3}} - \right.$$

$$\frac{\sinh_p(x)^{p-3}}{\cosh_p(x)^{2p-3}}\left.\right) \geqslant$$

$$(p-2)\sinh_p(x)^{p-3}\left(\frac{1}{\cos_p(x)^{2p-3}} - \right.$$

$$\frac{1}{\cosh_p(x)^{2p-3}}\Big)>0$$

引理3 对 $p>1$,函数 $f(x)\equiv\cos_p(x)\cosh_p(x)$ 是 $(0,\frac{\pi_p}{2})\to(0,1)$ 上的严格递减函数. 当 $p\in(1,+\infty)$,$x\in(0,\frac{\pi_p}{2})$ 时,有

$$\cos_p(x)<\frac{1}{\cosh_p(x)}$$

证明 经简单计算我们得

$$f'(x)=\cos_p(x)\cosh_p(x)(\tanh_p(x)^{p-1}-\tan_p(x)^{p-1})<0$$

表明 $f(x)$ 是严格递减函数,因此 $\cos_p(x)\cosh_p(x)<1$.

定理1 对于任意的 $p\in[2,+\infty)$,$x\in(0,\frac{\pi_p}{2})$,有

$$\frac{\sin_p(x)}{x}<\frac{x}{\sinh_p(x)}$$

证明 令 $f_1(x)\equiv\sin_p(x)\sinh_p(x)$,$f_2(x)\equiv x^2$,且 $f_1(0)=f_2(0)=0$.通过计算得

$$\frac{f''_1(x)}{f''_2(x)}=\cos_p(x)\cosh_p(x)-$$

$$\frac{1}{2}\sin_p(x)\sinh_p(x)(\tan_p(x)^{p-2}-\tanh_p(x)^{p-2})$$

对 $p\geqslant2$,应用引理2和引理3知上述函数是严格递减的. 因此,利用广义 l'Hopital 法则,得到

$$\frac{\sin_p(x)\sinh_p(x)}{x^2}<1$$

下面两个定理是 Mitrinovic-Adamovic 不等式和 Lazarevic 不等式的推广.

定理 2 对任意的 $p \in (1, +\infty)$，函数 $f(x) = \dfrac{\log(\sin_p(x)/x)}{\log\cos_p(x)}$ 是从 $(0, \dfrac{\pi_p}{2})$ 到 $(0, \dfrac{1}{1+p})$ 的严格递减函数. 特别的，对任意的 $p \in (1, \infty)$，$x \in (0, \dfrac{\pi_p}{2})$，有

$$\cos_p(x)^{\alpha} < \frac{\sin_p(x)}{x} < 1$$

其中 $\alpha = \dfrac{1}{1+p}$.

证明 令 $f_1(x) \equiv \log(\sin_p(x)/x), f_2(x) \equiv \log\cos_p(x)$，且 $f_1(0) = f_2(0) = 0$. 经过计算得

$$\frac{f_1'(x)}{f_2'(x)} = \frac{\tan_p(x) - x}{x\tan_p(x)^p} = \frac{f_{11}(x)}{f_{22}(x)}$$

其中 $f_{11}(x) \equiv \tan_p(x) - x, f_{22}(x) \equiv x\tan_p(x)^p$，$f_{11}(0) = f_{22}(0) = 0$

$$\frac{f_{11}'(x)}{f_{22}'(x)} = \frac{1}{1 + pg(x)}$$

其中 $g(x) = \dfrac{x}{\sin_p(x)} \dfrac{1}{\cos_p(x)^{p-1}}$ 是严格递增函数. 由广义 l'Hopital 法则可知 $f(x)$ 是严格递减函数.

定理 3 对任意的 $p \in (1, +\infty)$，函数 $f(x) = \dfrac{\log(\sinh_p(x)/x)}{\log\cosh_p(x)}$ 是从 $(0, +\infty)$ 到 $(\dfrac{1}{1+p}, 1)$ 上的严格递增函数. 尤其是，对任意的 $p \in (1, +\infty)$，$x \in (0, +\infty)$，有

$$\cosh_p(x)^{\alpha} < \frac{\sinh_p(x)}{x} < \cosh_p(x)^{\beta}$$

其中 $\alpha = \dfrac{1}{1+p}$，$\beta = 1$.

证明 设 $f_1(x) \equiv \log(\sinh_p(x)/x), f_2(x) \equiv$

$\log \cosh_p(x)$，且 $f_1(0) = f_2(0)$. 经一系列计算得

$$\frac{f_1'(x)}{f_2'(x)} = \frac{x - \tanh_p(x)}{x \tanh_p(x)^p} = \frac{f_{11}(x)}{f_{22}(x)}$$

其中 $f_{11}(x) \equiv x - \tanh_p(x)$，$f_{22}(x) \equiv x \tanh_p(x)^p$，且 $f_{11}(0) = f_{22}(0) = 0$.

$$\frac{f_{11}'(x)}{f_{22}'(x)} = \frac{1}{1 + pg(x)}$$

其中 $g(x) = \dfrac{x}{\sinh_p(x)} \dfrac{1}{\cosh_p(x)^{p-1}}$ 是严格递减函数.

由广义 l'Hopital 法则得 $f(x)$ 是严格递增函数.

对于其他一些详细的内容，读者可以参看文献 [32]，下面笔者介绍本人与合作者的工作.

3. 单参数广义三角函数的经典不等式(二)

下面介绍广义三角函数的 Wilker 不等式的一种新形式，可以参看文献[61].

引理 4 （Bernoulli） 对 $t > -1$ 及 $\alpha > 1$，有 $(1+t)^\alpha > 1 + \alpha t$.

引理 5[32] 对 $p > 1$，有

$$\frac{p \sin_p x}{x} + \frac{\tan_p x}{x} > 1 + p \quad \left(0 < x < \frac{\pi_p}{2}\right)$$

$$\frac{p \sinh_p x}{x} + \frac{\tanh_p x}{x} > 1 + p \quad (x > 0)$$

引理 6[32] 对 $p \in (1,2]$，以及 $x \in \left(0, \dfrac{\pi_p}{2}\right)$，则有

$$\frac{\sin_p x}{x} < \frac{\cos_p x + p}{1 + p} \leqslant \frac{\cos_p x + 2}{3}$$

引理 7[32] 对 $x > 0$，有

(1) 当 $p \in (1,2]$ 时，$\dfrac{\sinh_p x}{x} < \dfrac{\cosh_p x + p}{1 + p}$；

(2) 当 $p > 2$ 时，$\dfrac{\sinh_p x}{x} < \dfrac{\cosh_p x + 2}{3}$.

引理 8　当 $p>1$ 及 $x\in\left(0,\dfrac{\pi_p}{2}\right)$ 时,函数 $f(x)=$

$\dfrac{\sin\mathrm{h}_p x}{\sin_p x}$ 为正的严格单调增函数.

证明　显然 $f(x)$ 在区间 $\left(0,\dfrac{\pi_p}{2}\right)$ 上为正,计算可

知 $f'(x)=\dfrac{g(x)}{\sin_p^2 x}$,与

$$g'(x)=(\tan\mathrm{h}_p^{p-2}x-\tan_p^{p-2}x)\sin_p x\sin\mathrm{h}_p x$$

其中 $g(x)=\cosh_p x\sin_p x-\sinh_p x\cos_p x$,所以 $g(x)$
严格单调递增,$g(x)>g(0)=0$. 即证 $f'(x)>0$.

引理 9　当 $p>1$ 及 $x\in\left(0,\dfrac{\pi_p}{2}\right)$ 时,函数 $g_1(x)=$

$\sin_p x-x\cos_p x$ 与 $g_2(x)=x\cosh_p x-\sinh_p x$ 均为正.

证明　计算可得 $g_1'(x)=x\cos_p x\tan_p^{p-1}x>0$,
$g_2'(x)=x\cosh_p x\tan\mathrm{h}_p^{p-1}x>0$,再由 $g_1(0)=g_2(0)=0$
易证.

定理 4　对 $p>1$ 以及 $x\in\left(0,\dfrac{\pi_p}{2}\right)$,有

$$\left(\frac{\sin_p x}{x}\right)^p+\frac{\cos_p x}{x}>2$$

证明　在引理 4 中,令 $t=\dfrac{\sin_p x}{x}-1\in(-1,0)$ 及

$\alpha=p$,则有

$$\left(\frac{\sin_p x}{x}\right)^p>1+p\left(\frac{\sin_p x}{x}-1\right)>$$

$$1-p+1+p-\frac{\tan_p x}{x}=2-\frac{\tan_p x}{x}$$

定理 5　对 $p\geqslant 2$ 及 $x\in\left(0,\dfrac{\pi_p}{2}\right)$,有

115

$$\left(\frac{x}{\sinh_p x}\right)^p + \frac{\tan_p x}{x} > 2$$

证明 类比定理 4 的证明，在引理 5 中令 $t = \frac{x}{\sinh_p x} - 1$ 及 $\alpha = p$ 即证.

定理 6 对于 $p \in (1,2]$ 以及 $x \in \left(0, \frac{\pi_p}{2}\right)$，有

$$\frac{px}{\sin_p x} + \frac{x}{\tan_p x} > 1 + p$$

与

$$\frac{px}{\sinh_p x} + \frac{x}{\tanh_p x} > 1 + p$$

证明 对于第一个不等式，由引理 6 可知

$$p + \cos_p x - (1+p)\frac{\sin_p x}{x} >$$

$$p + \cos_p x - (1+p)\frac{\cos_p x + p}{1+p} = 0$$

即证，对于第二个不等式，利用引理 7 易证.

定理 7 对于 $p \in (1,2]$，有

$$\left(\frac{x}{\sin_p x}\right)^p + \frac{x}{\tan_p x} > 2 \quad \left(x \in \left(0, \frac{\pi_p}{2}\right)\right)$$

$$\left(\frac{x}{\sinh_p x}\right)^p + \frac{x}{\tanh_p x} > 2 \quad (x > 0)$$

证明 应用引理 4 易证.

定理 8 对 $p > 1$ 及 $x \in \left(0, \frac{\pi_p}{2}\right)$，有

$$\left(\frac{\sin_p x}{x}\right)^p + \frac{\tan_p x}{x} > \left(\frac{x}{\sin_p x}\right)^p + \frac{x}{\tan_p x}$$

证明 令 $a = \left(\frac{\sin_p x}{x}\right)^p$；$b = \frac{\tan_p x}{x}$，则不等式变为

$a + b > \frac{1}{a} + \frac{1}{b}$. 这等价于 $ab > 1$，即

$$\left(\frac{\sin_p x}{x}\right)^{p+1} \frac{1}{\cos_p x} > 1$$

由定理 2 可知显然成立.

定理 9 对 $p > 1$ 及 $x > 0$,有

$$\left(\frac{\sinh_p x}{x}\right)^p + \frac{\tanh_p x}{x} > \left(\frac{x}{\sinh_p x}\right)^p + \frac{x}{\tanh_p x}$$

证明 类比于定理 8,利用定理 3,即证.

定理 10 对 $p > 1$ 及 $x \in \left(0, \frac{\pi_p}{2}\right)$,有

$$\frac{\tan_p x}{x} > \frac{x}{\sin_p x}$$

证明 令 $f(x) = \tan_p x \sin_p x - x^2$,则经计算可知

$$f'(x) = \sin_p x \sec_p^p x + \sin_p x - 2x$$

$$f''(x) = \cos_p x \sec_p^p x -$$

$$p \sin_p x \sec_p^p x \tan_p^{p-1} x + \cos_p x - 2$$

$$f'''(x) = ((2p-1) \sec_p^p x - 1) \sin_p^{p-1} x \sec_p^{p-2} x +$$

$$p^2 \sin_p^{2p-1} x \sec_p^{3p-2} x + p(p-1) \sin_p^{p-1} x^{3p-2}_p x \geqslant 0$$

所以 $f''(x) > f''(0) = 0$,即有 $f'(x)$ 在 $x \in \left(0, \frac{\pi_p}{2}\right)$ 上

严格单调递增,则得 $f'(x) > f'(0) = 0$ 以及 $f(x) > f(0) = 0$. 即证.

定理 11 对 $p > 1$ 及 $x \in (0, +\infty)$,有

$$\frac{\tanh_p x}{x} > \frac{p+1}{p \cosh_p x + 1}$$

证明 令 $f(x) = (p+1)x - \tanh_p x (p \cosh_p x + 1)$. 求导得

$$f'(x) = p - p \cosh_p x + \tanh_p^p x$$

$$f''(x) = p \tanh_p^{p-1} x (\sec_p^p x - \cosh_p x) < 0$$

所以 $f'(x) < f'(0) = 0$. 进而 $f(x) < f(0) = 0$. 即证.

117

定理 12　对 $p \geqslant 3, x \in \left(x_p^*, \dfrac{\pi_p}{2} \right)$，函数 $f(x) =$

$\dfrac{\ln \dfrac{x}{\sin_p x}}{\ln \dfrac{\sinh_p x}{x}}$ 为严格单调递增的，其中 x_p^* 满足方程

$\cosh_p^p x = p - 2.$

　　证明　定义

$$f_1(x) = \ln \frac{x}{\sin_p x}$$

$$f_2(x) = \ln \frac{\sinh_p x}{x}$$

则 $f_1(0) = f_2(0) = 0$，所以

$$\frac{f_1'(x)}{f_2'(x)} = \frac{\sinh_p x}{\sin_p x} \frac{g_1(x)}{g_2(x)}$$

其中

$$g_1(x) = \sin_p x - x \cos_p x$$

与

$$g_2(x) = x \cosh_p x - \sinh_p x$$

且 $g_1(0) = g_2(0) = 0$. 求导可得

$$\frac{g_1'(x)}{g_2'(x)} = \frac{\sin_p x \tan_p^{p-2} x}{\sinh_p x \tanh_p^{p-2} x}$$

$$\frac{\mathrm{d}}{\mathrm{d}x} \left[\frac{g_1'(x)}{g_2'(x)} \right] = \frac{\tan_p^{p-3} x \tanh_p^{p-3} x h(x)}{(\sinh_p x \tanh_p^{p-2} x)^2}$$

$$h(x) = ((p-2)\sec_p^p x - 1)\tan_p x +$$
$$(1 - (p-2)\mathrm{sech}_p^p x)\tanh_p x$$

而当 $p \geqslant 3$ 及 $x \in \left(x_p^*, \dfrac{\pi_p}{2} \right)$ 时，$(p-2)\sec_p^p x - 1 > 0$

以及 $1 - (p-2)\mathrm{sech}_p^p x > 0$，所以 $\dfrac{g_1'(x)}{g_2'(x)}$ 在

$\left(x_p^*, \dfrac{\pi_p}{2}\right)$ 上严格单调递增. 由广义 l'Hopital 法则可知

$\dfrac{g_1(x)}{g_2(x)}$ 在区间 $\left(x_p^*, \dfrac{\pi_p}{2}\right)$ 上也严格单调递增. 再由引理

8 与引理 9 可知, $\dfrac{f_1'(x)}{f_2'(x)}$ 在区间 $\left(x_p^*, \dfrac{\pi_p}{2}\right)$ 上也严格单调

递增, 再利用广义 l'Hopital 法则即证.

注　如果在定理 12 中取 $p=3$, 则 $x^*=0$, 则有

$\dfrac{\ln \dfrac{x}{\sin_3 x}}{\ln \dfrac{\sinh_3 x}{x}}$ 在区间 $\left(0, \dfrac{\pi_3}{2}\right)$ 上严格单调递增.

引理 10[32]　对于 $p>1$, 有以下的不等式成立

$$\cos_p^{\frac{1}{p+1}} x < \frac{\sin_p x}{x} < 1 \quad \left(0 < x \leqslant \frac{\pi_p}{2}\right)$$

和

$$\cosh_p^{\frac{1}{p+1}} x < \frac{\sinh_p x}{x} < \cosh_p x \quad (x>0)$$

定理 13　对于 $x \in \left(0, \dfrac{\pi_p}{2}\right)$, $p>1$ 以及 $\alpha - p\beta \geqslant$

$0, \beta \leqslant 0$, 则有

$$\left(\frac{x}{\sin_p x}\right)^{\alpha} + \left(\frac{x}{\tan_p x}\right)^{\beta} > 2$$

证明　利用均值不等式以及引理 10, 可得到

$$\left(\frac{x}{\sin_p x}\right)^{\alpha} + \left(\frac{x}{\tan_p x}\right)^{\beta} \geqslant$$

$$2\left(\frac{x}{\sin_p x}\right)^{\frac{\alpha}{2}}\left(\frac{x}{\tan_p x}\right)^{\frac{\beta}{2}} =$$

$$2\left(\frac{x}{\sin_p x}\right)^{\frac{\alpha+\beta}{2}}(\cos_p x)^{\frac{\beta}{2}} >$$

$$2\left(\frac{x}{\sin_p x}\right)^{\frac{\alpha+\beta}{2}}\left(\frac{\sin_p x}{x}\right)^{\frac{(p+1)\beta}{2}}=$$

$$2\left(\frac{x}{\sin_p x}\right)^{\frac{\alpha-p\beta}{2}}>2$$

这里用到了 $\frac{x}{\sin_p x}>1$.

利用完全类似的方法,可以证明下面的定理 14.

定理 14 对于 $x>0,p>1$ 以及 $\alpha-p\beta\leqslant 0,\beta\leqslant 0$,则有

$$\left(\frac{x}{\sin h_p x}\right)^{\alpha}+\left(\frac{x}{\tan h_p x}\right)^{\beta}>2$$

定理 15 对于 $x\in\left(0,\frac{\pi_p}{2}\right),p>1$ 以及 $\alpha-p\beta\geqslant 0,\beta\leqslant 0$,有

$$\left(\frac{\sin_p x}{x}\right)^{\alpha}+\left(\frac{\tan_p x}{x}\right)^{\beta}<$$

$$2+\frac{\left(\left(\frac{x}{\sin_p x}\right)^{\alpha}-\left(\frac{x}{\tan_p x}\right)^{\beta}\right)^2 \sin_p^{\alpha+\beta}x}{2x^{\alpha+\beta}\cos_p^{\beta}x}$$

证明 利用恒等式

$$\frac{1}{x}+\frac{1}{y}=\frac{4}{x+y}+\frac{(x-y)^2}{xy(x+y)}$$

令 $x=\left(\frac{x}{\sin_p x}\right)^{\alpha},y=\left(\frac{x}{\tan_p x}\right)^{\beta}$,代入上式,利用不等式 $\left(\frac{x}{\sin_p x}\right)^{\alpha}+\left(\frac{x}{\tan_p x}\right)^{\beta}>2$,即可得到所要的不等式.

定理 16 对于 $x\in\left(0,\frac{\pi_p}{2}\right),p>1$ 以及 $\alpha-p\beta\leqslant 0$,有

$$\left(\frac{\sin_p x}{x}\right)^{\alpha}+\left(\frac{\tan_p x}{x}\right)^{\beta}>\left(\frac{x}{\sin_p x}\right)^{\alpha}+\left(\frac{x}{\tan_p x}\right)^{\beta}$$

证明　令 $a = \left(\dfrac{\sin_p x}{x}\right)^{\alpha}, b = \left(\dfrac{\tan_p x}{x}\right)^{\beta}$，则不等式成立等价于

$$a + b > \frac{1}{a} + \frac{1}{b} \Leftrightarrow \pm\, ab > 1$$

而这利用引理 1 以及已知条件可得

$$ab = \left(\frac{\sin_p x}{x}\right)^{\alpha+\beta} (\cos_p x)^{-\beta} > (\cos_p x)^{\frac{\alpha-p\beta}{p+1}} \geqslant 1$$

定理得证.

完全类似的办法可以证明：

定理 17　对于 $x > 0, p > 1$ 以及 $\alpha - p\beta \geqslant 0$，有

$$\left(\frac{\sinh_p x}{x}\right)^{\alpha} + \left(\frac{\tanh_p x}{x}\right)^{\beta} > \left(\frac{x}{\sinh_p x}\right)^{\alpha} + \left(\frac{x}{\tanh_p x}\right)^{\beta}$$

4. 单参数广义三角函数的经典不等式(三)

在文[57]中，笔者还给出了其他形式的 Wilker 与 Cusa 不等式.

引理 11　设 $a, b > 0$ 及 $r \geqslant 1$，则

$$(a + b)^r \leqslant 2^{r-1} (a^r + b^r)$$

引理 12　设 $a_k > 0, k = 1, 2, \cdots, n$，则

$$\frac{a_1 + a_2 + \cdots + a_n}{n} \geqslant$$

$$\sqrt[n]{(1 + a_1)(1 + a_2) \cdots (1 + a_n)} - 1 \geqslant$$

$$\sqrt[n]{a_1 a_2 \cdots a_n}$$

定理 18　设 $x \in \left(0, \dfrac{\pi_p}{2}\right), p > 1$ 以及 $\alpha - p\beta \leqslant 0$，$\beta > 0$，则 $\left(\dfrac{\sin_p x}{x}\right)^{\alpha} + \left(\dfrac{\tan_p x}{x}\right)^{\beta} > 2.$

证明　由 AM $-$ GM 不等式及定理 2 得

$$\left(\frac{\sin_p x}{x}\right)^{\alpha} + \left(\frac{\tan_p x}{x}\right)^{\beta} \geqslant$$

$$2\left(\frac{\sin_p x}{x}\right)^{\frac{\alpha}{2}}\left(\frac{\tan_p x}{x}\right)^{\frac{\beta}{2}} =$$

$$2\left(\frac{\sin_p x}{x}\right)^{\frac{\alpha+\beta}{2}}\left(\frac{1}{\cos_p x}\right)^{\frac{\beta}{2}} >$$

$$2\left(\frac{\sin_p x}{x}\right)^{\frac{\alpha+\beta}{2}}\left(\frac{\sin_p x}{x}\right)^{-\frac{(p+1)\beta}{2}} =$$

$$2\left(\frac{\sin_p x}{x}\right)^{\frac{\alpha-p\beta}{2}} \geqslant 2$$

定理 19　对 $p \in (1,2], x \in \left(0, \frac{\pi_p}{2}\right)$ 以及 $\alpha - p\beta \leqslant 0, \beta \leqslant -1$,有

$$\left(\frac{\sin_p x}{x}\right)^{\alpha} + \left(\frac{\tan_p x}{x}\right)^{\beta} > 2$$

证明　由于 $\dfrac{x}{\sin_p x} \geqslant 1$ 以及 $\alpha - p\beta \leqslant 0$,则

$$\left(\frac{\sin_p x}{x}\right)^{\alpha} + \left(\frac{\tan_p x}{x}\right)^{\beta} = \left(\frac{x}{\sin_p x}\right)^{-\alpha} + \left(\frac{x}{\tan_p x}\right)^{-\beta} =$$

$$\left(\frac{x}{\sin_p x}\right)^{-p\beta}\left(\frac{x}{\sin_p x}\right)^{p\beta-\alpha} + \left(\frac{x}{\tan_p x}\right)^{-\beta} \geqslant$$

$$\left(\left(\frac{x}{\sin_p x}\right)^{p}\right)^{-\beta} + \left(\frac{x}{\tan_p x}\right)^{-\beta}$$

再应用定理 7 与定理 11 可得

$$\left(\frac{\sin_p x}{x}\right)^{\alpha} + \left(\frac{\tan_p x}{x}\right)^{\beta} \geqslant$$

$$2^{1+\beta}\left(\left(\frac{x}{\sin_p x}\right)^{p} + \frac{x}{\tan_p x}\right)^{-\beta} > 2$$

即证.

完全类似的方法可证明下面的定理 20:

122

定理 20　对 $p > 1, x > 1$ 以及 $\alpha - p\beta \leqslant 0, \beta > 0$,

有 $\left(\dfrac{\sin_p x}{x}\right)^\alpha + \left(\dfrac{\tanh_p x}{x}\right)^\beta > 2$.

定理 21　对 $x \in \left(0, \dfrac{\pi_p}{2}\right)$ 以及 $\alpha - p\beta \leqslant 0, \beta >$

0,有

$$\left(1 + \left(\dfrac{\sin_p x}{x}\right)^\alpha\right)\left(1 + \left(\dfrac{\tan_p x}{x}\right)^\beta\right) > 4$$

和

$$\left(\dfrac{\sin_p x}{x}\right)^\alpha + \left(\dfrac{\tan_p x}{x}\right)^\beta >$$

$$2\sqrt{\left(1 + \left(\dfrac{\sin_p x}{x}\right)^\alpha\right)\left(1 + \left(\dfrac{\tan_p x}{x}\right)^\beta\right)} - 2 > 2$$

证明　在引理 12 中,令 $n = 2, a_1 = \left(\dfrac{\sin_p x}{x}\right)^\alpha, a_2 =$

$\left(\dfrac{\tan_p x}{x}\right)^\beta$,则有

$$\left(1 + \left(\dfrac{\sin_p x}{x}\right)^\alpha\right)\left(1 + \left(\dfrac{\tan_p x}{x}\right)^\beta\right) \geqslant$$

$$\left(\left(\dfrac{\sin_p x}{x}\right)^{\frac{\alpha}{2}}\left(\dfrac{\tan_p x}{x}\right)^{\frac{\beta}{2}} + 1\right)^2 >$$

$$\left(\left(\dfrac{\sin_p x}{x}\right)^{\frac{\alpha - p\beta}{2}} + 1\right)^2 > 4$$

再由定理 3 证另一个不等式.

定理 22　设 $p \geqslant 2, t > 0$ 以及 $x \in \left(0, \dfrac{\pi_p}{2}\right)$,则

$$\left(\dfrac{x}{\sin_p x}\right)^{pt} + \left(\dfrac{x}{\sinh_p x}\right)^t > 2$$

证明　在 AM－GM 不等式 $a + b \geqslant 2\sqrt{ab}$ 中令

$a = \left(\dfrac{x}{\sin_p x}\right)^{pt}$ 以及 $b = \left(\dfrac{x}{\sinh_p x}\right)^t$. 再利用不等式

$$\left(\frac{\sin_p x}{x}\right)^p < \frac{x}{\sinh_p x}, x \in \left(0, \frac{\pi_p}{2}\right), p \geqslant 2 \text{(可以看文献}$$

$[32])$,则可得 $a + b \geqslant 2 \sqrt{\left(\frac{x}{\sin_p x}\right)^{pt} \left(\frac{x}{\sinh_p x}\right)^t} > 2.$

相似的方程可得如下结果.

定理 23 设 $p \geqslant 2, t > 0$ 以及 $x \in \left(0, \frac{\pi_p}{2}\right)$,则

$$\left(\frac{\sinh_p x}{x}\right)^{(p+1)t} + \left(\frac{\sin_p x}{x}\right)^t > 2$$

以及

$$(p + 2)\left(\frac{\sinh_p x}{x}\right)^t + \left(\frac{\sin_p x}{x}\right)^t > p + 2$$

最后,我们给出一个 Cusa 型不等式.

定理 24 对 $p \in (1, 2]$,函数

$$f(x) = \frac{\ln\left(\frac{\sin_p x}{x}\right)}{\ln\left(\frac{p + \cos_p x}{p + 1}\right)}$$

在区间 $(0, +\infty)$ 上严格单调递增. 特别的,成立如下不等式

$$\left(\frac{p + \cos_p x}{p + 1}\right)^\alpha < \frac{\sin_p x}{x} < \left(\frac{p + \cos_p x}{p + 1}\right)^\beta$$

其中 $\alpha = \dfrac{\ln\left(\dfrac{2}{\pi_p}\right)}{\ln\left(\dfrac{p}{p+1}\right)}$ 与 $\beta = 1$ 为常数.

证明 求导可得

$$f_1'(x)\ln^2 \frac{p + \cos_p x}{p + 1} =$$

$$\frac{x\cos_p x - \sin_p x}{x\sin_p x}\ln \frac{p + \cos_p x}{p + 1} +$$

$$\frac{\cos_p x \tan_p^{p-1} x}{p + \cos_p x} \ln \frac{\sin_p x}{x} >$$

$$\frac{x \cos_p x - \sin_p x}{x \sin_p x} + \frac{\cos_p x \tan_p^{p-1} x}{p + \cos_p x} \ln \frac{\sin_p x}{x} =$$

$$\frac{(x \cos_p x - \sin_p x)(p + \cos_p x) + x \sin_p x \cos_p x \tan_p^{p-1} x}{x \sin_p x (p + \cos_p x)} .$$

$$\ln \frac{\sin_p x}{x} =$$

$$\frac{\ln \dfrac{\sin_p x}{x}}{x \sin_p x (p + \cos_p x)} g(x)$$

其中

$$g(x) = x \cos_p^2 x \sec_p^p x + px \cos_p x -$$
$$p \sin_p x - \sin_p x \cos_p x$$

再求导可得 $g'(x) = \cos_p x \tan_p^{p-1} x h(x)$，其中 $h(x) = 2 \sin_p x - px - (2 - p) \sec_p^{p-1} x$，以及

$$h'(x) = 2 \cos_p x - p - (2 - p) \sec_p^{p-1} x -$$
$$(2 - p)(p - 1) x \sec_p^{p-1} x \tan_p^{p-1} x$$
$$h''(x) = -2 \cos_p x \tan_p^{p-1} x -$$
$$2(2 - p)(p - 1) \sec_p^{p-1} x \tan_p^{p-1} x$$
$$- (2 - p)(p - 1)^2 \sec_p^{p-1} x \tan_p^{p-1} x \cdot$$
$$(\tan_p^{p-1} x + \csc_p x \sec_p^{p-1} x) < 0$$

所以 $h'(x)$ 在区间 $\left(0, \dfrac{\pi_p}{2}\right)$ 上单调递减，$h'(x) < h'(0) = 0$

进而 $h(x) < h(0) = 0$. 再由 $g'(x) < 0$，得到 $g(x) < g(0) = 0$，即 $f'(x) > 0$，所以 $f(0) < f(x) < f\left(\dfrac{\pi_p}{2}\right)$. 易得

$f(0^+) = 1$ 与

$$f\left(\frac{\pi_p}{2}\right) = \frac{\ln\left[\dfrac{2\sin_p \dfrac{\pi_p}{2}}{x}\right]}{\ln\left[\dfrac{p + \cos_p \dfrac{\pi_p}{2}}{p+1}\right]} = \frac{\ln\left(\dfrac{2}{\pi_p}\right)}{\ln\left(\dfrac{p}{p+1}\right)}$$

5. 含有广义反正弦与广义反双曲正弦函数的不等式

本小节主要集中研究广义反正弦与广义反双曲正弦函数. 在文[58]中,笔者给出了一些有趣的不等式.

引理 13　设非空集合 $D \subseteq (0, +\infty)$,且 $f: D \to J \subseteq (0, +\infty)$ 为一一对应的. 假设 $\dfrac{f(x)}{x^k}(k > 0)$ 在 D 上严格单调递增,则

(1) 若 $f(x) \geqslant y$,则 $x^k y \leqslant f(x)(f^{-1}(y))^k$;

(2) 若 $f(x) \leqslant y$,则 $x^k y \geqslant f(x)(f^{-1}(y))^k$.

证明　只证(1),由于 $\dfrac{f(x_1)}{x^k}$ 在 D 上严格单调递增,所以 $f(x)$ 也严格单调递增(事实上,若 $x_1 < x_2$, 则 $\dfrac{f(x_1)}{x_1^k} < \dfrac{f(x_2)}{x_2^k}$,即有 $f(x_1) < \dfrac{x_1^k}{x_2^k}f(x_2) < f(x_2)$, 所以 $f^{-1}(x)$ 也严格递增. 令 $t = f^{-1}(y)$ 且 $t \leqslant x$,则 $\dfrac{f(t)}{t^k} \leqslant \dfrac{f(x)}{x^k}$,即为 $x^k y \leqslant f(x)(f^{-1}(y))^k$.

引理 14[15]　对 $p > 1$ 以及 $x \in (0, 1)$,有

(1) $\left(1 + \dfrac{x^p}{p(1+p)}\right)x < \arcsin_p(x) < \dfrac{\pi_p}{2}x$;

(2) $z\left(1 + \dfrac{\log(1+x^p)}{1+p}\right) < \operatorname{arsinh}_p(x) <$
$\quad z\left(1 + \dfrac{1}{p}\log(1+x^p)\right)$

126

$$z = \left(\frac{x^p}{1 + x^p} \right)^{\frac{1}{p}}$$

定理 25　对 $p > 1, k \leqslant 1$ 以及 $x \in (0,1)$,有

$$\frac{x}{\arcsin_p(x)} > \frac{\sin_p \left(\frac{\pi_p x}{2} \right)^k}{\frac{\pi_p}{2} x^k}$$

证明　在引理 13 中，令 $D = (0,1), f(x) = \arcsin_p x$. 微分可得

$$\left(\frac{f(x)}{x^k} \right)' = \frac{1}{x^{2k}} \left(\frac{x^k}{(1 - x^p)^{\frac{1}{p}}} - \arcsin_p(x) k x^{k-1} \right) =$$

$$\frac{1}{x^{k+1}} g(x)$$

其中 $g(x) = \dfrac{x}{(1 - x^p)^{\frac{1}{p}}} - k \arcsin_p x$,且 $g(0) = 0$. 当 $k \leqslant 1$ 时

$$g'(x) = \frac{1 - k + x^p (1 - x^p)^{-1}}{(1 - x^p)^{\frac{1}{p}}} > 0$$

所以 $g(x) > g(0) = 0$. 即证 $\dfrac{f(x)}{x^k}$ 在区间 $(0,1)$ 上严格

递增,取 $y = \dfrac{\pi_p x}{2}$,利用引理 13 即证.

定理 26　对 $p > 1, k \leqslant \dfrac{1}{2}, x \in (0,1)$ 以及 $y \in \left(0, \dfrac{\pi_p}{2} \right)$. 若 $f(x) \leqslant y$,则

$$x^k y \geqslant \operatorname{arsinh}_p(x) (\sinh_p y)^k$$

证明　求导得

$$\left(\frac{\mathrm{arsinh}_p(x)}{x}\right)' =$$

$$\frac{1}{x^{k+1}}\left(\frac{x}{(1-x^p)^{\frac{1}{p}}}-k\,\mathrm{arsinh}_p(x)\right) =$$

$$\frac{1}{x^{k+1}}h(x)$$

$$h'(x) = \frac{x}{(1+x^p)^{\frac{1}{p}}}\left(1-k-\frac{x^p}{1+x^p}\right)$$

其中 $h(x)=\dfrac{x}{(1+x^p)^{\frac{1}{p}}}-k\,\mathrm{arsinh}_p(x)$ 及 $h(0)=0$,再

令 $\lambda(x)=1-k-\dfrac{x^p}{1+x^p}$,则

$$\lambda'(x) = \frac{-px^{p-1}}{(1+x^p)^{\frac{2}{p}}} < 0$$

所以 $\lambda(x)>\lambda(1)=\dfrac{1}{2}-k\geqslant 0$,即 $\dfrac{\mathrm{arsinh}_p(x)}{x^k}$ 在区间

$(0,1)$ 上严格单调增加. 由引理 13 易证.

注 由引理 14 可知

$$\mathrm{arsinh}_p(x) < \left(\frac{x^p}{1+x^p}\right)^{\frac{1}{p}}\left(1+\frac{1}{p}\log(1+x^p)\right) <$$

$$x\left(\frac{1}{p}\log(1+x^p)\right) < x\left(1+\frac{\log 2}{p}\right) = y$$

则定理 26 中不等式变为

$$\frac{x}{\mathrm{arcsin}_p(x)} > \frac{\sinh_p\left(x\left(1+\dfrac{\log 2}{p}\right)\right)^k}{\left(1+\dfrac{\log 2}{p}\right)x^k}$$

定理 27 设 $p>1,q<1$,且满足 $\dfrac{1}{p}+\dfrac{1}{q}=1$. 若

$x\in(0,1)$,则

$$\frac{x}{2p}\mathrm{B}_{x^{2p}}\left(\frac{1}{2p},1-\frac{1}{p}\right)\leqslant \mathrm{arcsin}_p(x)\,\mathrm{arsinh}_p(x)<$$

$$x^{1+\frac{1}{q}}(-\ln(1-x))^{\frac{1}{p}}$$

其中 $\mathrm{B}_{x^{2p}}\left(\dfrac{1}{2p},1-\dfrac{1}{p}\right)$ 表示不完全 beta 函数.

证明　当 $p>1$ 时,函数 $\dfrac{1}{(1-t^p)^{\frac{1}{p}}}$ 在 $(0,1)$ 上单

调递增,且 $\dfrac{1}{(1+t^p)^{\frac{1}{p}}}$ 在 $(0,1)$ 上单调递减. 由

Chebyshev 积分不等式可得

$$\mathrm{arcsin}_p(x)\,\mathrm{arsinh}_p(x)=$$

$$\int_0^x \frac{1}{(1-t^p)^{\frac{1}{p}}}\mathrm{d}t\int_0^x \frac{1}{(1+t^p)^{\frac{1}{p}}}\mathrm{d}t\geqslant$$

$$\frac{1}{x}\int_0^x \frac{1}{(1-t^{2p})^{\frac{1}{p}}}\mathrm{d}t \xrightarrow{t^{2p}=u} \frac{x}{2p}\int_0^{x^{2p}} \frac{\left(\frac{1}{u}\right)^{\frac{1}{p}}}{\left(\frac{1}{u}\right)^{\frac{1}{2p}}}\mathrm{d}u=$$

$$\frac{x}{2p}\mathrm{B}_{x^{2p}}\left(\frac{1}{2p},1-\frac{1}{p}\right)$$

对于不等式右边,则利用 Hölder 不等式可得

$$\mathrm{arcsin}_p(x)\,\mathrm{arsinh}_p(x)=$$

$$\int_0^x \frac{1}{(1-t^p)^{\frac{1}{p}}}\mathrm{d}t\int_0^x \frac{1}{(1+t^p)^{\frac{1}{p}}}\mathrm{d}t\leqslant$$

$$\left(\int_0^x \frac{1}{1-t^p}\mathrm{d}t\right)^{\frac{1}{p}}\left(\int_0^x 1^q\mathrm{d}t\right)^{\frac{1}{q}}\left(\int_0^x \frac{1}{1+t^p}\mathrm{d}t\right)^{\frac{1}{p}}\left(\int_0^x 1^q\mathrm{d}t\right)^{\frac{1}{q}}=$$

$$x^{\frac{2}{q}}\left(\int_0^x \frac{1}{1-t^p}\mathrm{d}t\int_0^x \frac{1}{1+t^p}\mathrm{d}t\right)^{\frac{1}{p}}<$$

$$x^{\frac{2}{q}}\left(\int_0^x \frac{1}{1-t}\mathrm{d}t\int_0^x 1\mathrm{d}t\right)^{\frac{1}{p}}=x^{1+\frac{1}{q}}(-\ln(1-x))^{\frac{1}{p}}$$

第二节　双参数广义三角函数

1. 双参数广义三角函数的定义

当 $1 < p, q < +\infty, 0 \leqslant x \leqslant 1$ 时,arcsin 可以推广为

$$\arcsin_{p,q} x = \int_0^x \frac{1}{(1-t^q)^{\frac{1}{p}}} \mathrm{d}t$$

其中

$$\frac{\pi_{p,q}}{2} = \arcsin_{p,q} 1 = \int_0^1 \frac{1}{(1-t^q)^{\frac{1}{p}}} \mathrm{d}t$$

$\arcsin_{p,q}$ 的反函数称之为定义在区间 $\left[0, \dfrac{\pi_{p,q}}{2}\right]$ 上的广义 $(p,q) - \sin$ 函数,表示为 $\sin_{p,q}$ 和 $\sin$ 函数的延拓类似,$\sin_{p,q}$ 可以延拓到区间 $(-\infty, +\infty)$. 同样的方法,我们可以定义广义 $\cos_{p,q}$ 函数的反函数为

$$\arccos_{p,q} x = \arcsin_{p,q}((1-x^p)^{\frac{1}{q}})$$

广义 $\sinh_{p,q}$ 函数的反函数定义为

$$\operatorname{arsinh}_{p,q}(x) = \int_0^x (1+t^q)^{-\frac{1}{p}} \mathrm{d}t \quad (x \in (0, +\infty))$$

它们的反函数是

$$\sin_{p,q} : \left(0, \frac{\pi_{p,q}}{2}\right) \to (0,1)$$

$$\cos_{p,q} : \left(0, \frac{\pi_{p,q}}{2}\right) \to (0,1)$$

$$\sinh_{p,q} : (0, m_{p,q}^*) \to (0, +\infty)$$

其中

$$m_{p,q}^* = \int_0^{+\infty} (1+t^q)^{-\frac{1}{p}} \mathrm{d}t$$

130

当 $p = q$ 时，函数 $\sin_{p,q}, \cos_{p,q}, \sinh_{p,q}, \text{arcsin}_{p,q},$ $\text{arccos}_{p,q}$ 和 $\text{arsinh}_{p,q}$ 分别变为单参量函数 $\sin_p, \cos_p,$ $\sinh_p, \text{arcsin}_p, \text{arccos}_p$ 和 arsinh_p. 特别的，当 $p = q = 2$ 时，广义 (p,q) — 三角函数与双曲函数是我们熟悉的三角函数和双曲函数. 详细的内容可参看文献 [25].

2. 双参数广义三角函数的一些单调性质与不等式

　　本小节讨论带有两个参数的广义三角函数与双曲函数的单调性质与不等式，本小节很多结果是单参数广义三角函数的推广.

　　类似于引理 13, 容易证明下面有用的引理 15.

　　引理 15　　设非空数集 $D \subseteq (0, +\infty)$, 映射 f: $D \to J \subseteq (0, +\infty)$ 是一个双射, 若 $g(x)$ 是增函数, $\dfrac{f(x)}{g(x)} (x \in D)$ 是严格递增函数, 则:

　　(1) 若对任意的 $x \in D$ 都有 $f(x) \geqslant y$, 则有 $g(x) y \leqslant f(x) g(f^{-1}(y))$;

　　(2) 若对任意的 $x \in D$ 都有 $f(x) \leqslant y$, 则有 $g(x) y \geqslant f(x)(g f^{-1}(y))$.

　　引理 16[13]　　对任意的 $p, q \in (1, +\infty), x \in (0, 1)$, 有

　　(1) $x \left(1 + \dfrac{x^q}{p(1+q)} \right) < \text{arcsin}_{p,q}(x) <$
　　$\min \left\{ \dfrac{\pi_{p,q}}{2}, (1 - x^q)^{-\frac{1}{p(1+q)}} \right\}$

　　(2) $\left(\dfrac{x^p}{1 + x^q} \right)^{\frac{1}{p}} L(p, q, x) < \text{arsinh}_{p,q}(x) <$
　　$\left(\dfrac{x^p}{1 + x^q} \right)^{\frac{1}{p}} U(p, q, x)$

其中

$$L(p,q,x) =$$

$$\max\left\{\left(1 - \frac{qx^q}{p(1+q)(1+x^q)}\right)^{-1},\right.$$

$$\left.(1+x^q)^{\frac{1}{p}}\left(\frac{pq+p+qx^q}{p(q+1)}\right)^{-\frac{1}{p}}\right\}$$

$$U(p,q,x) = \left(1 - \frac{x^q}{1+x^q}\right)^{\frac{-q}{p(q+1)}}$$

定理 28 对任意的 $p,q \in (1,+\infty), x \in (0,1)$，有

$$\frac{\mathrm{e}^x}{\arcsin_{p,q}(x)} \leqslant \frac{\mathrm{e}^{\sin_{p,q}\left(x\left(1+\frac{x^q}{p(1+q)}\right)\right)}}{x\left(1+\frac{x^q}{p(1+q)}\right)}$$

证明 令引理 15 中的 $g(x) = \mathrm{e}^x, f(x) = \arcsin_{p,q}(x)$，其中 $x \in (0,1)$，得

$$\left(\frac{f(x)}{g(x)}\right)' = \frac{1}{\mathrm{e}^x}((1-x^q)^{-\frac{1}{p}} - \arcsin_{p,q}(x)) \geqslant 0$$

(事实上，由于函数 $(1-x^q)^{-\frac{1}{p}}$ 是严格递增函数，易得

$$\arcsin_{p,q}(x) = \int_0^x (1-t^q)^{-\frac{1}{p}} \mathrm{d}t \leqslant$$

$$x(1-x^q)^{-\frac{1}{q}} < (1-x^q)^{-\frac{1}{p}})$$

则 $\left(\dfrac{f(x)}{g(x)}\right)$ 在 $x \in (0,1)$ 上是增函数. 令 $y = x\left(1+\dfrac{x^q}{p(1+q)}\right)$ 易得.

定理 29 对任意的 $p,q \in (1,\infty), x \in (0,\xi)$，则

$$\frac{\mathrm{e}^x}{\operatorname{arsinh}_{p,q}(x)} \leqslant \frac{\mathrm{e}^{\sinh_{p,q}\left(\left(\frac{x^p}{1+x^q}\right)^{\frac{1}{p}} U(p,q,x)\right)}}{\left(\frac{x^p}{1+x^q}\right)^{\frac{1}{p}} U(p,q,x)}$$

其中 ξ 是方程 $1 - x(1+x^q)^{\frac{1}{p}} = 0$ 的唯一一个正根.

证明　定义函数 $h(x) = 1 - x(1+x^q)^{\frac{1}{p}}$，计算得

$$h'(x) = -\left((1+x^q)^{\frac{1}{p}} + \frac{q}{p}x^q(1+x^q)^{\frac{1-p}{p}}\right) < 0$$

所以函数 $h(x)$ 在区间 $(0,1)$ 上是递减的.

　　令 $g(x) = \mathrm{e}^x$，$f(x) = \mathrm{arsinh}_{p,q}(x)$，$x \in (0,\xi)$ 代入引理 15，得

$$\left(\frac{f(x)}{g(x)}\right)' = \frac{1}{\mathrm{e}^x}((1+x^q)^{\frac{1}{p}} - \mathrm{arsinh}_{p,q}(x)) >$$

$$\frac{1}{\mathrm{e}^x}((1+x^q)^{\frac{1}{p}} - x) =$$

$$\frac{1 - x(1+x^q)^{\frac{1}{p}}}{\mathrm{e}^x(1+x^q)^{\frac{1}{p}}} \geqslant 0$$

运用引理 16 可得不等式.

　　定理 30　对任意的 $p > 1, q > 2, x \in (0,1)$，得

$$q\int_0^1 \frac{\cos_{p,q}x}{\sqrt[p]{1-x^q}}\mathrm{d}x > p\int_0^1 \frac{x^{p-2}\sin_{p,q}x}{\sqrt[q]{1-x^p}}\mathrm{d}x$$

　　证明　令 $t = \arcsin_{p,q}x$，左边的积分变为

$$q\int_0^1 \frac{\cos_{p,q}x}{\sqrt[p]{1-x^q}}\mathrm{d}x = q\int_0^{\frac{\pi_{p,q}}{2}} \cos_{p,q}(\sin_{p,q}t)\mathrm{d}t$$

同理，令 $t = \arccos_{p,q}x$，右边的积分变为

$$p\int_0^1 \frac{x^{p-2}\sin_{p,q}x}{\sqrt[q]{1-x^p}}\mathrm{d}x = q\int_0^{\frac{\pi_{p,q}}{2}} \sin_{p,q}^{q-2}t\sin_{p,q}(\cos_{p,q}t)\mathrm{d}t$$

利用 $\sin_{p,q}$ 和 $\cos_{p,q}$ 的单调性，得

$$\sin_{p,q}^{q-2}t\sin_{p,q}(\cos_{p,q}t) < \sin_{p,q}(\cos_{p,q}t) <$$

$$\cos_{p,q}t < \cos_{p,q}(\sin_{p,q}t)$$

不等式证明完毕.

　　定理 31　对 $p > 1, q > 1$，且满足 $\frac{1}{p} + \frac{1}{p'} = 1$，任意

$x \in (0,1)$, 有

$$\frac{x}{2q} \mathrm{B}_{x^{2q}} \left(1 - \frac{1}{p}, \frac{1}{2q}\right) \leqslant$$

$$\arcsin_{p,q}(x) \operatorname{arsinh}_{p,q}(x) < \frac{x^2}{(1-x^q)^{\frac{1}{p}}}$$

其中 $\mathrm{B}_{x^{2q}} \left(1 - \frac{1}{p}, \frac{1}{2q}\right)$ 是不完全 beta 函数.

证明 首先证明左边不等式.

易看到函数 $\dfrac{1}{(1-t^q)^{\frac{1}{p}}}$ 在 $t \in (0,1)$ 上是严格递增函

数, $\dfrac{1}{(1+t^q)^{\frac{1}{p}}}$ 在 $t \in (0,1)$ 上是严格递减函数. 利用

$\arcsin_{p,q}(x), \operatorname{arsinh}_{p,q}(x)$ 的积分表达式和 Chebyshev 不
等式, 得

$$\arcsin_{p,q}(x) \operatorname{arsinh}_{p,q}(x) =$$

$$\int_0^x \frac{1}{(1-t^q)^{\frac{1}{p}}} \mathrm{d}t \int_0^x \frac{1}{(1+t^q)^{\frac{1}{p}}} \mathrm{d}t \geqslant$$

$$x \int_0^x \frac{1}{(1-t^{2q})^{\frac{1}{p}}} \mathrm{d}t =$$

$$\frac{x}{2q} \int_0^{x^{2q}} (1-u)^{-\frac{1}{p}} u^{\frac{1}{2p}-1} \mathrm{d}u =$$

$$\frac{x}{2q} \mathrm{B}_{x^{2q}} \left(1 - \frac{1}{p}, \frac{1}{2q}\right)$$

对于右边不等式, 利用 Hölder 不等式, 得

$$\arcsin_{p,q}(x) \operatorname{arsinh}_{p,q}(x) =$$

$$\int_0^x \frac{1}{(1-t^q)^{\frac{1}{p}}} \mathrm{d}t \int_0^x \frac{1}{(1+t^q)^{\frac{1}{p}}} \mathrm{d}t \leqslant$$

$$\left(\int_0^x \frac{1}{1-t^q} \mathrm{d}t\right)^{\frac{1}{p}} \left(\int_0^x 1^{p'} \mathrm{d}t\right)^{1/p'}$$

134

$$\left(\int_0^x \frac{1}{1+t^q}\mathrm{d}t\right)^{\frac{1}{p}}\left(\int_0^x 1^{p'}\,\mathrm{d}t\right)^{\frac{1}{p'}} =$$

$$x^{\frac{2}{p'}}\left(\int_0^x \frac{1}{1-t^q}\mathrm{d}t\int_0^x \frac{1}{1+t^q}\mathrm{d}t\right)^{\frac{1}{p}} <$$

$$x^{\frac{2}{p'}}\left(\frac{x^2}{1-x^q}\right)^{\frac{1}{p}} = \frac{x^2}{(1-t^q)^{\frac{1}{p}}}$$

引理 17 $[15,例 1.51]$ 若 $f(x)$ 是区间 $(0,+\infty)$ 上的凸函数,且 $f(0)=0$,则 $\dfrac{f(x)}{x}$ 是单调递增函数.

引理 18 $[15,例 1.52]$ 若 $f_1(x),f_2(x)$ 都是区间 $(0,+\infty)$ 上的凸函数,且 $f_1(x)\geqslant 0,f_2(x)\geqslant 0$,$f_1(0)=f_2(0)=0$,则 $\dfrac{f_1(x)f_2(x)}{x}$ 在区间 $(0,+\infty)$ 上也是凸函数.

易知函数 $\arcsin_{p,q}x$,$\sinh_{p,q}x$ 在区间 $(0,1)$ 上是凸函数.应用引理 17 和引理 18,可以得到下面定理.

定理 32 若 $p>1,q>1$,则以下结论成立:

(1) 函数 $\dfrac{\arcsin_{p,q}x}{x}$ 在区间 $(0,1)$ 上是单调递增函数.

(2) 函数 $\dfrac{\sinh_{p,q}x}{x}$ 在区间 $(0,+\infty)$ 上是单调递增函数.

其中,当 $s<r$ 时,下面不等式成立

$$\frac{\arcsin_{p,q}s}{s}<\frac{\arcsin_{p,q}r}{r} \quad (r\in(0,1))$$

$$\frac{\sinh_{p,q}s}{s}<\frac{\sinh_{p,q}r}{r} \quad (r\in(0,+\infty))$$

定理 33 若 $p>1,q>1$,函数 $\dfrac{\arcsin_{p,q}x\,\sinh_{p,q}x}{x}$

在区间$(0,1)$上是凸函数. 特别的, 当$r,s \in (0,1)$时, 下面不等式是成立的

$$rs\arcsin_{p,q}\left(\frac{r+s}{2}\right)\sinh_{p,q}\left(\frac{r+s}{2}\right) \leqslant$$

$$\frac{s\arcsin_{p,q}r\sinh_{p,q}r}{r+s} + \frac{r\arcsin_{p,q}s\sinh_{p,q}s}{r+s}$$

注 设函数$y=f(x)$在区间$(0,+\infty)$上是凸函数, 经 Legendre 变换引入新变量r并定义函数为$g(r)$. 函数$F(r,x)=rx-f(x)$在$x=x(r)$处取最大值. 令$g(r)=F(r,x(r))$, 得到 Young-不等式

$$rx \leqslant f(x) + g(r)$$

由于函数$\sinh_{p,q}(x)$在区间$(0,+\infty)$, $p,q>1$上是凸函数, 通过计算得到它的 Legendre 变换是

$$g(r) = r\text{arcosh}_{p,q}(r) - (1-r^p)^{\frac{1}{q}}$$

所以

$$rx + (1-r^p)^{\frac{1}{q}} \leqslant r\text{arccosh}_{p,q}(r) + \sinh_{p,q}(x)$$

3. 双参数广义三角函数的 Grunbaum 型不等式

定义如下的 Gauss 超几何函数

$$F(a,b;c;z) = {}_2F_1(a,b;c;z) =$$

$$\sum_{n\geqslant 0}\frac{(a,n)(b,n)}{(c,n)}\frac{z^n}{n!} \quad (\mid z\mid <1)$$

其中a,b,c为复数, $c\neq 0,-1,-2,\cdots$, $(a,0)=1(a\neq 0)$, $(a,n)=a(a+1)\cdots(a+n-1)$. 容易知道, 一些常见的函数和$(p,q)-$三角函数都是 Gauss 超几何函数的特殊情况, 例如

$$\arcsin_{p,q}x = \int_0^x (1-t^q)^{-\frac{1}{p}}\mathrm{d}t =$$

$$xF\left(\frac{1}{p},\frac{1}{q};1+\frac{1}{q};x^q\right)$$

此外如下定义广义超几何级数$_3F_2$：$_3F_2(a,b,c;d,e;$ $z)=\sum\limits_{n\geqslant 0}\dfrac{(a,n)(b,n)(c,n)}{(d,n)(e,n)}$，易知此级数在$\mid z\mid<1$时收敛.

引理 19[15]　设$f:(a,+\infty)\to\mathbf{R}(a>0)$. 函数$g(x)=\dfrac{1}{x}[f(x)-1]$为区间$(a,+\infty)$上的单调递增函数，令$h(x)=f(x^2)$，则 Grunbaum 不等式 $1+h(z)\geqslant h(x)+h(y)$成立，其中$x,y\geqslant a$且$z^2=x^2+y^2$. 若$g$为区间$(a,+\infty)$上的单调递减函数，则$1+h(z)\leqslant h(x)+h(y)$.

定理 34　当$p>1,q>1$时，对任意$x,y,z\in(0,1)$，只要满足$z^2=x^2+y^2$，则有 Grunbaum 型不等式

$$1+\frac{\arcsin_{p,q}z^2}{z^2}\geqslant\frac{\arcsin_{p,q}x^2}{x^2}+\frac{\arcsin_{p,q}y^2}{y^2}$$

成立.

证明　令$f(x)=\dfrac{\arcsin_{p,q}x}{x},x\in(0,1)$，则

$$g(x)=\frac{1}{x}[f(x)-1]=\frac{1}{x}\left(\frac{\arcsin_{p,q}x}{x}-1\right)=$$

$$\frac{F\left(\dfrac{1}{p},\dfrac{1}{q};1+\dfrac{1}{q};x^q\right)-1}{x}=\sum_{n=1}^{+\infty}\frac{\left(\dfrac{1}{p},n\right)}{1+qn}x^{qn-1}$$

从而$g(x)$为区间$(0,1)$上的严格单调递增函数，利用引理 19 可证结论成立.

定理 35　当$p>1,q\geqslant 2$时，对任意$x,y,z\in(0,1)$，且满足$z^2=x^2+y^2$时，有

$$1+\frac{\arcsin_{p,q}z^2}{z^2}\leqslant\frac{\arcsin_{p,q}x^2}{x^2}+\frac{\arcsin_{p,q}y^2}{y^2}$$

当$p>1,0<q\leqslant 1$时，有

$$1+\frac{\arcsin_{p,q}z^2}{z^2}\geqslant\frac{\arcsin_{p,q}x^2}{x^2}+\frac{\arcsin_{p,q}y^2}{y^2}$$

证明 当 $p>1,q\geqslant 2$ 时,令

$$g(x)=\frac{1}{x}\left(\frac{\arcsin_{p,q}x}{x}-1\right)$$

则 $g'(x)=-\frac{1}{x^3}g_1(x)$,其中

$$g_1(x)=2\arcsin_{p,q}x-x\left(1+\frac{1}{(1+x^q)^{\frac{1}{p}}}\right)$$

则 $g_1'(x)=\dfrac{g_2(x)}{(1+x^q)^{1+\frac{1}{p}}}$,其中 $g_2(x)=1+\dfrac{p+q}{p}x^q-$

$(1+x^q)^{\frac{1}{p}}$.

由 Bernoulli 不等式,得

$$g_2(x)>1+\frac{p+q}{p}x^q-(1+x^q)\left(1+\frac{1}{p}x^q\right)=$$

$$\frac{x^q}{p}(q-1-x^q)>0$$

所以 $g_2(x)\geqslant g_2(0)=0$,从而 $g_1'(x)\geqslant 0,g_1(x)\geqslant$ $g_1(0)=0$,即 $g'(x)\leqslant 0$. 从而 $g(x)$ 为区间 $(0,1)$ 上的 单调递减函数. 利用引理 19,第一个不等式成立,类似 可证:当 $p>1,0<q\leqslant 1$ 时,第二个不等式也成立.

下面推导两种不同类型的推广超几何函 数 ${}_3F_2$(或 Clausen 函数)的上下界. 其主要思想是通过 考虑和差形式 $\arcsin_{pq}x\pm\text{arsinh}_{pq}x$,利用广义三角函 数的上下界来进行估计.

定理 36 当 $p>1,q>1$ 时,对任意 $x\in(0,$ $1)$,有

$$\alpha(x)<{}_3F_2\left(\frac{1}{2p},\frac{1}{2p}+\frac{1}{2},\frac{1}{2q};\frac{1}{2q}+1,\frac{1}{2};x^{2q}\right)<\beta(x)$$

其中

$$\alpha(x) = \frac{1}{2} + \frac{x^q}{2p(1+q)} + \frac{L(p,q,x)}{2(1+x^q)^{\frac{1}{p}}}$$

$$\beta(x) = \min\left\{\frac{\pi_{p,q}}{4}, \frac{(1-x^q)^{-\frac{1}{p(1+q)}}}{2}\right\} + \frac{U(p,q,x)}{2(1+x^q)^{\frac{1}{p}}}$$

证明　由 $\arcsin_{p,q}x$ 与 $\mathrm{arsinh}_{p,q}x$ 的超几何级数表示可得

$$\arcsin_{p,q}x + \mathrm{arsinh}_{p,q}x =$$

$$x\left(F\left(\frac{1}{p},\frac{1}{q};1+\frac{1}{q};x^q\right) + F\left(\frac{1}{p},\frac{1}{q};1+\frac{1}{q};-x^q\right)\right) =$$

$$2x\sum_{n=0}^{+\infty} \frac{\left(\frac{1}{p},2n\right)\left(\frac{1}{q},2n\right)}{\left(1+\frac{1}{q},2n\right)} \frac{(x^{2q})^n}{(2n)!}$$

利用公式 $(2\lambda,2n) = 4^n(\lambda,n)\left(\lambda+\frac{1}{2},n\right)$，并依次取 $\lambda = \frac{1}{2p}, \frac{1}{2q}, \frac{1}{2q}+\frac{1}{2}, \frac{1}{2}$，则

$$\arcsin_{p,q}x + \mathrm{arsinh}_{p,q}x =$$

$$2x\sum_{n=0}^{+\infty} \frac{\left(\frac{1}{2p},n\right)\left(\frac{1}{2p}+\frac{1}{2},n\right)\left(\frac{1}{2q},n\right)}{\left(1+\frac{1}{2q},n\right)\left(\frac{1}{2},n\right)} \frac{(x^{2q})^n}{(n)!} =$$

$$2x \cdot {}_3F_2\left(\frac{1}{2p},\frac{1}{2p}+\frac{1}{2},\frac{1}{2q};\frac{1}{2q}+1,\frac{1}{2};x^{2q}\right)$$

从而

$${}_3F_2\left(\frac{1}{2p},\frac{1}{2p}+\frac{1}{2},\frac{1}{2q};\frac{1}{2q}+1,\frac{1}{2};x^{2q}\right) =$$

$$\frac{1}{2x}(\arcsin_{p,q}x + \mathrm{arsinh}_{p,q}x)$$

利用引理 16 得结论成立.

定理 37 当 $p > 1, q > 1$ 时,对任意 $x \in (0, 1)$,有

$$\bar{\alpha}(x) <$$

$$_3F_2\left(\frac{1}{2p} + \frac{1}{2}, \frac{1}{2p} + 1, \frac{1}{2q} + \frac{1}{2}; \frac{3}{2}, \frac{1}{2q} + \frac{3}{2}; x^{2q}\right) <$$

$$\bar{\beta}(x)$$

其中

$$\bar{\alpha}(x) =$$

$$\frac{p(q+1)}{2x^{q+1}}\left(x\left(1 + \frac{x^q}{p(1+q)}\right) - \left(\frac{x^q}{1+x^q}\right)^{\frac{1}{p}} U(p,q,x)\right)$$

$$\bar{\beta}(x) =$$

$$\frac{p(q+1)}{2x^{q+1}}\left(\min\left\{\frac{\pi_{pq}x}{2}, x(1-x^q)^{-\frac{1}{p(1+q)}}\right\} - \right.$$

$$\left.\left(\frac{x^q}{1+x^q}\right)^{\frac{1}{p}} L(p,q,x)\right)$$

证明 类似于定理 36 的证明,可得

$$\operatorname{arcsin}_{p,q}x - \operatorname{arsinh}_{p,q}x =$$

$$2x\sum_{n=0}^{+\infty} \frac{\left(\frac{1}{p}, 2n+1\right)\left(\frac{1}{q}, 2n+1\right)}{\left(1+\frac{1}{q}, 2n+1\right)} \frac{(x^q)^{2n+1}}{(2n+1)!}$$

利用公式 $(2\lambda, 2n+1) = \lambda 2^{2n+1}\left(\lambda + \frac{1}{2}, n\right)(\lambda + 1, n)$,且

令 λ 依次取 $\frac{1}{2p}, \frac{1}{2q}, \frac{1}{2q} + \frac{1}{2}, \frac{1}{2}$ 带入上式可得

$$\operatorname{arcsin}_{p,q}x - \operatorname{arsinh}_{p,q}x =$$

$$\frac{2x^{q+1}}{p(q+1)} {}_3F_2\left(\frac{1}{2p} + \frac{1}{2}, \frac{1}{2p} + 1, \frac{1}{2q} + \frac{1}{2};\right.$$

$$\left.\frac{3}{2}, \frac{1}{2q} + \frac{3}{2}; x^{2q}\right)$$

再次利用引理 16 得结论成立.

第三节　广义三角函数与双曲函数的几个研究方向与公开问题

广义三角函数与双曲函数的研究引起了很多人的兴趣,除上面我们讨论的经典不等式外,还有好几个方向有许多成果,这里笔者给出一些概述,以帮助读者尽快熟悉这些课题并投入研究工作.

1. 广义三角函数的倍角公式

对于三角函数,有简单的倍角公式

$$\sin 2x = 2\sin x \cos x$$

自然希望把此公式推广到带参数的广义三角函数中去. 目前唯一的结果是 Edmunds — Gurka — Lang 等式,这个公式巧妙地利用了 Jacobi 椭圆函数的性质,处理了 $p = \dfrac{4}{3}, q = 4$ 这种特殊情况,见文[25],即

$$\sin_{\frac{4}{3},4}(2x) = \frac{2\sin_{\frac{4}{3},4}x \cos_{\frac{4}{3},4}(x)^{\frac{1}{3}}}{(1 + 4(\sin_{\frac{4}{3},4}x)^4 (\cos_{\frac{4}{3},4}x)^{\frac{4}{3}})^{\frac{1}{2}}}$$

最近,在文[51]中 Takenchi 又给出了上述公式的一个新证明并且考虑了 $(2,p)$ 与 (p^*,p) 两种情况,其中 $p^* = \dfrac{p}{p-1}$.

定理 38 对 $p \in (1,\infty)$ 且 $x \in \left[0, 2^{-\frac{2}{p}}\pi_{2,p}\right] = \left[0, \dfrac{\pi_{p^*,p}}{2}\right]$,有

$$\sin_{2,p}(2^{\frac{2}{p}}x) = 2^{\frac{2}{p}}\sin_{p^*,p}x \cos_{p^*,p}^{p^*-1}x$$

与

$$\cos_{2,p}(2^{\frac{2}{p}}x) = \cos_{p^*,p}^{p^*-1}x - \sin_{p^*,p}^{p}x =$$

$$1 - \sin_{p^*,p}^{p}x = 2\cos_{p^*,p}^{p^*}x - 1$$

对 $x \in \mathbf{R}$,则有

$$\sin_{2,p}(2^{\frac{2}{p}}x) =$$

$$2^{\frac{2}{p}}\sin_{p^*,p}x \mid \cos_{p^*,p}x \mid^{p^*-2}\cos_{p^*,p}x$$

和

$$\cos_{2,p}(2^{\frac{2}{p}}x) = \mid \cos_{p^*,p}x \mid^{p^*} - \mid \sin_{p^*,p}x \mid^{p} =$$

$$1 - 2 \mid \sin_{p^*,p}x \mid^{p} = 2 \mid \cos_{p^*,p}x \mid^{p^*} - 1$$

在 2012 年 Bhayo 和 Vuorinen[13] 证明了:在一般情况下,对 $p,q > 1$,有

$$\sin_{p,q}(r+s) \leqslant$$

$$\sin_{p,q}(r) + \sin_{p,q}(s) \quad \left(r,s \in \left(0, \frac{\pi_{p,q}}{4}\right)\right)$$

$$\sinh_{p,q}(r+s) \geqslant$$

$$\sinh_{p,q}(r) + \sinh_{p,q}(s) \quad (r,s \in (0, +\infty))$$

最近,在 Takeuchi 一篇未公开发表的论文中,他又处理了一些 p,q 的不同情况,但是一般情况下的倍角公式至今仍然没有解决.

特别值得一提的是目前所有倍角公式都是针对双参数的,对于单参数的情况直到现在仍然没有任何已知公式,这个问题仍在持续研究中.

2. 广义三角函数的平均不等式

这里需要用到广义凹凸性的概念,其相关知识读者可以参看第七章,在文[15]中,Bhayo 与 Vuorinen 考虑了幂平均不等式,他们证明了:

定理 39　对 $p > 1, t \geqslant 0$ 及 $r, s \in (0, 1)$，有

（1）　$\arcsin_p(M_t(r, s)) \leqslant$
　　　　$M_t(\arcsin_p(r), \arcsin_p(s))$

（2）　$\operatorname{artanh}_p(M_t(r, s)) \leqslant$
　　　　$M_t(\operatorname{artanh}_p(r), \operatorname{artanh}_p(s))$

（3）　$\arctan_p(M_t(r, s)) \geqslant$
　　　　$M_t(\arctan_p(r), \arctan_p(s))$

（4）　$\operatorname{arsinh}_p(M_t(r, s)) \geqslant$
　　　　$M_t(\operatorname{arsinh}_p(r), \operatorname{arsinh}_p(s))$

定理 40　对 $p > 1, t \geqslant 0$ 及 $r, s \in (0, 1)$，有

（1）$\sin_p(M_t(r, s)) \geqslant M_t(\sin_p(r), \sin_p(s))$；

（2）$\cos_p(M_t(r, s)) \leqslant M_t(\cos_p(r), \cos_p(s))$；

（3）$\tan_p(M_t(r, s)) \leqslant M_t(\tan_p(r), \tan_p(s))$；

（4）$\tanh_p(M_t(r, s)) \geqslant M_t(\tanh_p(r), \tanh_p(s))$；

（5）$\sinh_p(M_t(r, s)) \leqslant M_t(\sinh_p(r), \sinh_p(s))$；

随后，使用相同的方法，Baricz，Bhayo 和 Klen 证明了下面结果.

定理 41　对 $p > 1, q > 1, a > 1$，及 $r, s \in (0, 1)$，有

（1）　$\arcsin_{p,q}(M_a(r, s)) \leqslant$
　　　　$M_a(\arcsin_{p,q}(r), \arcsin_{p,q}(s))$

（2）　$\arctan_{p,q}(M_a(r, s)) \geqslant$
　　　　$M_a(\arctan_{p,q}(r), \arctan_{p,q}(s))$

（3）　$\operatorname{arsinh}_{p,q}(M_a(r, s)) \geqslant$
　　　　$M_a(\operatorname{arsinh}_{p,q}(r), \operatorname{arsinh}_{p,q}(s))$

定理 42　设 $p > 1, q > 1, a > 1$ 及 $r, s \in (0, 1)$，有

（1）$\sin_{p,q}(M_a(r, s)) \geqslant M_a(\sin_{p,q}(r), \sin_{p,q}(s))$；

$(2)\cos_{p,q}(M_a(r,s)) \leqslant M_a(\cos_{p,q}(r),\cos_{p,q}(s))$;

$(3)\tan_{p,q}(M_a(r,s)) \leqslant M_t(\tan_{p,q}(r),\tan_{p,q}(s))$;

$(4)\sinh_{p,q}(M_a(r,s)) \geqslant M_t(\sinh_{p,q}(r),\sinh_{p,q}(s))$.

对于几何凸(凹)性,Bhayo 和 Vuorinen 在文[13]中猜测 $\sin_{p,q}$ 为区间(0,1)上的几何凸函数,而 $\sinh_{p,q}$ 为区间(0,1)上的几何凹函数. 很快姜卫东等给出了一个肯定的回答,他们证明了:

定理 43 对 $p,q > 1$ 及 $r,s \in (0,1)$,有

$(1)\sin_{p,q}(\sqrt{rs}) \leqslant \sqrt{\sin_{p,q}(r)\sin_{p,q}(s)}$;

$(2)\sinh_{p,q}(\sqrt{rs}) \leqslant \sqrt{\sinh_{p,q}(r)\sinh_{p,q}(s)}$.

最近 Bhayo 和笔者又研究了对数平均与恒等平均,其详细的结果与证明可以看第七章的相关内容. 对于其他的平均,目前仍然很少有相关的结果.

3. 广义三角函数的参数凹凸性

定理 44 在文[6]中,Baricz 等开始讨论对参数 p,q 的凹凸性质,他们得到了:

(1)函数 $p \longmapsto \arcsin_p(x)$ 和 $p \longmapsto \arctan_p(x)$ 为区间 $(1, +\infty)$ 上严格单调递增的对数凸函数. 特别的,$p \longmapsto \arcsin_p(x)$ 为区间 $(1, +\infty)$ 上严格几何凸函数;

(2)函数 $p \longmapsto \arctan_p(x)$ 为严格单调递增的对数凹函数. 特别的,对于 $p > 2$ 和 $x \in (0,1)$ 有下面的不等式成立

$$\arcsin_p^2(x) < \arcsin_{p-1}(x)\arcsin_{p+1}(x)$$
$$\operatorname{artanh}_p^2(x) < \operatorname{artanh}_{p-1}(x)\operatorname{artanh}_{p+1}(x)$$
$$\arctan_p^2(x) < \arctan_{p-1}(x)\arctan_{p+1}(x)$$

定理 44 ([6]Theorem2) 对于 $x \in (0,1)$,有

(1)当 $q > 1$ 时,$p \longmapsto \arcsin_{p,q}(x)$ 是区间 $(1, +\infty)$ 上完全单调的对数凸函数.

第三章　广义三角函数

（2）当 $p>1$ 时，$p\longmapsto\arcsin_{p,q}(x)$ 是区间 $(1,+\infty)$ 上严格的几何凸函数.

（3）当 $q>1$ 时，$p\longmapsto\operatorname{arsinh}_{p,q}(x)$ 是区间 $(1,+\infty)$ 上完全单调的对数凸函数.

（4）当 $q>1$ 时，$p\longmapsto\operatorname{arsinh}_{p,q}(x)$ 是区间 $(1,+\infty)$ 上严格递增的凹函数.

（5）当 $p>1$ 时，$p\longmapsto\operatorname{arsinh}_{p,q}(x)$ 是区间 $(1,+\infty)$ 上严格递增的凹函数.

特别的，对于 $p>2,q>1$ 和 $x\in(0,1)$，有
$$\arcsin_{p,q}^{2}(x)<\arcsin_{p-1,q}(x)\arcsin_{p+1,q}(x)$$
$$\operatorname{arsinh}_{p,q}^{2}(x)>\operatorname{arsinh}_{p-1,q}(x)\operatorname{arsinh}_{p+1,q}(x)$$
此外，对于 $p>2,q>1$ 和 $x\in(0,1)$，有
$$\arcsin_{p,q}^{2}(x)<\arcsin_{p,q-1}(x)\arcsin_{p,q+1}(x)$$
$$\operatorname{arsinh}_{p,q}^{2}(x)<\operatorname{arsinh}_{p,q-1}(x)\operatorname{arsinh}_{p,q+1}(x)$$

在同一篇文章中，他们提出了猜想：

猜想　　对于固定的 $x\in(0,1)$，函数 $p\longmapsto\operatorname{arsinh}_{p}(x)$ 在区间 $(1,+\infty)$ 上是严格凹的，特别的，下面的 Turan 型不等式对于所有的 $p>2$ 和 $x\in(0,1)$ 都成立
$$\operatorname{arsinh}_{p}^{2}(x)>\operatorname{arsinh}_{p-1}(x)\operatorname{arsinh}_{p+1}(x)$$
此外，下面的 Turan 型不等式对于所有的 $p>2$ 和 $x\in(0,1)$ 成立
$$\sin_{p}^{2}(x)>\sin_{p-1}(x)\sin_{p+1}(x)$$
$$\cos_{p}^{2}(x)>\cos_{p-1}(x)\cos_{p+1}(x)$$
$$\tan_{p}^{2}(x)<\tan_{p-1}(x)\tan_{p+1}(x)$$
$$\sinh_{p}^{2}(x)<\sinh_{p-1}(x)\sinh_{p+1}(x)$$
$$\tanh_{p}^{2}(x)<\tanh_{p-1}(x)\tanh_{p+1}(x)$$

随后，Karp 等人在文 [31] 中研究了上述问题，并

145

给出了部分解答,详细的讲解也可以看笔者的综述文章[62].

4. 一些公开问题

最后,我们列举了一些广义三角函数与双曲线研究中的公开问题.

公开问题 1[32] 对 $p \in (2, +\infty)$,且 $x \in \left(0, \dfrac{\pi_p}{2}\right)$,有 $\dfrac{\sinh_p(x)}{x} > \dfrac{p+1}{p + \cos_p x}$.

公开问题 2[31] 对于任意的 $y \in (0,1)$,存在点 $p_0 \in (0,1)$,使得函数 $p \to \sin_p x$ 在区间 $(p_0, +\infty)$ 上为严格凹函数.

公开问题 3[54] 对 $p \in (1,2)$ 且 $x \in (0, \pi p)$,有 $\dfrac{\ln(1 - \sin_p x)}{\ln \cos_p x} < \dfrac{x+p}{x}$.

公开问题 4[14] 对固定的 $x \in (0,1)$,函数 $\sin_p\left(\dfrac{\pi_p x}{2}\right), \tan_p\left(\dfrac{\pi_p x}{2}\right), \sinh_p(c_p x)$ 在 $p \in (1, +\infty)$ 上为单调递增的.

公开问题 5[59] 对 $p > 1$ 及 $x \in \left(0, \dfrac{\pi p}{2}\right)$,有
$$\frac{p \sin_p x}{x} + \frac{\tan_p x}{x} > \frac{px}{\sin_p x} + \frac{x}{\tan_p x}$$

参考文献

[1] ABRAMOWITZ M,STEGUN I,EDS. Handbook of mathematical functions with formulas,graphs and mathematical tables[M]. New York:National Bureau of Standards, Dover,1965.

［2］ALZER H,RICHARDS K. A note on a function involving complete elliptic integrals:Monoto-icity,convexity,inequalities ［J］. Anal. Math. ,2015 (41):133-139.

［3］ANDREWS G E,ASKEY R,ROY R. Special functions［M］. Cambridge:Cambridge University Press,1999.

［4］ANDERSON G D,VAMANAMURTHY M K,VUORINEN M. Genenalized convexity and inequalities［J］. J. Math. Anal. Appl. ,2007 (335):1294-1308.

［5］BARICZ A,BHAYO B A,POGÁNY T K. Functional inequalities for generalized inverse trigonometric and hyperbolic functions［J/OL］. J. Math. Anal. Appl. ,2014(417):244-259. http:// arxiv. org/abs/1401. 4863.

［6］BARICZ A,BHAYO B A,VUORINEN M. Tur′ an type inequalities for generalized inverse trigonometric functions ［J/OL］. Filomat,2015,29(2):303-313. http://arxiv. org/abs/ 1209. 1696.

［7］BARICZ A,BHAYO B A,KLÉN R. Convexity properties of generalized trigonometric and hyperbolic functions［J/OL］. Aequat. Math. ,2015(89):473-484. http:// arxiv. org/ abs/ 1301. 0699.

［8］BURGOYNE F D. Generalized trigonometric functions ［J］. Math. Comp. ,1964 (18):314-316.

［9］BARICZ A. Turan type inequalities for generalized complete elliptic integrals［J］. Math. Z. ,2007 (256):895-911.

［10］BARICZ A. Geometrically concave univariate distributions［J］. J. Math. Anal. Appl. ,2010,363 (1):182-196.

［11］BUSHELL P J,EDMUNDS D E. Remarks on generalised trigonometric functions［J］. Rocky Mountain J. Math. , 2012 (42):13-52.

［12］BHAYO B A,SÁNDOR J. Inequalities connecting generalized trigonometric functions with their inverses

[J]. Issues of Analysis,2013,2 (20):82-90.

[13] BHAYO B A,VUORINEN M. On generalized trigonometric functions with two parameters[J/OL]. J. Approx. Theory, 2012(164):1415-1426. http://arxiv. org/ abs/ 1112. 0483.

[14] BHAYO B A,VUORINEN M. Inequalities for eigenfunctions of the p-Laplacian[J/OL]. Issues of Analysis,2013,2 (20): 13-35. http://arxiv. org/abs/1101. 3911.

[15] BHAYO B A,VUORINEN M. Power mean inequalities generalized trigonometric functions[J/OL]. Math. Vesnik, 2015,67 (1):17-25. http://arxiv. org/abs/1209. 0983.

[16] BHAYO B A,VUORINEN M. On generalized complete elliptic integrals and modular functions[J/OL]. Proc. Edinb. Math. Soc. ,2012 (55):591-611. http://arxiv. org/abs/ 1102. 1078.

[17] BHAYO B A,YIN L. Logarithmic mean inequality for generalized trigonometric and hyperbolic functions[J/OL]. Acta. Univ. Sapientiae   Math. ,2014,6(2):135-145. http:// arxiv. org/ abs/ 1404. 6732.

[18] BHAYO B A,YIN L. On the generalized convexity and concavity[J/OL]. Problemy Analiza-Issues of Analysis,2015, 22 (1):1-9. http://arxiv. org/abs/1411. 6586.

[19] BHAYO B A,YIN L. On the conjecture of generalized trigonometric and hyperbolic functions[J/OL]. Math. Pannon. ,2013,24 (2):1-8. http://arxiv. org/abs/1402. 7331.

[20] BHAYO B A,YIN L. On generalized (p,q) elliptic integrals[EB/OL]. http://arxiv. org/abs/1507. 00031

[21] BHAYO B A,YIN L. On a function involving generalized complete (p,q) elliptic integrals[J/OL]. Arabian J. Math. , 2019,9(1):73-82. http://arxiv. org/abs/1606. 03621.

[22] CUI W Y,YIN L. Logarithmic mean inequalities for the generalized trigonometric and hyperbolic functions with two parameters[J]. Octogon Math. Mag. ,2014,22 (2):700-705.

[23] DRÁBEK P,MANÁSEVICH R. On the closed solution to some p-Laplacian nonhomogeneous eigenvalue problems[J]. Diff. and Int. Eqns. ,1999 (12):723-740.

[24] EDMUNDS D E,LANG J. Generalized trigonometric functions from different points of view[J]. Progresses in Mathematics, Physics and Astronomy(Pokroky MFA),2009 (4).

[25] EDMUNDS D E,GURKA P,LANG J. Properties of generalized trigonometric functions [J]. J. Approx. Theory, 2012 (164):47-56.

[26] ERDÉLYI A,MAGNUS W,OBERHETTINGER F, TRICOMI F G. Higher Transcendental Functions. vol. I[M]. Melbourne[s. n.],1981.

[27] HEIKKALA V,LINDÉN H,VAMANAMURTHY M K, VUORINEN M. Generalized elliptic integrals and the Legendre M-function[J]. J. Math. Anal. Appl. ,2008 (338):223-243.

[28] HEIKKALA V,VAMANAMURTHY M K,VUORINEN M. Generalized elliptic integrals[J]. Comput. Methods Funct. Theory,2009,9 (1):75-109.

[29] JIANG W D,WANG M K,CHU Y M,JIANG Y P,QI F. Convexity of the generalized sine function and the generalized hyperbolic sine function[J]. J. Approx. Theory,2013 (174):1-9.

[30] KUANG J C. Applied inequalities:Second edition[M]. Jinan:Shan Dong Science and Technology Press,2002.

[31] KARP D B,PRILEPKINA E G. Parameter convexity and concavity of generalized trigonometric functions[J/OL]. J. Math. Anal. Appl. ,2015,421(1):370-382. http://arxiv. org/ abs/ 1402. 3357.

[32] KLÉN R,VUORINEN M,ZHANG X H. Inequalities for the generalized trigonometric and hyperbolic functions [J/OL]. J. Math. Anal. Appl. ,2014 (409):521-529. http://arxiv. org/ abs/

1210. 6749.

[33] LANG J,EDMUNDS D E. Eigenvlues,Embeddings and generalized trigonometric functions[M]. Lecture Notes in Mathematics,2016,Springer,2011.

[34] LINDQVIST P. Some remarkable sine and cosine functions[J]. Ricerche di Math. ,1995 (XLIV):269-290.

[35] LINDQVIST P,PEETRE J. p-arclength of the q-circle[J]. Math. Stud. ,2003 (72):139-145.

[36] MITRINOVI′C D S. Analytic Inequalities[M]. Berlin: Springer-Verlag,1970.

[37] NEUMANN E. Inequalities for the generalized trigonometric and hyperbolic functions[J]. J. Math. Inequal. ,2014,8 (4):725-736.

[38] NEUMANN E. Inequalities and bounds for generalized complete elliptic integrals[J]. J. Math. Anal. Appl. ,2011 (373):203-213.

[39] NEUMANN E. On the inequalities for the generalized trigonometric functions[J]. Int. J. Anal. ,2014 (2014):1-5.

[40] NEUMANN E,SÁNDOR J. On some inequalities involving trigonometric and hyperbolic functions with emphasis on the Cusa-Huygens,Wilker,and Huygens inequalities. Math. Inequal. Appl. ,2010,13 (4):715-723.

[41] QI F,NIU D W,GUO B N. Refinements,generalizations, and applications of Jordan's inequality and related problems[J]. J. Inequal. Appl. ,2009 (2009):1-52.

[42] OLVER F W J,LOZIER D W,BOISVERT R F,CLARK C W,EDS. NIST Handbook of Mathematical Functions[M]. Cambridge:Cambridge University Press,2010.

[43] SHELUPSKY D. A generalization of trigonometric functions. Amer. Math[J]. Monthly,1959,66 (10):879-884.

［44］SLATER L J. Generalized Hypergeometric Functions［M］. Cambridge:Cambridge University Press,1966.

［45］SONG Y Q,CHU Y M,LIU B Y,WANG M K. A note on generalized trigonometric and hyperbolic functions ［J］. J. Math. Inequal. ,2014,8 (3):635-642.

［46］WANG G,ZHANG X,CHU Y. Inequalities for the generalized elliptic integrals and modular functions［J］. J. Math. Anal. Appl. ,2007,331 (2):1275-1283.

［47］TAKEUCHI S. Generalized Jacobian elliptic functions and their application to bifurcation problems associated with p-Laplacian［J］. J. Math. Anal. Appl. ,2012 (385): 24-35.

［48］KAMIYA T,TAKEUCHI S. Complete (p,q)-elliptic integrals with application to a family of means［J/OL］. J. Classical Anal. ,2019,10(1). (in press) http://arxiv. org/abs/1507. 01383.

［49］TAKEUCHI S. The complete p-elliptic integrals and a computation formula of π_p for $p = 4$［EB/OL］. http://arxiv. org/abs/1503. 02394.

［50］TAKEUCHI S. A new form of the generalized complete elliptic integrals［J/OL］. Kodai J. Math. ,2016,39 (1): 202-226. http://arxiv. org/abs/1411. 4778.

［51］TAKEUCHI S. Multiple-angle formulas of generalized trigonometric functions with two parameters［EB/OL］. http://arxiv. org/abs/1603. 06709.

［52］TAKEUCHI S. Legendre-type relations for generalized complete elliptic integrals［J/OL］. Journal of Classical Analysis,2016,9 (1):35-42. http://arxiv. org/abs/1606. 05115.

［53］YANG C Y. Inequalities for generalized trigonometric and hyperbolic functions［J］. J. Math. Anal. Appl. ,2014 (419):775-782.

［54］YIN L,HUANG L G. Some inequalities for the

generalized sine and generalized hyperbolic sine[J]. J. Classical Anal. ,2013,3（1）:85-90.

［55］ YIN L,HUANG L G. A new inequalities and several conjectures for the generalized functions[J]. Octogon Math. Mag. ,2013,21（2）:564-568.

［56］ YIN L,HUANG L G. Inequalities for generalized trigonometric and hyperbolic functions with two parameters[J]. J. Nonlinear Sci. Appl. ,2015,8（4）:315-323.

［57］ YIN L,HUANG L G. Some New Wilker and Cusa Type Inequalities for Generalized Trigonometric and Hyperbolic Functions[EB/OL]. http://rgmia. org/papers/v18/v18a29. pdf.

［58］ YIN L,HUANG L G. Inequalities for generalized trigonometric and hyperbolic functions with two parameters[J]. Pure Appl. Math. ,2015,31（5）:474-479.

［59］ YIN L,HUANG L G,QI F. Some inequalities for the generalized trigonometric and generalized hyperbolic functions[J]. Turnish J. Anal. number theory,2014,2（3）:96-101.

［60］ YIN L,MI L F. Landen type inequalities for generalized complete elliptic integrals[J]. Adv. Stud. Comtem. Math. ,2012，26（4）:717-722.

［61］尹枥,黄利国. 推广三角函数与双曲函数的新型 Wilker 不等式,滨州学院学报,2012,29(6):76-78.

［62］ YIN L,HUANG L G,WANG Y L,LIN X L. A survey for generalized trigonometric and hyperbolic functions[J]. J. Math. Inequal. ,2019,13(3):833-854.

单位球体积的有关问题

单位球体积问题来源于数学分析中的 n 重积分的计算,最近这个课题由 Alzer 的研究引起了许多人的兴趣,一方面专注于它的某些单调性质,另一方面也研究它的各种组合的逼近以及不等式.

第一节　单位球体积的计算与性质

1. 单位球体积与调和数的几个单调性质

对于 n 维单位球体积利用递推公式或者 n 维球坐标变换容易计算出它的值可以用 gamma 函数 $\Gamma(x)$ 表示为如下公式:

$$\Omega_n = \frac{\pi^{\frac{n}{2}}}{\Gamma\left(\frac{n}{2}+1\right)},$$ 显然 $\Omega_1 = 2, \Omega_2 = \pi,$

$\Omega_3 = \dfrac{4\pi}{3}.$ 详细的细节可以查看文献[17].

第四章

此数列在 $n \geqslant 5$ 时单调递减于 0（见文[5]），在文[3]中，Anderson 和 Qi 证明了数列 $\Omega_n^{\frac{1}{n}\ln n}$ 严格单调递减于 $\mathrm{e}^{-\frac{1}{2}}$ 的优美性质. Klain 和 Rota 在文[9]中证明了 $\left\{\dfrac{n\Omega_n}{\Omega_{n-1}}\right\}_{n \geqslant 1}$ 为单调递增的. 本小节专注于探究数列 Ω_n 的一些单调性质，其中 H_n 为调和数，即

$$H_n = \sum_{k=1}^{n} \frac{1}{k} = \int_0^1 \frac{1-x^n}{1-x} \mathrm{d}x$$

先介绍下面的几个引理.

引理 1[1]　数列 $\left\{\Omega_n^{\frac{1}{n}}\right\}$ 严格单调递减于 0，而数列 $\left\{\dfrac{\Omega_{\frac{1}{n+1}}^{\frac{1}{n+1}}}{\Omega_n^{\frac{1}{n}}}\right\}$ 为严格单调递增的.

引理 2[16]　数列 $\left\{H_n^{\frac{1}{n}}\right\}$ 为严格单调递减的.

引理 3[1]　对 $x \in (0, +\infty)$，成立

$$\frac{x\psi'(x+1)}{\psi(x+1)+\gamma} - \ln(\psi(x+1)+\gamma) < 0$$

其中 $\psi(x+1) = \dfrac{\Gamma'(x+1)}{\Gamma(x+1)}$.

引理 4[2]　（Legendre）对任意 $z \neq -1, -2, \cdots$，成立 $2^{2z-1}\Gamma(z)\Gamma\left(z+\dfrac{1}{2}\right) = \pi^{\frac{1}{2}}\Gamma(2z)$.

引理 5[12]　对 $x \in (1, +\infty)$，成立

$$\sqrt{\pi}\left(\frac{x}{\mathrm{e}}\right)^x \sqrt[4]{4x^2 + \frac{4}{3}x + \alpha} < \Gamma(x+1) <$$

$$\sqrt{\pi}\left(\frac{x}{\mathrm{e}}\right)^x \sqrt[4]{4x^2 + \frac{4}{3}x + \beta}$$

定理 1　当 $n \geqslant 2$ 时，数列 $\left\{H_n^{\frac{1}{n}\ln n}\right\}$ 严格单调递减且收敛于 1.

证明　由于 $H_n = \psi(n+1) + \gamma$，令

$$f(x) = (\psi(x+1) + \gamma)^{\frac{1}{x}\ln x}$$

两边取对数求导，并且利用引理 3，则有

$$f'(x) = \frac{f(x)}{x\ln x}\left(\frac{x\psi'(x+1)}{\psi(x+1)+\gamma} - \right.$$

$$\left.\ln(\psi(x+1)+\gamma) - \frac{\ln(\psi(x+1)+\gamma)}{\ln x}\right) < 0$$

由此可知 $f(x)$ 在区间 $[2, +\infty)$ 上严格单调递减，所以数列 $\{H_n^{\frac{1}{n}\ln n}\}$ 也严格单调递减.

此外易知

$$\lim_{n\to\infty} H_n^{\frac{1}{n}\ln n} = \mathrm{e}^{\lim\limits_{n\to\infty}\frac{\ln H_n}{n\ln n}} = \mathrm{e}^0 = 1$$

定理 2　数列 $\{(\Omega_n H_n)^{\frac{1}{n}}\}$ 严格单调递减.

证明　利用引理 1 可知数列 $\{\Omega_n^{\frac{1}{n}}\}$ 严格单调递减于 0 且为正数，而利用引理 2 可知数列 $\{H_n^{\frac{1}{n}}\}$ 也严格单调递减且为正数，因此数列 $\{(\Omega_n H_n)^{\frac{1}{n}}\}$ 严格单调递减.

注　笔者在文献 [18] 中也证明了数列 $\{(\Omega_n)^{\frac{1}{H_n}}\}_{n\geqslant 3}$ 单调递减于 0，并且数列 $\{(\Omega_n)^{\frac{1}{H_n}}\}$ 在 $n=3$ 处达到最大值.

定理 3　当 $n \geqslant 3$ 时，数列 $\{(nH_n)^{\frac{1}{n}}\}$ 严格单调递减.

证明　只需证明当 $n \geqslant 3$ 时，数列 $\{\sqrt[n]{n}\}$ 严格单调递减且为正数，数列 $\{\sqrt[n]{n}\}$ 为正数. 显然，只需证明数列 $\{\sqrt[n]{n}\}$ 为严格单调递减，考虑函数 $g(x) = x^{\frac{1}{x}}$，取对数求导，则有 $g'(x) = x^{\frac{1}{x}}\left(\frac{1-\ln x}{x^2}\right) < 0$，即证.

定理 4 数列 $\left\{ \dfrac{\ln\left(\dfrac{\Omega_{n+1}^{\frac{1}{n+1}}}{\Omega_n^{\frac{1}{n}}} \right)}{n\ln\left(1+\dfrac{1}{n}\right)} \right\}$ 为严格单调递增函

数. 作为一个结果, 则有

$$\left(1+\frac{1}{n}\right)^{n\left(\frac{\ln n}{2\ln 2}-1\right)} \leqslant \frac{\Omega_{n+1}^{\frac{1}{n+1}}}{\Omega_n^{\frac{1}{n}}} < 1$$

证明 由引理 1 可知数列 $\left\{ \dfrac{\Omega_{n+1}^{\frac{1}{n+1}}}{\Omega_n^{\frac{1}{n}}} \right\}$ 为严格单调递

增的, 所以 $\left\{ \ln\left(\dfrac{\Omega_{n+1}^{\frac{1}{n+1}}}{\Omega_n^{\frac{1}{n}}} \right) \right\}$ 也严格单调递增, 利用 Stirling

公式易知

$$\lim_{n\to\infty} \frac{\Omega_{n+1}^{\frac{1}{n+1}}}{\Omega_n^{\frac{1}{n}}} = \lim_{n\to\infty} \frac{\left(\Gamma\left(\dfrac{n}{2}+1\right)\right)^{\frac{1}{n}}}{\left(\Gamma\left(\dfrac{n+1}{2}+1\right)\right)^{\frac{1}{n+1}}} =$$

$$\lim_{n\to\infty} \frac{\left(\left(\dfrac{n}{2}\right)^{\frac{n}{2}}\sqrt{2\pi\,\dfrac{n}{2}}\,\mathrm{e}^{-\frac{n}{2}}\right)^{\frac{1}{n}}}{\left(\left(\dfrac{n+1}{2}\right)^{\frac{n+1}{2}}\sqrt{2\pi\,\dfrac{n+1}{2}}\,\mathrm{e}^{-\frac{n+1}{2}}\right)^{\frac{1}{n+1}}} = 1$$

所以 $\left\{ \ln\dfrac{\Omega_{n+1}^{\frac{1}{n+1}}}{\Omega_n^{\frac{1}{n}}} \right\}$ 严格单调递增且为负值. 又因数列

$\left\{ \left(1+\dfrac{1}{n}\right)^n \right\}$ 严格单调递增, 且 $2 < \left(1+\dfrac{1}{n}\right)^n < \mathrm{e}$, 因

此数列 $\left\{\dfrac{1}{n\ln\left(1+\dfrac{1}{n}\right)}\right\}$ 严格单调递减且为正，由此可

知数列 $x_n=\left\{\dfrac{\ln\left(\dfrac{\Omega_{n+1}^{\frac{1}{n+1}}}{\Omega_n^{\frac{1}{n}}}\right)}{n\ln\left(1+\dfrac{1}{n}\right)}\right\}$ 为严格单调递增函数，所

以 $x_1\leqslant x_n<x_\infty$，易知 $x_1=\dfrac{\ln\pi}{2\ln 2}-1$，$x_\infty=0$. 定理 4
得证.

同理，利用数列 $\left\{\dfrac{1}{\ln(n+1)}\right\}$ 为一个严格单调递减
的正值函数，与定理 4 完全类似的方法得到如下的定
理 5.

定理 5　数列 $\left\{\dfrac{\ln\left(\dfrac{\Omega_{n+1}^{\frac{1}{n+1}}}{\Omega_n^{\frac{1}{n}}}\right)}{\ln(n+1)}\right\}$ 为严格单调递增函数.

作为一个结果，有

$$(n+1)^{\frac{\ln\pi}{2\ln 2}-1}\leqslant\frac{\Omega_{n+1}^{\frac{1}{n+1}}}{\Omega_n^{\frac{1}{n}}}<1$$

定理 6　对任意的 $n>3$，有

$$\frac{\sqrt[4]{4n^2+\dfrac{4}{3}n+\alpha}}{\sqrt{\pi}\,\lambda(n)\sqrt{n^2+\dfrac{2}{3}n+\beta}}<$$

$$\frac{\Omega_n}{\Omega_{n-3}+\Omega_{n-1}+\Omega_{n+1}+\Omega_{n+3}}<$$

$$\frac{\sqrt[4]{4n^2 + \frac{4}{3}n + \beta}}{\sqrt{\pi}\lambda(n)\sqrt{n^2 + \frac{2}{3}n + \alpha}}$$

其中 $\lambda(n) = \dfrac{n^2(n-1)}{8\pi} + \dfrac{1}{\pi} + \dfrac{2}{n+1} + \dfrac{4\pi}{(n+1)(n+3)}$.

证明　利用引理 4 以及 gamma 函数的递推公式,有

$$2^{n+2}\Gamma\left(\frac{n+3}{2}\right)\Gamma\left(\frac{n+4}{2}\right) = \pi^{\frac{1}{2}}(n+2)!$$

$$2^{n}\Gamma\left(\frac{n+1}{2}\right)\Gamma\left(\frac{n+2}{2}\right) = \pi^{\frac{1}{2}}n!$$

$$2^{n+1}\Gamma\left(\frac{n+2}{2}\right)\Gamma\left(\frac{n+3}{2}\right) = \pi^{\frac{1}{2}}(n+1)!$$

$$2^{n-2}\Gamma\left(\frac{n-1}{2}\right)\Gamma\frac{n}{2} = \pi^{\frac{1}{2}}(n-2)!$$

以及

$$\Gamma\left(\frac{n+4}{2}\right) = \frac{n+2}{2}\Gamma\left(\frac{n+2}{2}\right)$$

$$\Gamma\left(\frac{n+2}{2}\right) = \frac{n}{2}\Gamma\left(\frac{n}{2}\right)$$

经简单的计算可得

$$\frac{\Omega_n}{\Omega_{n-3} + \Omega_{n-1} + \Omega_{n+1} + \Omega_{n+3}} = \frac{n!}{\lambda(n)2^n\Gamma(\frac{n+2}{2})^2}$$

利用引理 5 则有

$$\sqrt{\pi}\left(\frac{n}{e}\right)^n \sqrt[4]{4n^2+\frac{4}{3}n+\alpha} < n! <$$

$$\sqrt{\pi}\left(\frac{n}{e}\right)^n \sqrt[4]{4n^2+\frac{4}{3}n+\beta}$$

$$\sqrt{\pi}\left(\frac{n/2}{e}\right)^{\frac{n}{2}} \sqrt[4]{n^2+\frac{2}{3}n+\alpha} < \Gamma\left(\frac{n}{2}+1\right) <$$

$$\sqrt{\pi}\left(\frac{n/2}{e}\right)^{\frac{n}{2}} \sqrt[4]{n^2+\frac{2}{3}n+\beta}$$

代入易知

$$\frac{\Omega_n}{\Omega_{n-3}+\Omega_{n-1}+\Omega_{n+1}+\Omega_{n+3}} >$$

$$\frac{\sqrt{\pi}\left(\frac{n}{e}\right)^n \sqrt[4]{4n^2+\frac{4}{3}n+\alpha}}{\pi 2^n \lambda(n)\left(\frac{n}{2e}\right)^n \sqrt{n^2+\frac{2}{3}n+\beta}} =$$

$$\frac{\sqrt[4]{4n^2+\frac{4}{3}n+\alpha}}{\sqrt{\pi}\lambda(n)\sqrt{n^2+\frac{2}{3}n+\beta}}$$

不等式左边得证,同理可证不等式右边.

利用恒等式

$$\frac{\Omega_n^3}{\Omega_{n-1}\Omega_{n+1}\Omega_{n+3}} = \frac{(n+1)^2(n+3)(n!)^3}{2^{3n+3}\left(\Gamma\left(\frac{n+2}{2}\right)\right)^3}$$

利用引理 4 与引理 5,用定理 6 完全类似的方法可得:

定理 7 对任意 $n>1$,成立

$$\frac{(n+1)^2(n+3)\left(\sqrt{n^2+\dfrac{2}{3}n+\alpha}\right)^3}{8(\sqrt{\pi})^3\left(\sqrt[4]{4n^2+\dfrac{4}{3}n+\beta}\right)^3} <$$

$$\frac{\Omega_n^3}{\Omega_{n-1}\Omega_{n+1}\Omega_{n+3}} <$$

$$\frac{(n+1)^2(n+3)\left(\sqrt{n^2+\dfrac{2}{3}n+\beta}\right)^3}{8(\sqrt{\pi})^3\left(\sqrt[4]{4n^2+\dfrac{4}{3}n+\alpha}\right)^3}$$

第二节　　单位球体积的逼近与不等式

1.单位球体积的逼近与不等式(一)

本小节专注于 Ω_n 的各种组合的逼近与不等式估计,重点介绍笔者在这方面的工作. 在文[4]中Anderson 等人建立了如下不等式

$$(\Omega_{n+1})^{\frac{n}{n+1}} < \Omega_n \quad (n=1,2,\cdots)$$

随后 Alzer 在文[1]中证明了对于所有的 $n \geqslant 1$,成立

$$a(\Omega_{n+1})^{\frac{n}{n+1}} \leqslant \Omega_n \leqslant b(\Omega_{n+1})^{\frac{n}{n+1}}$$

其中 $a=2/\sqrt{\pi}=1.128\ 3\cdots,b=\sqrt{e}=1.648\ 7\cdots$. 对于上述不等式的改进出现在文[11]中:对于 $n \geqslant 4$,成立

$$\frac{k}{\sqrt[2n]{2\pi}} \leqslant \frac{\Omega_n}{(\Omega_{n+1})^{\frac{n}{n+1}}} \leqslant \frac{\sqrt{e}}{\sqrt[2n]{2\pi}}$$

这里 $k=(64 \cdot 720^{\frac{11}{12}} \cdot 2^{\frac{1}{22}})/(10\ 395\pi^{\frac{5}{11}})=1.571\ 4\cdots$,对于不等式的左半边的等号当且仅当 $n=11$ 时成立.

此外,Alzer 在文[1]中证明了对于任意 $n \geqslant 1$,

成立

$$\left(1+\frac{1}{n}\right)^{\alpha_1} < \frac{\Omega_n^2}{\Omega_{n-1}\Omega_{n+1}} < \left(1+\frac{1}{n}\right)^{\beta_1}$$

这里 $\alpha_1 = 2 - \log_2 \pi, \beta_1 = 1/2$. 此不等式改进了 Anderson 等人的结果

$$1 < \frac{\Omega_n^2}{\Omega_{n-1}\Omega_{n+1}} < 1 + \frac{1}{n}$$

之后, Mortici 又建立了更为严格的不等式: 对于任意 $n \geqslant 4$, 成立

$$\left(1+\frac{1}{n}\right)^{\frac{1}{2}-\frac{1}{4n}} < \frac{\Omega_n^2}{\Omega_{n-1}\Omega_{n+1}} < \left(1+\frac{1}{n}\right)^{\frac{1}{2}}$$

这进一步推广了 Alzer 在文[11]中的结论.

　　笔者在文[18]中也对这些组合进行了研究, 研究方法是通过 Legendre 恒等式将组合式转化为 gamma 函数的估计, 这导致了对于这些组合的更为精细的逼近. 先介绍下面的两个引理.

　　引理 6[10]　　令 $x_i \in \mathbf{R}^*, i = 1, 2, \cdots, n, \sum_{i=1}^{n} x_i = nx$, 则

$$\prod_{i=1}^{n} \Gamma(x_i) \geqslant [\Gamma(x)]^n$$

　　引理 7[12]　　对于任何 $x \in [1, +\infty)$, 有

$$\sqrt{\pi}\left(\frac{x}{e}\right)^x \sqrt{2x+\alpha} < \Gamma(x+1) \leqslant \sqrt{\pi}\left(\frac{x}{e}\right)^x \sqrt{2x+\beta}$$

这里 $\alpha = \frac{1}{3}, \beta = \sqrt[3]{391/30} - 2 = 0.3533\cdots$.

　　本小节总假设 $\beta = \sqrt[3]{391/30} - 2 = 0.3533\cdots$.

　　定理 8　　对于任意自然数 n, 我们有

$$\Omega_n \leqslant (\Omega_1 \Omega_2 \cdots \Omega_{n-1})^{\frac{1}{n-1}}$$

若 n 是奇数,则

$$(\Omega_1 \Omega_2 \cdots \Omega_n)^{\frac{1}{n}} \leqslant \Omega_{\frac{n+1}{2}}$$

证明 运用引理 1,我们很容易证明第一个不等式. 要证明第二个不等式,通过应用引理 6,可得

$$(\Omega_1 \Omega_2 \cdots \Omega_n)^{\frac{1}{n}} =$$

$$\left[\frac{\pi^{\frac{1}{2}}}{\Gamma\left(\frac{1}{2}+1\right)} \frac{\pi^{\frac{2}{2}}}{\Gamma\left(\frac{2}{2}+1\right)} \cdots \frac{\pi^{\frac{n}{2}}}{\Gamma\left(\frac{n}{2}+1\right)} \right]^{\frac{1}{n}} =$$

$$\frac{\pi^{\frac{n+1}{4}}}{\left(\Gamma\left(\frac{1}{2}+1\right)\Gamma\left(\frac{2}{2}+1\right)\cdots\Gamma\left(\frac{n}{2}+1\right)\right)^{\frac{1}{n}}} \leqslant$$

$$\frac{\pi^{\frac{n+1}{4}}}{\Gamma\left(\frac{n+1}{4}+1\right)} = \Omega_{\frac{n+1}{2}}$$

定理 9 对于整数 $n \geqslant 1$,则有

$$\frac{(n+1)\left(n+\frac{1}{6}\right)}{(n+\beta)^2} < \frac{\Omega_n^2}{\Omega_{n-1}\Omega_{n+1}} < \frac{(n+1)\left(n+\frac{\beta}{2}\right)}{\left(n+\frac{1}{3}\right)^2}$$

证明 计算并化简得

$$\frac{\Omega_n^2}{\Omega_{n-1}\Omega_{n+1}} = \frac{\Gamma\left(\frac{n+1}{2}\right)\Gamma\left(\frac{n+3}{2}\right)}{\left(\Gamma\left(\frac{n+2}{2}\right)\right)^2}$$

在引理 4 中分别令 $z = \frac{n+1}{2}, \frac{n+3}{2}$,得到

$$2^n \Gamma\left(\frac{n+1}{2}\right)\Gamma\left(\frac{n+2}{2}\right) = \pi^{\frac{1}{2}} n!$$

和

$$2^{n+2}\Gamma\left(\frac{n+3}{2}\right)\Gamma\left(\frac{n+4}{2}\right) = \pi^{\frac{1}{2}}(n+2)!$$

综合上面各式并应用

$$\Gamma\left(\frac{n+4}{2}\right)=\frac{n+2}{2}\Gamma\left(\frac{n+2}{2}\right)$$

得到

$$\frac{\Omega_n^2}{\Omega_{n-1}\Omega_{n+1}}=$$

$$\frac{\sqrt{\pi}\,(n+2)\,!\,\sqrt{\pi}\,n\,!}{2^n2^{n+2}\Gamma\left(\frac{n+4}{2}\right)\left(\Gamma\left(\frac{n+2}{2}\right)\right)^3}=$$

$$\frac{\pi(n+1)\,!\ n\,!}{2^{2n+1}\left(\Gamma\left(\frac{n}{2}+1\right)\right)^4}$$

再应用引理 7,可得

$$\sqrt{\pi}\left(\frac{n}{2\mathrm{e}}\right)^{\frac{n}{2}}\sqrt{n+\frac{1}{3}}<$$

$$\Gamma\left(\frac{n}{2}+1\right)<\sqrt{\pi}\left(\frac{n}{2\mathrm{e}}\right)^{\frac{n}{2}}\sqrt{n+\beta}$$

和

$$\sqrt{\pi}\left(\frac{n}{\mathrm{e}}\right)^n\sqrt{2n+\frac{1}{3}}<n\,!\ <\sqrt{\pi}\left(\frac{n}{\mathrm{e}}\right)^{\frac{n}{2}}\sqrt{2n+\beta}$$

如此易得

$$\frac{\Omega_n^2}{\Omega_{n-1}\Omega_{n+1}}=\frac{\pi\left(\sqrt{\pi}\left(\frac{n}{\mathrm{e}}\right)^n\sqrt{2n+\frac{1}{3}}\right)^2(n+1)}{2^{n+2}\left(\sqrt{\pi}\left(\frac{n}{2\mathrm{e}}\right)^{\frac{n}{2}}\sqrt{n+\beta}\right)^4}=$$

$$\frac{(n+1)\left(n+\frac{1}{6}\right)}{(n+\beta)^2}$$

和

$$\frac{\Omega_n^2}{\Omega_{n-1}\Omega_{n+1}} < \frac{\pi\left(\sqrt{\pi}\left(\dfrac{n}{\mathrm{e}}\right)^n \sqrt{2n+\beta}\right)^2 (n+1)}{2^{2n+1}\left(\sqrt{\pi}\left(\dfrac{n}{2\mathrm{e}}\right)^{\frac{n}{2}}\sqrt{n+\dfrac{1}{3}}\right)^4} =$$

$$\frac{(n+1)\left(n+\dfrac{\beta}{2}\right)}{\left(n+\dfrac{1}{3}\right)^2}$$

证毕.

通过不等式

$$\frac{(n+1)\left(n+\dfrac{1}{6}\right)}{(n+\beta)^2} > \frac{n+\dfrac{1}{6}}{n+\beta}$$

和

$$\frac{(n+1)\left(n+\dfrac{\beta}{2}\right)}{\left(n+\dfrac{1}{3}\right)^2} < \frac{n+1}{n+\dfrac{1}{3}}$$

我们得到推论 1.

推论 1 对于整数 $n \geqslant 1$,有

$$\frac{n+\dfrac{1}{6}}{n+\beta} < \frac{\Omega_n^2}{\Omega_{n-1}\Omega_{n+1}} < \frac{n+1}{n+\dfrac{1}{3}}$$

定理 10 对于整数 $n \geqslant 1$,有

$$\frac{\sqrt{\mathrm{e}}}{\sqrt[2n+2]{2\pi}}\frac{\left(\sqrt{n+\dfrac{4}{3}}\right)^{\frac{2n+1}{n+1}}}{\sqrt{(n+1)\left(n+1+\dfrac{\beta}{2}\right)}} < \frac{\Omega_n}{(\Omega_{n+1})^{\frac{n}{n+1}}} <$$

$$\frac{\sqrt{\mathrm{e}}}{\sqrt[2n+2]{2\pi}}\frac{(\sqrt{n+1+\beta})^{\frac{2n+1}{n+1}}}{\sqrt{(n+1)\left(n+\dfrac{7}{6}\right)}}$$

证明　在引理 4 中令 $z = \dfrac{n+2}{2}$，则有

$$2^{n+1}\Gamma\left(\frac{n+2}{2}\right)\Gamma\left(\frac{n+3}{2}\right) =$$

$$\pi^{\frac{1}{2}}\Gamma(n+2) = \pi^{\frac{1}{2}}(n+1)!$$

容易计算并化简得到

$$\frac{\Omega_n}{(\Omega_n)^{\frac{n}{n+1}}} = \frac{\pi^{\frac{n}{2}}}{\Gamma\left(\frac{n}{2}+1\right)} \cdot \frac{\left(\Gamma\left(\frac{n+1}{2}+1\right)\right)^{\frac{n}{n+1}}}{(\pi^{\frac{n+1}{2}})^{\frac{n}{n+1}}} =$$

$$\frac{2^{n+1}\left(\Gamma\left(\frac{n+1}{2}+1\right)\right)^{\frac{n}{n+1}}}{\sqrt{\pi}\,(n+1)!}$$

完全类似于定理 9 的证明，可得

$$\frac{\Omega_n}{(\Omega_{n+1})^{\frac{n}{n+1}}} >$$

$$\frac{2^{n+1}\left(\sqrt{\pi}\left(\frac{n+1}{2e}\right)^{\frac{n+1}{2}}\sqrt{n+1+\frac{1}{3}}\right)^{\frac{2n+1}{n+1}}}{\sqrt{\pi}\left(\frac{n+1}{e}\right)^{n+1}\sqrt{2n+2+\beta}} =$$

$$\frac{\sqrt{e}}{\sqrt[2n+2]{2\pi}} \cdot \frac{\left(n+\frac{4}{3}\right)^{\frac{2n+1}{n+1}}}{\sqrt{(n+1)\left(n+1+\frac{\beta}{2}\right)}}$$

和

$$\frac{\Omega_n}{(\Omega_{n+1})^{\frac{n}{n+1}}} <$$

$$\frac{2^{n+1}\left(\sqrt{\pi}\left(\frac{n+1}{2e}\right)^{\frac{n+1}{2}}\sqrt{n+1+\beta}\right)^{\frac{2n+1}{n+1}}}{\sqrt{\pi}\left(\frac{n+1}{e}\right)^{n+1}\sqrt{2n+2+\frac{1}{3}}} =$$

$$\frac{\sqrt{\mathrm{e}}}{\sqrt[2n+2]{2\pi}}\frac{\left(\sqrt{n+1+\beta}\right)^{\frac{2n+1}{n+1}}}{\sqrt{(n+1)\left(n+\dfrac{7}{6}\right)}}$$

证毕.

根据不等式

$$\frac{\left(\sqrt{n+1+\beta}\right)^{\frac{2n+1}{n+1}}}{\sqrt{(n+1)\left(n+\dfrac{7}{6}\right)}}\leqslant$$

$$\frac{(n+1+\beta)^{\frac{2n+2}{2n+2}}}{\sqrt{(n+1)(n+1)}}=$$

$$\frac{n+1+\beta}{n+1}$$

和

$$\frac{\left(n+\dfrac{4}{3}\right)^{\frac{2n+1}{n+1}}}{\sqrt{(n+1)\left(n+1+\dfrac{\beta}{2}\right)}}\geqslant\frac{\left(\sqrt{n+1+\dfrac{\beta}{2}}\right)^{\frac{2n+1}{n+1}}}{n+1+\dfrac{\beta}{2}}>$$

$$\frac{1}{\sqrt[2n+2]{n+1+\dfrac{\beta}{2}}}$$

我们很容易得到推论 2.

推论 2 对于整数 $n\geqslant 1$,有

$$\frac{\sqrt{\mathrm{e}}}{\sqrt[2n+2]{2\pi}}\frac{1}{\sqrt{n+1+\dfrac{\beta}{2}}}<\frac{\Omega_n}{(\Omega_{n+1})^{\frac{n}{n+1}}}<$$

$$\frac{\sqrt{\mathrm{e}}}{\sqrt[2n+2]{2\pi}}\frac{n+1+\beta}{n+1}$$

2. 单位球体积的逼近与不等式(二)

上一小节证明的关键在于引理 7,在文[20]中笔

166

者又对引理 7 进行了改进,得到了一个更为精确的逼近. 在此估计下,我们又对一些组合进行了估计,得到了一些新的估计与不等式.

引理 8[3]　　对每一个整数 n,函数

$$F_n = \ln \Gamma(x) - \left(x - \frac{1}{2}\right) \ln x +$$

$$x - \frac{1}{2} \ln 2\pi - \sum_{j=1}^{2n} \frac{B_{2j}}{2j(2j-1)x^{2j-1}}$$

和

$$G_n = -\ln \Gamma(x) + \left(x - \frac{1}{2}\right) \ln x -$$

$$x + \frac{1}{2} \ln 2\pi + \sum_{j=1}^{2n} \frac{B_{2j}}{2j(2j-1)x^{2j-1}}$$

在区间 $(0, +\infty)$ 上为完全单调的,其中 B_k 为 k 次 Bernoulli 数.

引理 9　　函数 $h(x) = (g(x))^2 - 2x$ 在区间 $[2, +\infty)$ 上严格单调递减,其中

$$g(x) = \left(\frac{e}{x}\right)^x \frac{\Gamma(x+1)}{\sqrt{\pi}}$$

特别的,成立 $\lim\limits_{x \to +\infty} h(x) < h(x) < h(2)$.

证明　　由引理 8 可知 $G_n > 0$,且 $F_n' < 0$,所以

$$\frac{\Gamma(x+1)}{\sqrt{2nx}\left(\frac{x}{e}\right)^x} < \exp\left\{\sum_{j=1}^{2n+1} \frac{B_{2j}}{2j(2j-1)x^{2j-1}}\right\}$$

$$\psi(x) < \ln x - \frac{1}{2x} - \sum_{j=1}^{2n} \frac{B_{2j}}{2jx^{2j}}$$

事实上,我们只需要如下的估计

$$\frac{\Gamma(x+1)}{\sqrt{2nx}\left(\dfrac{x}{e}\right)^x} < \exp\left\{\frac{1}{12x}\right\}$$

$$\psi(x) < \ln x - \frac{1}{2x} - \frac{1}{12x^2} + \frac{1}{120x^4}$$

即

$$\ln g(x) < \frac{1}{2}\ln 2x + \frac{1}{12x}$$

$$\psi(x) - \ln x + \frac{1}{x} < \frac{1}{2x} - \frac{1}{12x^2} + \frac{1}{120x^4}$$

通过计算易得 $h'(x) = 2g(x)g'(x) - 2$ 以及

$$g'(x) = g(x)\left(\psi(x) - \ln x + \frac{1}{x}\right)$$

所以 $\quad h'(x) < 0 \Leftrightarrow g(x)g'(x) < 1 \Leftrightarrow$

$$g^2(x)\left(\psi(x) - \ln x + \frac{1}{x}\right) < 1 \Leftrightarrow$$

$$2\ln g(x) + \ln\left(\psi(x) - \ln x + \frac{1}{x}\right) < 0$$

而这只需证明

$$k(x) = \ln(2x) + \frac{1}{6x} +$$

$$\ln\left(\frac{1}{2x} - \frac{1}{12x^2} + \frac{1}{120x^4}\right) < 0$$

即可. 求得

$$k'(x) = \frac{10x^2 - 18x - 1}{6x(60x^4 - 10x^3 + x)} > 0$$

所以 $k(x)$ 在区间 $[2, +\infty)$ 上严格单调递增,所以 $k(x) < k(+\infty) = 0$,即证.

由引理 9,易得下面的引理 10.

引理 10 对任意 $x \in [2, +\infty)$,有

$$\sqrt{\pi}\left(\frac{\mathrm{e}}{x}\right)^{x}\sqrt{2x+\alpha} < \Gamma(x+1) <$$

$$\sqrt{\pi}\left(\frac{\mathrm{e}}{x}\right)^{x}\sqrt{2x+\beta}$$

其中 $\alpha=\dfrac{1}{3}$ 与 $\beta=\dfrac{\mathrm{e}^4}{4\pi}-4$ 为最佳常数.

本小节总令 $\beta=\dfrac{\mathrm{e}^4}{4\pi}-4$.

定理 11　对整数 $n>3$,有

$$\frac{n+\dfrac{1}{3}}{\sqrt{\pi(2n+\beta)}} < \frac{\Omega_{n-1}}{\Omega_n} < \frac{n+\beta}{\sqrt{\pi\left(2n+\dfrac{1}{3}\right)}}$$

证明　经简单计算可得

$$\frac{\Omega_{n-1}}{\Omega_n} = \frac{\pi^{\frac{n-1}{2}}\Gamma\left(\dfrac{n}{2}+1\right)}{\pi^{\frac{n}{2}}\Gamma\left(\dfrac{n-1}{2}+1\right)} = \frac{\Gamma\left(\dfrac{n}{2}+2\right)}{\sqrt{\pi}\,\Gamma\left(\dfrac{n+1}{2}\right)}$$

在引理 4 中令 $z=\dfrac{n+1}{2}$,则有

$$2^n\Gamma\left(\frac{n+1}{2}\right)\left(\frac{n+2}{2}\right) = \pi^{\frac{1}{2}}n!$$

所以

$$\frac{\Omega_{n-1}}{\Omega_n} = \frac{2^n\left(\Gamma\left(\dfrac{n}{2}+1\right)\right)^2}{\pi n!}$$

应用引理 10 可得

$$\sqrt{\pi}\left(\frac{n}{2\mathrm{e}}\right)^{\frac{n}{2}}\sqrt{n+\frac{1}{3}} < \Gamma\left(\frac{n}{2}+1\right) < \sqrt{\pi}\left(\frac{n}{2\mathrm{e}}\right)^{\frac{n}{2}}\sqrt{n+\beta}$$

和

$$\sqrt{\pi}\left(\frac{n}{\mathrm{e}}\right)^{n}\sqrt{2n+\frac{1}{3}} < n! < \sqrt{\pi}\left(\frac{n}{\mathrm{e}}\right)^{n}\sqrt{2n+\beta}$$

考虑上述不等式可得

$$\frac{\Omega_{n-1}}{\Omega_n} > \frac{2^n \pi \left(\frac{n}{2e}\right)^{\frac{n}{2}} \left(n + \frac{1}{3}\right)}{\pi \sqrt{\pi} \left(\frac{n}{e}\right)^n \sqrt{2n+\beta}} = \frac{n + \frac{1}{3}}{\sqrt{\pi(2n+\beta)}}$$

以及

$$\frac{\Omega_{n-1}}{\Omega_n} < \frac{n+\beta}{\sqrt{\pi\left(2n + \frac{1}{3}\right)}}$$

即证.

定理 12　对整数 $n \geqslant 3$,有

$$\frac{\sqrt{\pi}\,(n+1)\sqrt{2n+\frac{1}{3}}}{(2\pi+n+1)(n+\beta)} < \frac{\Omega_n}{\Omega_{n-1}+\Omega_{n+1}} <$$

$$\frac{\sqrt{\pi}\,(n+1)\sqrt{2n+\beta}}{(2\pi+n+1)\left(n+\frac{1}{3}\right)}$$

证明　应用引理 4 可得

$$\frac{\Omega_n}{\Omega_{n-1}+\Omega_{n+1}} = \frac{\pi(n+1)n!}{2^n(2\pi+n+1)\left(\Gamma\left(\frac{n}{2}+1\right)\right)^2}$$

再使用引理 10 可得

$$\frac{\Omega_n}{\Omega_{n-1}+\Omega_{n+1}} <$$

$$\frac{\pi(n+1)\left(\sqrt{\pi}\left(\frac{n}{e}\right)^n \sqrt{2n+\beta}\right)}{2^n(2\pi+n+1)\left(\sqrt{\pi}\left(\frac{n}{2e}\right)^{\frac{n}{2}}\sqrt{n+\frac{1}{3}}\right)^2} <$$

$$\frac{\sqrt{\pi}\,(n+1)\sqrt{2n+\beta}}{(2\pi+n+1)\left(n+\frac{1}{3}\right)}$$

和

$$\frac{\Omega_n}{\Omega_{n-1}+\Omega_{n+1}}>$$

$$\frac{\pi(n+1)\left(\sqrt{\pi}\left(\dfrac{n}{e}\right)^n\sqrt{2n+\dfrac{1}{3}}\right)}{2^n(2\pi+n+1)\left(\sqrt{\pi}\left(\dfrac{n}{2e}\right)^{\frac{n}{2}}\sqrt{n+\beta}\right)^2}>$$

$$\frac{\sqrt{\pi}\,(n+1)\sqrt{2n+\dfrac{1}{3}}}{(2\pi+n+1)(n+\beta)}$$

类比于定理 11,可得定理 12 的证明.

定理 13　对于整数 $n>3$,有

$$\frac{(n+1)^2(n+3)\left(2n+\dfrac{1}{3}\right)^2}{4(n-1)(n+\beta)^4}<$$

$$\frac{\Omega_n^4}{\Omega_{n-3}\Omega_{n-1}\Omega_{n+1}\Omega_{n+3}}<$$

$$\frac{(n+1)^2(n+3)(2n+\beta)}{4(n-1)\left(n+\dfrac{1}{3}\right)^4}$$

证明　在引理 4 中,令 $z=\dfrac{n+1}{2},\dfrac{n+3}{2},\dfrac{n-1}{2},$

$\dfrac{n+4}{2}$ 可得

$$2^n\Gamma\left(\frac{n+1}{2}\right)\Gamma\left(\frac{n+2}{2}\right)=\pi^{\frac{1}{2}}n!$$

$$2^{n+2}\Gamma\left(\frac{n+3}{2}\right)\Gamma\left(\frac{n+4}{2}\right)=\pi^{\frac{1}{2}}(n+2)!$$

$$2^{n-2}\Gamma\left(\frac{n+1}{2}\right)\Gamma\left(\frac{n}{2}\right)=\pi^{\frac{1}{2}}(n-1)!$$

$$2^{n+3}\Gamma\left(\frac{n+4}{2}\right)\Gamma\left(\frac{n+5}{2}\right)=\pi^{\frac{1}{2}}(n+3)!$$

通过计算有

$$\frac{\Omega_n^4}{\Omega_{n-3}\Omega_{n-1}\Omega_{n+1}\Omega_{n+3}}=$$

$$\frac{\Gamma\left(\frac{n-1}{2}\right)\Gamma\left(\frac{n+2}{2}\right)\Gamma\left(\frac{n+3}{2}\right)\Gamma\left(\frac{n+5}{2}\right)}{\left(\Gamma\left(\frac{n+2}{2}\right)\right)^4}=$$

$$\frac{\pi^2(n+1)^3(n+3)(n!)^4}{(n-1)2^{4n+2}\left(\Gamma\left(\frac{n+2}{2}\right)\right)^8}$$

其中应用了等式

$$\Gamma\left(\frac{n+4}{2}\right)=\frac{n+2}{2}\Gamma\left(\frac{n+2}{2}\right)$$

与

$$\Gamma\left(\frac{n+2}{2}\right)=\frac{n}{2}\Gamma\left(\frac{n}{2}\right)$$

所以可得

$$\frac{\Omega_n^4}{\Omega_{n-3}\Omega_{n-1}\Omega_{n+1}\Omega_{n+3}}<$$

$$\frac{\pi^2\left(\sqrt{\pi}\left(\frac{n}{e}\right)^n\sqrt{2n+\beta}\right)^4(n+1)^2(n+3)}{2^{4n+2}\left(\sqrt{\pi}\left(\frac{n}{2e}\right)^{\frac{n}{2}}\sqrt{n+\frac{1}{3}}\right)^8(n-1)}=$$

$$\frac{(n+1)^2(n+3)(2n+\beta)^2}{4(n-1)\left(n+\frac{1}{3}\right)^4}$$

$$\frac{\Omega_n^4}{\Omega_{n-3}\Omega_{n-1}\Omega_{n+1}\Omega_{n+3}}>\frac{(n+1)^2(n+3)\left(2n+\frac{1}{3}\right)^2}{4(n-1)(n+\beta)^4}$$

证毕.

注 由引理 6,易得

172

$$\Gamma\left(\frac{n-1}{2}\right)\Gamma\left(\frac{n+1}{2}\right)\Gamma\left(\frac{n+3}{2}\right)\Gamma\left(\frac{n+5}{2}\right) \geqslant$$

$$\left[\Gamma\left[\frac{\left(\frac{n-1}{2}\right)+\left(\frac{n+1}{2}\right)+\left(\frac{n+3}{2}\right)+\left(\frac{n+5}{2}\right)}{4}\right]\right]^{4} =$$

$$\left(\Gamma\left(\frac{n+1}{2}\right)\right)^{4}$$

和

$$\frac{\Omega_{n}^{4}}{\Omega_{n-3}\Omega_{n-1}\Omega_{n+1}\Omega_{n+3}} \geqslant \frac{\left(\Gamma\left(\frac{n+2}{2}\right)\right)^{4}}{\left(\Gamma\left(\frac{n+2}{2}\right)\right)^{4}} = 1$$

类比的,注意到式

$$\frac{\Omega_{n}^{3}}{\Omega_{n-3}\Omega_{n+1}\Omega_{n+3}} = \frac{(n+1)^{2}(n+3)(n!)^{3}}{2^{3n+3}\left(\Gamma\left(\frac{n+2}{2}\right)\right)^{6}}$$

$$(n+1)\Omega_{n+1} - \Omega_{n-1} = \left(2-\frac{1}{\pi}\right)\frac{\pi^{\frac{n}{2}}2^{n}\Gamma\left(\frac{n+2}{2}\right)}{n!}$$

并完全类比定理 $11-13$ 的证明,可得如下结果.

定理 14　对整数 $n \geqslant 3$,有

$$\frac{(n+1)^{2}(n+3)\left(\sqrt{2n+\frac{1}{3}}\right)^{3}}{8(\sqrt{\pi})^{3}(n+\beta)^{3}} <$$

$$\frac{\Omega_{n}^{3}}{\Omega_{n-3}\Omega_{n+1}\Omega_{n+3}} <$$

$$\frac{(n+1)^{2}(n+3)(\sqrt{2n+\beta})^{3}}{8(\sqrt{\pi})^{3}\left(n+\frac{1}{3}\right)^{3}}$$

与

173

$$\left(2 - \frac{1}{\pi}\right) \frac{\sqrt{n + \dfrac{1}{3}}}{\sqrt{2n + \beta}} \left(\frac{2\pi e}{n}\right)^{\frac{n}{2}} <$$

$$(n+1)\Omega_{n+1} - \Omega_{n-1} <$$

$$\left(2 - \frac{1}{\pi}\right) \frac{\sqrt{n + \beta}}{\sqrt{2n + \dfrac{1}{3}}} \left(\frac{2\pi e}{n}\right)^{\frac{n}{2}}$$

这个课题的最新进展,可参考文献[21].

参考文献

[1] ALZER H. Inequalities for the volume of the unit ball in **R**^{n}[J]. J. Math. Anal. Appl. ,2000(252):353-363.

[2] ABRAMOVITZ M,STEGUN I A. Handbook of mathematical functions[M]. NBS,1964.

[3] ANDERSON G D,QIU S L. A monotonicity property of the gamma function [J]. Proc. Amer. Math. Soc. ,1997 (125): 3355-3362.

[4] ANDERSON G D,VAMANAMURTHY M K,VUORINEN M. Special functions of quasiconformal theory[J]. Expo. Math. ,1989(7):97-136.

[5] BÖNM J,HERTEL E. Polyedergeometrie in n-dimensionalen Raumen konstanter Krümmung[M]. Basel :Birkhäuser,1981.

[6] GUO B N,QI F. A class of completely monotonic functions involving devided differences of the psi and tri-gamma functions and some applications[J/OL]. J. Korean Math. soc. ,2011,48(3):655-667. http://dx. doi. org/10. 4134/JKMS. 2011. 48. 3. 655.

［7］GUO B N,QI F. Monotonicity and logarithmic convexity relating to the volume of the unit ball［J/OL］. Optim. Lett. ,2012(6),in press. http://dx. doi. org/ 10. 1007/ s11590-012-0488-2.

［8］GUO B N,QI F. Monotonicity of functions connected with the gamma function and the volume of the unit ball［J/OL］. Integral Transforms Spec. Funct. ,2012,23(9):701-708. http:// dx. doi. org/10. 1080/10652469. 2011. 627511.

［9］KLAIN D A,ROTA G C. A continuous analogue of Sperner's theorem［J］. Commun. Pure Appl. Math. ,1997(50):205-223.

［10］MITRINOVIC D S. Analytic inequalities［M］. New York: Springer-verlag,1970.

［11］MORTICI C. Monotonicity property of the volume of the unit ball in $\mathbf{R}^n$［J］. Optim. Lett. ,2010(4):457-464.

［12］MORTICI C. On Gosper formula for the gamma function［J］. J. Math. Inequal. ,2011,5(4):611-614.

［13］QI F,WEI C F,GUO B N. Complete monotonicity of a function involving the ratio of gamma functions and applications［J］. Banach J. Math. Anal. ,2012,6(1):35-44.

［14］QIU S L,VUORINEN M. Some properties of the gamma and psi functionswith applications［J］. Math. Comput. , 2004(74):723-742.

［15］ZHAO J L,GUO B N,QI F. A refinement of a double inequality for the gamma functions［J/OL］. Publ. Math. Debrecen,2012,80(3-4):333-342. http://dx. doi. org/10. 5486/PMD. 2012. 5010.

［16］ALZER H. Inequalities for the harmotic numbers［J］. Math. Z. ,2011,267:367-384.

［17］华东师范大学数学系. 数学分析:下册［M］. 北京:高等教育出版社,2002.

［18］YIN L. Several inequalities for the volume of the unit ball in $\mathbf{R}^n$［J］. Bulletin of the Malaysian Mathematical Sciences

Society,2014,37(4):1177-1183.

［19］YIN L. Several inequalities for the volume of the unit ball[J]. J. Classical Anal. ,2015,6(1):39-46.

［20］尹枑,窦向凯.涉及单位球体积与调和数的一些单调性质与不等式[J].滨州学院学报,2013,29(3):78-81.

［21］CHEN C P,LIN L. Inequalities for the volume of the unit ball in $\mathbf{R}^n$[J]. Mediterranean Journal of Mathematics,2014,11(2):299-314.

定积分的计算与估计

定积分的计算是数学分析中非常重要的课题,同时也是比较复杂的问题.计算定积分虽然方法多种多样,但是很多积分却无法求解.由于定积分的应用范围非常广泛,很多问题都归结为定积分的计算.本章主要讨论一些有趣的且有重要应用的积分.

第一节　Dirichlet 积分的几种证明

1. Dirichlet 积分的几种证明

众所周知,在有阻尼振动的讨论中,常常需要计算广义积分 $\int_0^{+\infty} \dfrac{\sin x}{x} \mathrm{d}x$,对于广义积分的研究应首先着眼于它的收敛性,这是一个基本的问题.求一些特殊积分的数值也是人们比较关注的问题,

第五章

同时也是非常重要的. 本节就是探讨 Dirichlet 积分

$$\int_0^{+\infty} \frac{\sin x}{x}\mathrm{d}x = \frac{\pi}{2}$$

的几个证明方法.

对于积分

$$\int_0^{+\infty} \frac{\sin x}{x}\mathrm{d}x = \int_0^1 \frac{\sin x}{x}\mathrm{d}x + \int_1^{+\infty} \frac{\sin x}{x}\mathrm{d}x$$

因为对瑕积分$\int_0^1 \frac{\sin x}{x}\mathrm{d}x$ 来说,由 Cauchy 判别法易知其收敛;而对于无穷积分$\int_1^{+\infty} \frac{\sin x}{x}\mathrm{d}x$ 来讲,由 Dilichlet 判别法可知其也收敛,所以积分$\int_0^{+\infty} \frac{\sin x}{x}\mathrm{d}x$ 是收敛的,下面来讨论它的几种解法.

(1) 利用积分号下积分法[1]

考虑积分

$$I = \int_0^{+\infty} \mathrm{e}^{-px} \frac{\sin bx - \sin ax}{x}\mathrm{d}x \quad (p > 0, b > a)$$

因为

$$I = \int_0^{+\infty} \mathrm{e}^{-px} \frac{\sin bx - \sin ax}{x}\mathrm{d}x \quad (p > 0, b > a)$$

$$\int_0^{+\infty} \mathrm{e}^{-px} \left(\int_a^b \cos xy\,\mathrm{d}y\right) \mathrm{d}x = \int_0^{+\infty} \mathrm{d}x \int_a^b \mathrm{e}^{-px} \cos xy\,\mathrm{d}y$$

由于 $\mid \mathrm{e}^{-px}\cos xy \mid \leqslant \mathrm{e}^{-px}$ 及反常积分$\int_0^{+\infty} \mathrm{e}^{-px}\mathrm{d}x$ 收敛,由 M 判别法,含参变量积分$\int_0^{+\infty} \mathrm{e}^{-px} \cos xy\,\mathrm{d}x$ 在 $[a, b]$ 上一致收敛. 由于 $\mathrm{e}^{-px}\cos xy$ 在$[0, +\infty) \times [a, b]$ 上连续,所以由积分号下积分法可知

$$I = \int_a^b \mathrm{d}y \int_0^{+\infty} \mathrm{e}^{-px} \cos xy \, \mathrm{d}x =$$

$$\int_a^b \frac{p}{p^2 + y^2} \mathrm{d}y =$$

$$\arctan \frac{b}{p} - \arctan \frac{a}{p}$$

令 $b = 0, a = 1$,则有

$$F(p) = \int_0^{+\infty} \mathrm{e}^{-px} \frac{\sin x}{x} \mathrm{d}x = \arctan \frac{1}{p} \quad (p > 0)$$

所以

$$F(0) = \lim_{p \to 0} \arctan \frac{1}{p} = \frac{\pi}{2}$$

（2）利用 Laplace 变换.

利用文献[2]中已知结果

$$L\left[\frac{f(x)}{x}\right] = \int_0^{+\infty} F(p) \mathrm{d}p$$

可知

$$\int_0^{+\infty} \mathrm{e}^{-px} \frac{f(x)}{x} \mathrm{d}x = \int_0^{+\infty} F(p) \mathrm{d}p$$

令 $p \to 0$,则有

$$\int_0^{+\infty} \frac{f(x)}{x} \mathrm{d}x = \int_0^{+\infty} F(p) \mathrm{d}p$$

而

$$L[\sin x] = \frac{1}{p^2 + 1}$$

所以

$$\int_0^{+\infty} \frac{\sin x}{x} \mathrm{d}x = \int_0^{+\infty} \frac{1}{p^2 + 1} \mathrm{d}p = \arctan p \Big|_0^{+\infty} = \frac{\pi}{2}$$

（3）利用复变函数论中的留数方法[3]

因为 $\dfrac{\sin x}{x}$ 为偶函数,所以

$$\int_0^{+\infty} \frac{\sin x}{x} \mathrm{d}x = \frac{1}{2} \int_{-\infty}^{+\infty} \frac{\sin x}{x} \mathrm{d}x$$

考虑积分

$$\int_{-\infty}^{+\infty} \frac{\mathrm{e}^{\mathrm{i}x}}{x} \mathrm{d}x$$

其中 $f(z) = \dfrac{1}{2}$ 在 $z = 0$ 处有单极点，所以

$$\int_{-\infty}^{+\infty} \frac{\mathrm{e}^{\mathrm{i}x}}{x} \mathrm{d}x = \pi \mathrm{i}\,\mathrm{Re}\,s\left(\frac{\mathrm{e}^{\mathrm{i}z}}{2}, 0\right) = \pi \mathrm{i}\mathrm{e}^{\mathrm{i}0} = \pi \mathrm{i}$$

取上式的虚部可得

$$\int_{-\infty}^{+\infty} \frac{\sin x}{x} \mathrm{d}x = \pi$$

所以

$$\int_0^{+\infty} \frac{\sin x}{x} \mathrm{d}x = \frac{\pi}{2}$$

（4）利用 Riemann—Lesbesgue 定理

因为

$$\frac{1}{2} + \cos x + \cos 2x + \cdots + \cos nx =$$

$$\frac{\sin\left(n + \dfrac{1}{2}\right)}{2\sin \dfrac{x}{2}}$$

两边在区间 $[0, \pi]$ 上积分有

$$\int_0^{\pi} \frac{\sin\left(n + \dfrac{1}{2}\right)}{2\sin \dfrac{x}{2}} \mathrm{d}x = \frac{\pi}{2} \quad (n = 0, 1, \cdots)$$

令

$$g(x) = \frac{1}{x} - \frac{1}{2\sin \dfrac{x}{2}} = \frac{2\sin \dfrac{x}{2} - x}{2x\sin \dfrac{x}{2}} \quad (0 < x < \pi)$$

180

显然 $g(x) \in C(0, 2\pi]$，对上式应用两次 l'Hopital 法则有 $\lim\limits_{x \to 0} g(x) = 0$，从而令 $g(0) = 0$，所以 $g(x) \in C[0,$ $2\pi]$，由 Riemann—Lesbesgue 定理可得

$$\lim_{n \to \infty} \int_0^\pi \left[\frac{1}{x} - \frac{1}{2\sin\frac{x}{2}} \right] \sin\left(n + \frac{1}{2} \right) \mathrm{d}x = 0$$

从而

$$\lim_{n \to \infty} \int_0^\pi \frac{\sin\left(n + \frac{1}{2} \right)}{x} \mathrm{d}x = \frac{\pi}{2}$$

再利用代换 $u = \left(n + \dfrac{1}{2} \right) x$，则有

$$\lim_{n \to \infty} \int_0^{n+\frac{1}{2}} \frac{\sin u}{u} \mathrm{d}u = \frac{\pi}{2}$$

所以

$$\int_0^{+\infty} \frac{\sin x}{x} \mathrm{d}x = \frac{\pi}{2}$$

(5) N. I. Lobatscheuski 的方法

我们需要先证明公式

$$\frac{1}{\sin t} = \frac{1}{t} + \sum_{n=1}^{+\infty} (-1)^n \left(\frac{1}{t - n\pi} + \frac{1}{t + n\pi} \right)$$

(事实上

$$\frac{1}{\pi} \int_0^\pi \cos ax \, \mathrm{d}x = \frac{\sin a\pi}{a\pi}$$

且对 $n > 0$ 时有

$$\frac{1}{\pi} \int_0^\pi (\cos(a+n)x - \cos(a-n)x) \mathrm{d}x =$$

$$(-1)^n \frac{2a}{a^2 - n^2} \frac{\sin a\pi}{\pi}$$

而对于 $-\pi < x < \pi$ 时

$$\frac{\pi}{2}\frac{\cos ax}{\sin a\pi}=\frac{1}{2a}+\sum_{n=1}^{+\infty}(-1)^{n}\frac{a\cos nx}{a^{2}-n^{2}}$$

令 $x=0$ 时,有

$$\frac{1}{\sin a\pi}=\frac{1}{a\pi}+\sum_{n=1}^{+\infty}(-1)^{n}\frac{2t}{(a\pi)^{2}-(n\pi)^{2}}$$

令 $t=a\pi$ 即知得公式成立.）又因为

$$I=\int_{0}^{+\infty}\frac{\sin x}{x}\mathrm{d}x=\sum_{k=0}^{+\infty}\int_{\frac{k\pi}{2}}^{\frac{(k+1)\pi}{2}}\frac{\sin x}{x}\mathrm{d}x$$

对于 $k=2m$,做变换 $x=m\pi+t$;对 $k=2m+1$,做变换 $x=m\pi-t$,则有

$$\int_{2m\frac{\pi}{2}}^{(2m+1)\frac{\pi}{2}}\frac{\sin x}{x}\mathrm{d}x=(-1)^{m}\int_{0}^{\frac{\pi}{2}}\frac{\sin t}{m\pi+t}\mathrm{d}t$$

$$\int_{(2m-1)\frac{\pi}{2}}^{2m\frac{\pi}{2}}\frac{\sin x}{x}\mathrm{d}x=(-1)^{m-1}\int_{0}^{\frac{\pi}{2}}\frac{\sin t}{m\pi-t}\mathrm{d}t$$

所以

$$I=\int_{0}^{\frac{\pi}{2}}\frac{\sin t}{t}\mathrm{d}t+$$

$$\sum_{n=1}^{+\infty}\int_{0}^{\frac{\pi}{2}}(-1)^{m}\left(\frac{1}{t-m\pi}+\frac{1}{t+m\pi}\right)\sin t\mathrm{d}t$$

但级数

$$\sum_{n=1}^{+\infty}(-1)^{m}\left(\frac{1}{t-m\pi}+\frac{1}{t+m\pi}\right)\sin t$$

在 $0\leqslant t\leqslant\pi$ 时一致收敛（事实上,此级数的优级数 $\frac{1}{\pi}\sum_{m=1}^{+\infty}\frac{1}{m^{2}-\frac{1}{4}}$ 为收敛的）.

所以,由前面的公式可知

$$I = \int_0^{\frac{\pi}{2}} \left(\frac{1}{t} + \sum_{m=1}^{+\infty} (-1)^m \left(\frac{1}{t-m\pi} + \frac{1}{t+m\pi} \right) \right) \mathrm{d}t =$$

$$\int_0^{\frac{\pi}{2}} \sin t \, \frac{1}{\sin t} \mathrm{d}t = \int_0^{\frac{\pi}{2}} 1 \mathrm{d}t = \frac{\pi}{2}$$

第二节　定积分的计算

　　定积分的计算是数学分析中的一个重要方面,其计算方法也多种多样. 有的需要计算精确值,当不能计算精确值时,把积分表示成一些级数的形式往往是一种好的选择. 本节主要讨论几种重要的定积分的计算方法.

1. 分数次积分

　　分数次积分是一类非常重要且有趣的积分,它的计算往往联系着数学分析中的一些重要常数,如 e,π,Euler 常数 $\gamma = \lim\limits_{n \to +\infty} \left(1 + \frac{1}{2} + \cdots + \frac{1}{n} - \ln n \right)$. 下面令 $[x]$ 表示数 x 的整数部分,$\{x\}$ 表示数 x 的小数部分,显然有 $\{x\} = x - [x]$. 解决这类问题最常用的方法是变量替换.

　　例 1　计算 $\int_0^{+\infty} \left(\frac{1}{\{x\}} - \frac{1}{x} \right) \mathrm{d}x$.

　　解　由于

$$\int_1^{n+1} \frac{1}{\{x\}} \mathrm{d}x = \sum_{k=1}^n \int_k^{k+1} \frac{1}{\{x\}} \mathrm{d}x =$$

$$\sum_{k=1}^n \int_k^{k+1} \frac{1}{k} \mathrm{d}x = \sum_{k=1}^n \frac{1}{k}$$

所以

$$\int_1^{n+1}\left(\frac{1}{\{x\}}-\frac{1}{x}\right)\mathrm{d}x=$$

$$1+\frac{1}{2}+\cdots+\frac{1}{n}-\ln(n+1)$$

令 $n\to+\infty$,可得

$$\int_1^{+\infty}\left(\frac{1}{\{x\}}-\frac{1}{x}\right)\mathrm{d}x=$$

$$\lim_{n\to+\infty}\left(\sum_{k=1}^{n}\frac{1}{k}-\ln n\right)-\lim_{n\to+\infty}\ln\left(1+\frac{1}{n}\right)=\gamma$$

注 这里

$$\gamma=\lim_{n\to+\infty}(H_n-\ln n)$$

其中

$$H_n=1+\frac{1}{2}+\cdots+\frac{1}{n}$$

为 n 次调和数,本题给出了 γ 的一个积分表示法.

例 2 计算 $\int_0^1\left\{\frac{k}{x}\right\}\mathrm{d}x$,这里 $k\geqslant 1$ 为整数.

解 做代换 $\frac{k}{x}=t$,则

$$\int_0^1\left\{\frac{k}{x}\right\}\mathrm{d}x=k\int_k^\infty\frac{\{t\}^2}{t^2}\mathrm{d}t=$$

$$k\sum_{l=k}^{+\infty}\left(2-2l\ln\frac{l+1}{l}-\frac{1}{l+1}\right)$$

令

$$s_n=\sum_{l=k}^{n}\left(2-2l\ln\frac{l+1}{l}-\frac{1}{l+1}\right)=$$

$$2(n-k+1)-\left(\frac{1}{k+1}+\frac{1}{k+2}+\cdots+\frac{1}{n+1}\right)-$$

$$2n\ln(n+1)+2k\ln k+2\ln n!-2\ln k!$$

应用 Stirling 公式

$$2\ln n! \sim \ln(2\pi) + (2n+1)\ln n - 2n$$

则

$$\lim_{n \to 0} s_n = \ln(2\pi) - \gamma + H_k + 2k\ln k - 2k - 2\ln k!$$

即证.

注　特别的,当 $k=1$ 时,得到

$$\int_0^1 \left\{ \frac{1}{x} \right\}^2 \mathrm{d}x = \ln(2\pi) - \gamma - 1$$

例 3　设 n,k 为正整数,证明

$$\int_0^1 (x - x^2)^k \{nx\} \mathrm{d}x = \frac{(k!)^2}{2(2k+1)!}$$

证明　当 $y \in [0,1]$,且去掉点 $\frac{1}{n}, \frac{2}{n}, \cdots, \frac{n-1}{n}$,

1 时,成立 $\{n(1-y)\} = 1 - \{ny\}$. 做代换 $x = 1 - y$,
则有

$$I = \int_0^1 (x - x^2)^k \{nx\} \mathrm{d}x =$$

$$\int_0^1 (y - y^2)^k \{n(1-y)\} \mathrm{d}y =$$

$$\int_0^1 (y - y^2)^k (1 - \{ny\}) \mathrm{d}y =$$

$$\int_0^1 y^k (1-y)^k \mathrm{d}y - I =$$

$$\frac{(k!)^2}{(2k+1)!} - I$$

移项,整理可得结果.

注　组合学中的 Catalan 数 $c_n = \frac{1}{n+1}\binom{2n}{n}$ 是一

类非常重要的数,在很多学科中有广泛的应用. 这里
利用例 3 的结果,我们容易给出 Catalan 数倒数的一种
分数次积分形式

185

$$\frac{1}{c_k} = \frac{2(2k+1)}{k+1} \int_0^1 (x-x^2)^k \{nx\} \, dx$$

到目前为止,Catalan 数的积分表示形式并不多,有理由相信 Catalan 数还有很多优美的分数次积分形式等待去发现.

例 4 计算 $\int_0^1 \left\{\dfrac{1}{x}\right\} \left\{\dfrac{1}{1-x}\right\} dx$.

解 做代换 $x = \dfrac{1}{t}$,则有

$$I = \int_0^1 \left\{\frac{1}{x}\right\} \left\{\frac{1}{1-x}\right\} dx = \int_1^{+\infty} \frac{\{t\}}{t^2} \left\{\frac{t}{t-1}\right\} dt =$$

$$\int_1^2 \frac{\{t\}}{t^2} \left\{\frac{t}{t-1}\right\} dt + \sum_{k=2}^{+\infty} \int_k^{k+1} \frac{t-k}{t^2} \left\{\frac{t}{t-1}\right\} dt =$$

$$I_1 + I_2$$

对于 I_1,做代换 $t = u+1$,则

$$I_1 = \int_0^1 \frac{u}{(u+1)^2} \left\{\frac{u+1}{u}\right\} du =$$

$$\int_0^1 \frac{u}{(u+1)^2} \left\{\frac{1}{u}\right\} du =$$

$$\int_1^{+\infty} \frac{\{t\}}{t(t+1)^2} dt = \sum_{k=1}^{+\infty} \int_k^{k+1} \frac{t-k}{t(1+t)^2} dt =$$

$$\sum_{k=1}^{+\infty} \left(k\ln\frac{k}{k+1} + k\ln\frac{k+2}{k+1} + \frac{1}{k+2}\right)$$

对 I_2 做代换,易知

$$I_2 = \sum_{k=2}^{+\infty} \int_k^{k+1} \frac{t-k}{t^2} \left(\frac{t}{t-1} - 1\right) dt =$$

$$\sum_{k=1}^{+\infty} \left(k\ln\frac{k}{k+1} + k\ln\frac{k+2}{k+1} + \frac{1}{k+2}\right)$$

所以

$$I = 2\sum_{k=1}^{+\infty}\left(k\ln\frac{k}{k+1} + k\ln\frac{k+2}{k+1} + \frac{1}{k+2}\right) =$$

$$2\lim_{n\to\infty}\sum_{k=1}^{+\infty}\left(k\ln\frac{k}{k+1} + k\ln\frac{k+2}{k+1} + \frac{1}{k+2}\right) =$$

$$2\lim_{n\to\infty}\sum_{k=1}^{+\infty}\left(n\ln\frac{n+2}{n+1} - \ln(n+1) + \frac{1}{3} + \right.$$

$$\left.\frac{1}{4} + \cdots + \frac{1}{n+2}\right) =$$

$$2\gamma - 1$$

由例 4 的结果,容易证明下面的例 5,兹不赘述.

例 5　证明 $\int_0^1\left\{\dfrac{1}{x} - \dfrac{1}{1-x}\right\}\left\{\dfrac{1}{x}\right\}\left\{\dfrac{1}{1-x}\right\}\mathrm{d}x =$

$\gamma - \dfrac{1}{2}.$

下面介绍分数次二重积分的计算:

例 6　证明 $\displaystyle\int_0^1\int_0^1\left\{\dfrac{x}{y}\right\}\mathrm{d}x\mathrm{d}y = \dfrac{3}{4} - \dfrac{\gamma}{2}.$

证明　做代换 $\dfrac{x}{y} = t$,则有

$$I = \int_0^1\left(\int_0^1\left\{\frac{x}{y}\right\}\mathrm{d}y\right)\mathrm{d}x = \int_0^1 x\left(\int_x^{+\infty}\frac{\{t\}}{t^2}\mathrm{d}t\right)\mathrm{d}x$$

利用分部积分,取 $f(x) = \displaystyle\int_x^{+\infty}\frac{\{t\}}{t^2}\mathrm{d}t, g'(x) = x$,则有

$$I = \frac{1}{2}\int_1^{+\infty}\frac{\{t\}}{t^2}\mathrm{d}t + \frac{1}{2}\int_0^1 x^k\mathrm{d}x = \frac{3}{4} - \frac{\gamma}{2}$$

注　相对于例 6,我们有更一般的形式.设 m, n 为正整数且 $m \leqslant n$,则

$$\int_0^1\int_0^1\left\{\frac{mx}{ny}\right\}\mathrm{d}x\mathrm{d}y = \frac{m}{2n}\left(\ln\frac{n}{m} + \frac{3}{2} - \gamma\right)$$

此问题证明类似于例 6,这里我们省略细节.

187

值得注意的是,最近有学者将这些积分的计算与 Remann-zeta 函数联系了起来. 例如,有下面著名的结果:设 $k \geqslant 1$ 为整数,则

$$\int_0^1 \int_0^1 \left\{ \frac{x}{y} \right\}^k \left(\frac{y}{x} \right)^k \mathrm{d}x \mathrm{d}y =$$

$$1 - \frac{\zeta(2) + \zeta(3) + \cdots + \zeta(k+1)}{2(k+1)}$$

对此读者可以查阅文末的文献[4].

2. 联系着广义调和数的一个对数积分

由于积分计算的复杂性,我们无法得到某些定积分的精确值,这时,将其表示为一些级数形式或者用某些特殊函数来表示就具有重要的意义. 下面我们选取几类很有价值的积分进行探讨.

定义 $H_n^{(r)} = \sum_{k=1}^n \frac{1}{k^r} = 1 + \frac{1}{2^r} + \frac{1}{3^r} + \cdots + \frac{1}{n^r}$ 为 n 次广义调和数,显然 $H_n^{(r)} = H_n$. 广义调和数往往联系着 zeta 函数值的计算,比如 Valean 利用一个特殊的对数积分证明了

$$\sum_{n=1}^{+\infty} \frac{H_n^{(2)}}{n^3} = \frac{7}{2} \zeta(5) - \zeta(2)\zeta(3)$$

随后 Dutta 又证明了优美的结果

$$\sum_{n=1}^{+\infty} \left(\frac{H_n}{n} \right)^3 = \frac{93}{16} \zeta(6) - \frac{5}{2} (\zeta(3))^2$$

恰恰这些不等式的研究又与某些对数积分有关,相关资料可看文献[5-6].

笔者在文[7]中研究了形如

$$I_{m,n} = \int_0^1 x^{n-1} \ln^m (1-x) \mathrm{d}x$$

的积分. 得到了下面的结果.

定理 1　设 m, n 为正整数,则下面的等式成立.

$(1) I_{n,m} = (-1)^m m! \sum_{k=0}^{n-1} \binom{n-1}{k} \frac{(-1)^k}{(k+1)^{m+1}}$;

$(2) I_{n,m} = \frac{(-1)^{m+1} m!}{n} \sum_{k=1}^{n} \binom{n}{k} \frac{(-1)^k}{k^m}$;

$(3) \ I_{n,m} = \frac{(-1)^{m+1} m!}{n} \cdot$

$$\sum_{1 m_1 + 2 m_2 + 3 m_3 + \cdots} \cdot$$

$$\frac{1}{m_1! \ m_2! \ m_3! \ \cdots} \left(\frac{H_n^{(1)}}{1} \right)^{m_1} \left(\frac{H_n^{(2)}}{2} \right)^{m_2} \cdot$$

$$\left(\frac{H_n^{(3)}}{3} \right)^{m_3} \cdots$$

证明　(1) 做代换 $1 - x = t$,并利用二项式定理,可得

$$I_{m,n} = \int_0^1 x^{n-1} \ln^m (1-x) \mathrm{d}x =$$

$$\int_0^1 (1-t)^{n-1} \ln^m t \, \mathrm{d}t =$$

$$\int_0^1 \sum_{k=0}^{n-1} \binom{n-1}{k} (-t)^k \ln^m t \, \mathrm{d}t =$$

$$\sum_{k=0}^{n-1} (-1)^k \binom{n-1}{k} \int_0^1 t^k \ln^m t \, \mathrm{d}t$$

定义 $J_{k,m} = \int_0^1 t^k \ln^m t \, \mathrm{d}t$,又由分部积分公式

$$J_{k,m} = \frac{1}{k+1} \int_0^1 \ln^m t \, \mathrm{d}t^{m+1} = J_{k,m-1}$$

递推可得 $J_{k,m} = (-1)^m \frac{m!}{(k+1)^{m+1}}$.联合上述各式,得到(1).

（2）由分部积分易得

$$\int_0^1 \frac{1-(1-t)^n}{t}\ln^{m-1}t\,\mathrm{d}t = \frac{1}{m}\int_0^1 (1-(1-t)^n)\,\mathrm{d}\ln^m t =$$

$$-\frac{n}{m}\int_0^1 (1-t)^{n-1}\ln^m t\,\mathrm{d}t$$

所以

$$I_{n,m}=\int_0^1 (1-t)^{n-1}\ln^m t\,\mathrm{d}t =$$

$$-\frac{n}{m}\int_0^1 \frac{1-(1-t)^n}{t}\ln^{m-1}t\,\mathrm{d}t$$

再由初等计算和二项式定理可得

$$\int_0^1 \frac{1-(1-t)^n}{t}\ln^{m-1}t\,\mathrm{d}t =$$

$$\int_0^1 \frac{1-\sum_{k=0}^n \binom{n}{k}(-t)^k}{t}\ln^{m-1}t\,\mathrm{d}t =$$

$$\sum_{k=0}^n \binom{n}{k}(-1)^k \int_0^1 t^{k-1}\ln^{m-1}t\,\mathrm{d}t =$$

$$\sum_{k=0}^n \binom{n}{k}(-1)^{k+m}\frac{(m-1)!}{k^m}$$

（3）应用已知公式（见文献[7]）

$$\sum_{k=1}^n \binom{n}{k}\frac{(-1)^k}{k^m} =$$

$$-\sum_{1m_1+2m_2+3m_3+\cdots}\frac{1}{m_1!\ m_2!\ m_3!\ \cdots}\cdot$$

$$\left(\frac{H_n^{(1)}}{1}\right)^{m_1}\left(\frac{H_n^{(2)}}{2}\right)^{m_2}\left(\frac{H_n^{(3)}}{3}\right)^{m_3}\cdots$$

在上述定理 1 的（3）中令 $m=1,2,3$，可得如下推论：

推论 1　设 $n>1$ 为整数，则下列式子成立：

$(1) I_{n,1} = \int_0^1 x^{n-1} \ln(1-x) \mathrm{d}x = -\dfrac{H_n}{n};$

$(2) I_{n,2} = \int_0^1 x^{n-1} \ln^2(1-x) \mathrm{d}x = \dfrac{H_n^{(2)}}{n} + \dfrac{(H_n)^2}{n};$

$(3) I_{n,3} = \int_0^1 x^{n-1} \ln^3(1-x) \mathrm{d}x =$

$\qquad -\left(\dfrac{H_n^{(3)} + 3H_n(H_n)^2 + 2(H_n)^3}{n} \right)$

随后,在此文基础上,Abel[9] 又计算了 n 为负整数的情况. 他的一个重要结果如下:对整数 m 以及 $n = 0,1,2,\cdots,m-1$,有

$$I_{-n,m} = (-1)^m \frac{m!}{n!} \sum_{j=0}^n (-1)^{n-j} s(n,j) \zeta(m+1-j)$$

其中 $\zeta(z) = \sum\limits_{k=1}^{+\infty} k^z$ (Re $z > 1$) 为 Riemann-zeta 函数, $s(n,j)$ 为第一类 Stirling 数. 可参看文献[9]. 以下是 $n = 0,1,2,3,4$ 的计算结果

$I_{0,m} = (-1)^m m! \zeta(m+1)$,当 $m \geqslant 1$

$I_{-1,m} = (-1)^m m! \zeta(m)$,当 $m \geqslant 2$

$I_{-2,m} = (-1)^m \dfrac{m!}{2}(\zeta(m-1) + \zeta(m))$,当 $m \geqslant 3$

$I_{-3,m} = (-1)^m \dfrac{m!}{6}(\zeta(m-2) + 3\zeta(m-1) + 2\zeta(m))$,当 $m \geqslant 4$

$I_{-4,m} = (-1)^m \dfrac{m!}{24}(\zeta(m-3) + 6\zeta(m-2) + 11\zeta(m-1) + 6\zeta(m))$,当 $m \geqslant 5$

此外,Abel 还考虑了 n 为分数的情况,他计算了如下结果

$I_{\frac{1}{2},1} = -4 + \log 16$

$$I_{\frac{1}{2},2} = -\frac{2}{3}\pi^2 + 16 - 16\log 2 + 2\log^2 4$$

$$I_{\frac{1}{3},1} = \frac{\sqrt{3}\,\pi + 9\log 3}{2} - 9$$

$$I_{\frac{1}{4},1} = 2\pi + 12\log 2 - 16$$

$$I_{\frac{1}{5},1} = \frac{\pi}{2}\sqrt{5(5+2\sqrt{5})} + \frac{25}{4}\log 5 - 16 +$$

$$\frac{5}{2}\sqrt{5}\,\mathrm{arcoth}\sqrt{5} - 25$$

但是一般情况下的表达式直到现在仍是未知的.

3. 关于 Furdui 的一个积分

2017 年,Furdui 在 Jozsef widt 国际数学竞赛中提出了如下的积分 W11:计算 $I = \int_0^{\frac{\pi}{2}} \dfrac{\sin x}{(1+\sqrt{\sin 2x})^2}\mathrm{d}x$. 受此问题的启发,笔者讨论了 I 以及相关的积分计算(文[10])

$$J = \int_0^{\frac{\pi}{2}} \frac{\cos x}{(1+\sqrt{\sin 2x})^2}\mathrm{d}x$$

$$M = \int_{-\frac{\pi}{4}}^{\frac{\pi}{4}} \frac{\sin x}{(1+\sqrt{\cos 2x})^2}\mathrm{d}x$$

$$N = \int_{-\frac{\pi}{4}}^{\frac{\pi}{4}} \frac{\cos x}{(1+\sqrt{\cos 2x})^2}\mathrm{d}x$$

笔者发现积分 J,M,N 都可以归结为 I 的计算,我们给出积分 I 的几个定理.

定理 3 $I = \displaystyle\sum_{n=0}^{+\infty} \frac{T_n}{(2n+1)4^{n+1}}$,其中

$$T_n = \frac{2 \cdot 6 \cdot 10 \cdot \cdots \cdot (4n-10)}{3 \cdot 4 \cdot 5 \cdot \cdots \cdot (n-1)}$$

证明 由于

$$I = \frac{I+J}{2} = \sqrt{2} \int_0^{\frac{\pi}{4}} \frac{\cos u}{(1+\sqrt{\cos 2u})^2} du =$$

$$\sqrt{2} \int_0^{\frac{\pi}{4}} \frac{\cos u}{1 + 2\sqrt{\cos 2u} + \cos 2u} du =$$

$$\sqrt{2} \int_0^{\frac{\pi}{4}} \frac{\cos u}{2 - 2\sin^2 u + 2\sqrt{1-\sin^2 u}} du$$

做代换 $t = \sin u$，可得

$$I = \frac{\sqrt{2}}{2} \int_0^{\frac{\sqrt{2}}{2}} \frac{dt}{1 - t^2 + \sqrt{1 - 2t^2}}$$

应用公式[11]

$$\frac{1 - 2x - \sqrt{1-4x}}{2x} = \sum_{n=0}^{+\infty} T_n x^n$$

则有

$$\frac{2}{1 - 2x + \sqrt{1-4x}} = \sum_{n=0}^{+\infty} T_n x^n$$

所以

$$\frac{1}{1 - t^2 + \sqrt{1-2t^2}} = \sum_{n=0}^{+\infty} \frac{T_n}{2^{n+1}} t^{2n}$$

进而

$$I = \frac{\sqrt{2}}{2} \sum_{n=0}^{+\infty} \frac{T_n}{2^{n+1}} \int_0^{\frac{\sqrt{2}}{2}} t^{2n} dt = \sum_{n=0}^{+\infty} \frac{T_n}{(2n+1)4^{n+1}}$$

证毕.

注　$\{T_n\}$ 最早出现于 1751 年 9 月 4 日 Euler 给 Goldbach 的信中，而 T_n 则紧密联系着 Catalan 数列 c_n 的计算，详细的可看文献[11,12].

定理 4　$I = \dfrac{\pi}{2\Gamma^2\left(\dfrac{3}{4}\right)} \displaystyle\sum_{n=0}^{+\infty} (-1)^n (n+1) \cdot$

193

$$\sum_{k=0}^{+\infty}(-1)^k \begin{pmatrix} \dfrac{n}{4} \\ k \end{pmatrix} \cdot$$

$$\frac{2^{2k+1}}{(4k+3)(3 \cdot 7 \cdot \cdots \cdot (4k-1))^2}$$

证明 由级数展开式

$$\frac{1}{(1+x)^2} = \sum_{n=0}^{+\infty}(-1)^n (n+1)x^n$$

做代换 $2x=t, t=\pi-u$,可得

$$I = \sum_{n=0}^{+\infty}(-1)^n (n+1)\int_0^{\frac{\pi}{2}} \sin x (\sin 2x)^{\frac{n}{2}} \mathrm{d}x =$$

$$\frac{1}{2}\sum_{n=0}^{+\infty}(-1)^n (n+1)\int_0^{\pi} \sin\left(\frac{t}{2}\right)(\sin t)^{\frac{n}{2}} \mathrm{d}t =$$

$$\frac{1}{2}\sum_{n=0}^{+\infty}(-1)^n (n+1)\int_0^{\pi} \cos\left(\frac{u}{2}\right)(1-\cos^2 u)^{\frac{n}{4}} \mathrm{d}u =$$

$$\frac{1}{2}\sum_{n=0}^{+\infty}(-1)^n (n+1)\int_0^{\pi} \cos\left(\frac{u}{2}\right)\sum_{k=0}^{+\infty}(-1)^k \begin{pmatrix} \dfrac{n}{4} \\ k \end{pmatrix} \cos^{2k}u \, \mathrm{d}u =$$

$$\frac{1}{2}\sum_{n=0}^{+\infty}(-1)^n (n+1)\sum_{k=0}^{+\infty}(-1)^k \begin{pmatrix} \dfrac{n}{4} \\ k \end{pmatrix} \int_0^{\pi} \cos\left(\frac{u}{2}\right)\cos^{2k}u \, \mathrm{d}u$$

再利用公式

$$\int_0^{\frac{\pi}{2}} \cos^{p-1}x \cos(bx)\mathrm{d}x =$$

$$\frac{\pi}{2^p}\frac{\Gamma(p)}{\Gamma\left(\dfrac{p+b+1}{2}\right)\Gamma\left(\dfrac{p-b+1}{2}\right)}$$

可得

$$I = \frac{1}{2} \sum_{n=0}^{+\infty} (-1)^n (n+1) \sum_{k=0}^{+\infty} (-1)^k \binom{\frac{n}{4}}{k}$$

$$\frac{\pi}{2^{2k+1}} \frac{\Gamma(2k+1)}{\Gamma\left(k+\frac{5}{4}\right)\Gamma\left(k+\frac{3}{4}\right)} =$$

$$\frac{\pi}{2\Gamma^2\left(\frac{3}{4}\right)} \sum_{n=0}^{+\infty} (-1)^n (n+1) \sum_{k=0}^{+\infty} (-1)^k \binom{\frac{n}{4}}{k}$$

$$\frac{2^{2k+1}}{(4k+3)(3 \cdot 7 \cdots \cdot (4k-1))^2}$$

证毕.

4. Bencze 的两个公开问题

笔者在文[13]中探讨过如下的积分,对 $a \in [0,1]$,计算 $\int_0^a \dfrac{\ln(1-x)\ln^2(a-x)}{x}\mathrm{d}x$ 的表达式,其结果部分解决了文献[14]中提出的公开问题 OQ3612. 先给出如下的几个引理.

引理 1　对 $a \in [0,1]$,下面两个等式成立:

$(1) \displaystyle\int_0^a x^{n-1}\ln(a-x)\mathrm{d}x = -\frac{a^n}{n}H_n + \frac{a^n}{n}\ln a$;

$(2) \displaystyle\int_0^a x^{n-1}\ln^2(a-x)\mathrm{d}x = \frac{2a^n}{n}\sum_{k=0}^{n}\frac{H_k}{k} - \frac{2a^n\ln a}{n} \cdot$

$H_n + \dfrac{a^n}{n}\ln^2 a$;

其中 H_n 为调和数.

证明　经简单的计算可得

$$\int_0^a x^{n-1}\ln(a-x)\mathrm{d}x =$$

$$\int_0^a x^{n-1}\left(\ln a + \int_0^x -\frac{1}{a-y}\mathrm{d}y\right)\mathrm{d}x =$$

$$\int_0^a x^{n-1}\left(\int_0^x -\frac{1}{a-y}\mathrm{d}y\right)\mathrm{d}x + \int_0^a \ln a\, x^{n-1}\mathrm{d}x =$$

$$-\int_0^a \frac{1}{a-y}\left(\int_y^a x^{n-1}\mathrm{d}x\right)\mathrm{d}y + \frac{a^n}{n}\ln a =$$

$$-\frac{1}{n}\int_0^a \frac{a^n - y^n}{a-y}\mathrm{d}y + \frac{a^n}{n}\ln a =$$

$$-\frac{a^n}{n}H_n + \frac{a^n}{n}\ln a$$

和

$$\int_0^a x^{n-1}\ln^2(a-x)\mathrm{d}x =$$

$$\int_0^a x^{n-1}\left(\ln^2 a + \int_0^x -2\,\frac{\ln(a-y)}{a-y}\mathrm{d}y\right)\mathrm{d}x =$$

$$-2\int_0^a \frac{\ln(a-y)}{a-y}\left(\int_y^a x^{n-1}\mathrm{d}x\right)\mathrm{d}y + \frac{a^n}{n}\ln^2 a =$$

$$-\frac{2}{n}\int_0^a \ln(a-y)\,\frac{a^n - y^n}{a-y}\mathrm{d}y + \frac{a^n}{n}\ln^2 a =$$

$$-\frac{2}{n}\int_0^a \ln(a-y)(a^{n-1} + a^{n-2}y + \cdots + y^{n-1})\mathrm{d}y +$$

$$\frac{a^n}{n}\ln^2 a =$$

$$\frac{2a^n}{n}\sum_{k=0}^n \frac{H_k}{k} - \frac{2a^n\ln a}{n}H_n + \frac{a^n}{n}\ln^2 a$$

引理 2 下面的等式成立:

(1) $\displaystyle\sum_{k=0}^{+\infty} \frac{H_k}{k} = \frac{1}{2}(H_n)^2 + \frac{1}{2}\sum_{k=1}^n \frac{1}{k^2}$;

(2) $\displaystyle\sum_{n=1}^{+\infty}\left(\frac{H_n}{n}\right)^2 = \frac{17}{4}\zeta(4)$;

(3) $\displaystyle\sum_{n=1}^{+\infty}\left(\frac{1}{n^2}\sum_{k=0}^{+\infty}\frac{1}{k^2}\right) = \frac{7}{4}\zeta(4)$.

定理 5 对 $a \in (0,1]$, 有

$$\int_0^a \frac{\ln(1-x)\ln^2(a-x)}{x}\mathrm{d}x =$$

$$(2\ln a - 1)\sum_{n=1}^{+\infty}\left(\frac{H_n}{n}\right)^2 a^n -$$

$$\sum_{n=1}^{+\infty}\left(\frac{1}{n^2}\sum_{k=0}^{+\infty}\frac{1}{k^2}\right)a^n - \sum_{n=1}^{+\infty}\frac{a_n}{n^2}\ln^2 a$$

证明 应用引理 1 可得

$$\int_0^a \frac{x^{n-1}}{n}\ln^2(a-x)\mathrm{d}x =$$

$$a^n\left(\left(\frac{H_n}{n}\right)^2 + \frac{1}{n^2}\sum_{k=0}^{n}\frac{1}{k^2}\right) -$$

$$\frac{2a^n\ln a}{n^2}H_n + \frac{a^n}{n^2}\ln^2 a$$

所以

$$\sum_{k=0}^{n}\int_0^a \frac{x^{n-1}}{n}\ln^2(a-x)\mathrm{d}x =$$

$$(1-2\ln a)\sum_{n=1}^{+\infty}\left(\frac{H_n}{n}\right)^2 a_n +$$

$$\sum_{n=1}^{+\infty}\left(\frac{1}{n^2}\sum_{k=0}^{n}\frac{1}{k^2}\right)a^n +$$

$$\sum_{n=1}^{+\infty}\frac{a^n}{n^2}\ln^2 a$$

$$\sum_{k=0}^{n}\int_0^a \frac{x^{n-1}}{n}\ln^2(a-x)\mathrm{d}x =$$

$$-\int_0^a \frac{\ln(1-x)\ln^2(a-x)}{x}\mathrm{d}x$$

如此，容易完成证明.

注 在定理 5 中，令 $a=1$ 且应用引理 2，可得

$$\int_0^1 \frac{\ln(1-x)\ln^2(1-x)}{x}\mathrm{d}x = 6\zeta(4) = \frac{\pi^4}{15}$$

若在上述等式中令 $1-x=t$,则得

$$\int_0^1 \frac{\ln x(1+\ln^2 x)}{1-x}\mathrm{d}x =$$

$$\int_0^1 \frac{\ln(1-t)(1+\ln^2(1-t))}{t}\mathrm{d}t =$$

$$\int_0^1 \frac{\ln(1-t)}{t}\mathrm{d}t + \int_0^1 \frac{1+\ln^2(1-t)}{t}\mathrm{d}t =$$

$$-\frac{\pi^2}{6} - \frac{\pi^4}{15}$$

这给出了 OQ3612 的一个证明.

此外,读者在文[17]中还给出了两类包含三角函数的积分计算问题. 这给出了 Bencze 提出的 OQ4634 的解.

考虑积分

$$I_k(n) = \int_0^\pi \sin^k x \cdot \sin(nx)\mathrm{d}x$$

与

$$J_k(n) = \int_0^\pi \cos^k x \cdot \cos(nx)\mathrm{d}x$$

基于 gamma 函数,我们给出了几种情况的计算如下.

定理 6 若 $\dfrac{k+4a+3}{2}, \dfrac{k-4a+1}{2}, \dfrac{k+4a+5}{2}$ 与

$\dfrac{k-4a-1}{2}$ 不等于 $0, -1, -2, \cdots$,则有

$$I_k(n) = \begin{cases} 0, n = 4a, 4a+2 \\ \dfrac{\pi}{2^k} \dfrac{\Gamma(k+1)}{\Gamma\left(\dfrac{k+4a+3}{2}\right)\Gamma\left(\dfrac{k-4a+1}{2}\right)}, n = 4a+1 \\ -\dfrac{\pi}{2^k} \dfrac{\Gamma(k+1)}{\Gamma\left(\dfrac{k+4a+5}{2}\right)\Gamma\left(\dfrac{k-4a-1}{2}\right)}, n = 4a+3 \end{cases}$$

定理 7　若 $n+k$ 为奇数,则 $J_k(n) = 0$.

定理 7 的证明比较简单,这里我们略去其证明. 对于细节与其他形式的表达,读者可以查阅文[17].

5. 其他形式的几个积分

例 6　Furdui 在 *Math Problem* 一书中提出了一个问题 103:定义 Glaisher — Kinkelin 常数

$$A = \lim_{n \to \infty} n^{-\frac{n^2}{2} - \frac{n}{2} - \frac{1}{12}} e^{\frac{n^2}{4}} \prod_{k=1}^{n} k^k = 1.282\ 427\ 129\ 100\ 622\cdots$$

证明:(1) $\displaystyle\sum_{n=1}^{+\infty} \left(n^2 \ln \frac{n+1}{n} - n + \frac{1}{2} - \frac{1}{3n} \right) =$

$$-\frac{1}{2} + \ln\sqrt{2\pi} - 2\ln A - \frac{\gamma}{3}$$

(2) $\displaystyle\int_0^1 x^2 \psi(x)\,\mathrm{d}x = \ln \frac{A}{\sqrt{2\pi}}$.

这里 ψ 为 digamma 函数或 psi 函数.

解 1　(Meghaichi) 应用 $\psi(x)$ 的幂级数展开有

$$\int_0^1 x^2 \Psi(x)\,\mathrm{d}x = \int_0^1 x^2 \left(-\gamma - \frac{1}{x} + \sum_{n=1}^{+\infty} \frac{1}{n} - \frac{1}{n+x} \right)\mathrm{d}x =$$

$$\frac{-\gamma}{3} - \frac{1}{2} + \sum_{n=1}^{+\infty} \left(\int_0^1 \frac{x^2}{n} - \frac{x^2}{x+n}\mathrm{d}x \right) =$$

$$\frac{-\gamma}{3} - \frac{1}{2} - \sum_{n=1}^{+\infty} \left(n^2 \ln \frac{n+1}{n} - n + \frac{1}{2} - \frac{1}{3n} \right) \quad\quad (1)$$

如此,仅需要证明(1)即可推导出(2). s_n 为(1)中级数

广义 Gamma 函数——特殊函数不等式与积分

的前 n 项和,则

$$\sum_{k=1}^{n} k^2 \ln \frac{k+1}{k} =$$

$$\sum_{k=1}^{n} (k+1)^2 \ln(k+1) -$$

$$k^2 \ln k - 2(k+1)\ln(k+1) +$$

$$\ln(k+1) =$$

$$(n+1)^2 \ln(n+1) +$$

$$\ln(n+1)! - 2\sum_{k=1}^{n+1} k\ln k$$

在常数 A 等式两边取自然对数,得到渐近公式

$$a_n = \sum_{k=1}^{n} k\ln k =$$

$$\left(\frac{n^2}{2} + \frac{n}{2} + \frac{1}{12}\right) \ln n - \frac{n^2}{4} + A + o(1)$$

由 Stirling 公式

$$\ln n! = \left(n + \frac{1}{2}\right) \ln n - n + \ln\sqrt{2\pi} + o(1)$$

和

$$H_n = \ln(n+1) + \gamma + o(1)$$

可得

$$s_n = -\frac{H_n}{3} - \frac{n^2}{2} + (n+1)^2 \ln(n+1) +$$

$$\ln(n+1)! - 2a_{n+1} =$$

$$-\frac{\ln(n+1) + \gamma}{3} - \frac{n^2}{2} + (n+1)^2 \ln(n+1) +$$

$$\left(n + \frac{3}{2}\right) \ln(n+1) - n - 1 +$$

$$\ln\sqrt{2\pi} - \left(n^2 + 3n + \frac{13}{6}\right) \ln(n+1) +$$

200

$$\frac{(n+1)^2}{2} - 2\ln A + o(1) =$$

$$\frac{-1}{2} + \ln\sqrt{2\pi} - 2\ln A - \frac{\gamma}{3} + o(1)$$

于是(1)结论成立,再利用式(1),所以

$$\int_0^1 x^2 \psi(x)\,\mathrm{d}x =$$

$$\frac{-\gamma}{3} - \frac{1}{2} - \left(\frac{-1}{2} + \ln\sqrt{2\pi} - 2\ln A - \frac{\gamma}{3}\right) = \ln\frac{A^2}{\sqrt{2\pi}}$$

解 2(Levy)　(1) 由 $\ln(x+1)$ 的幂级数展开

$$\ln\left(\frac{n+1}{n}\right) = \ln\left(1 + \frac{1}{n}\right) = \sum_{k=1}^{+\infty} \frac{(-1)^{k+1}}{k}\frac{1}{n^k}$$

则

$$\sum_{n=1}^{+\infty}\left(n^2 \ln\left(\frac{n+1}{n}\right) - n + \frac{1}{2} - \frac{1}{3n}\right) =$$

$$\sum_{n=1}^{+\infty}\left(n^2\left(\sum_{k=1}^{+\infty}\frac{(-1)^{k+1}}{k}\frac{1}{n^k}\right) - n + \frac{1}{2} - \frac{1}{3n}\right) =$$

$$\sum_{n=1}^{+\infty}\left(n^2\left(\frac{1}{n} - \frac{1}{2n^2} + \frac{1}{3n^3}\right) + n^2\left(\sum_{k=4}^{+\infty}\frac{(-1)^{k+1}}{k}\frac{1}{n^k}\right) - n + \frac{1}{2} - \frac{1}{3n}\right) =$$

$$\sum_{n=1}^{+\infty} n^2\left(\sum_{k=4}^{+\infty}\frac{(-1)^{k+1}}{k}\frac{1}{n^k}\right) =$$

$$\sum_{n=1}^{+\infty}\sum_{k=4}^{+\infty}\frac{(-1)^{k+1}}{k}\frac{1}{n^{k-2}} =$$

$$\sum_{k=4}^{+\infty}\frac{(-1)^{k+1}}{k}\sum_{n=1}^{+\infty}\frac{1}{n^{k-2}} =$$

$$\sum_{k=4}^{+\infty}\frac{(-1)^{k+1}}{k}\zeta(k-2) =$$

$$-\sum_{k=2}^{+\infty}\frac{(-1)^k}{k+2}\zeta(k)$$

201

再应用已知公式

$$\sum_{k=2}^{+\infty} \frac{(-1)^k}{k+2} \zeta(k) =$$

$$\zeta'(0) - 2\zeta'(-1) - \frac{1}{2}\zeta(0) + \zeta(-1) + \frac{1}{3}\gamma + \frac{1}{2}H_2$$

$$\zeta'(0) = -\ln\sqrt{2\pi}$$

$$\zeta'(-1) = \frac{1}{12} - \ln A$$

$$\zeta'(-2) = -\frac{1}{4\pi^2}\zeta(3)$$

$$\zeta(0) = -\frac{1}{2}$$

$$\zeta(-1) = -\frac{1}{12}$$

所以

$$\sum_{k=2}^{+\infty} \frac{(-1)^k}{k+2} \zeta(k) = -\ln\sqrt{2\pi} + 2\ln A + \frac{1}{3}\gamma + \frac{1}{2}$$

（b）由 digamma 函数的级数展开式

$$\psi(x) = -\gamma - \frac{1}{x} + \sum_{k=1}^{+\infty} \frac{x}{k(x+k)}$$

则有

$$\int_0^1 x^p \psi(x)\,\mathrm{d}x =$$

$$-\gamma\int_0^1 x^p\,\mathrm{d}x - \int_0^1 x^{p-1}\,\mathrm{d}x + \int_0^1 \left(\sum_{k=1}^{+\infty} \frac{x^{p+1}}{k(x+k)}\right)\mathrm{d}x =$$

$$-\gamma\int_0^1 x^p\,\mathrm{d}x - \int_0^1 x^{p-1}\,\mathrm{d}x +$$

$$\sum_{k=1}^{+\infty} \int_0^1 \frac{x^{p+1}}{k(x+k)}\,\mathrm{d}x =$$

$$-\frac{1}{p+1}\gamma - \frac{1}{p} +$$

$$\sum_{k=1}^{+\infty}\int_0^1\Big(\sum_{j=0}^{p}(-1)^j k^{j-1}x^{p-j}+(-1)^{p+1}\frac{k^p}{k+x}\Big)\mathrm{d}x$$

$$\int_0^1 x^p\psi(x)\mathrm{d}x=-\frac{1}{p+1}\gamma-\frac{1}{p}+$$

$$\sum_{k=1}^{+\infty}\Big(\sum_{j=0}^{p}\frac{(-1)^j k^{j-1}}{p-j+1}+(-1)^{p+1}k^p\ln\Big(1+\frac{1}{k}\Big)\Big)=$$

$$-\frac{1}{p+1}\gamma-\frac{1}{p}+\sum_{k=1}^{+\infty}\Big(\sum_{n=0}^{p}\frac{(-1)^n k^{n-1}}{p-n+1}+$$

$$(-1)^{p+1}k^p\sum_{n=1}^{+\infty}\frac{(-1)^{n+1}}{n}\frac{1}{k^n}\Big)=$$

$$-\frac{1}{p+1}\gamma-\frac{1}{p}+$$

$$\sum_{k=1}^{+\infty}\Big((-1)^{p+1}\sum_{n=p+2}^{+\infty}\frac{(-1)^{n+1}}{n}\frac{1}{k^{n-p}}\Big)=$$

$$-\frac{1}{p+1}\gamma-\frac{1}{p}+(-1)^{p+1}\sum_{n=p+2}^{+\infty}\frac{(-1)^{n+1}}{n}\sum_{k=1}^{+\infty}\frac{1}{k^{n-p}}=$$

$$-\frac{1}{p+1}\gamma-\frac{1}{p}+(-1)^{p+1}\sum_{m=2}^{+\infty}\frac{(-1)^{m+1}}{m+p}\sum_{k=1}^{+\infty}\frac{1}{k^m}=$$

$$-\frac{1}{p+1}\gamma-\frac{1}{p}+\sum_{m=2}^{+\infty}\frac{(-1)^m}{m+p}\zeta(m)$$

所以

$$\int_0^1 x^p\psi(x)\mathrm{d}x=-\frac{1}{p}+\frac{H_p}{p+1}+$$

$$\sum_{l=0}^{p-1}(-1)^l\binom{p}{l}\zeta'(-l)-\sum_{l=0}^{p-1}\frac{(-1)^l}{p-l}\zeta(-l)$$

当 $p=2$ 时

$$\int_0^1 x^2\psi(x)\mathrm{d}x=-\frac{1}{2}+\frac{H_2}{2+1}+$$

$$\sum_{l=0}^{1}(-1)^l\binom{2}{l}\zeta'(-l)-\sum_{l=0}^{1}\frac{(-1)^l}{2-l}\zeta(-l)=$$

203

$$-\frac{1}{2}+\frac{\frac{3}{2}}{2+1}+\zeta'(0)-2\zeta'(1)-\frac{1}{2}\zeta(0)+\zeta(-1)=$$

$$-\frac{1}{2}+\frac{\frac{3}{2}}{2+1}-\ln\sqrt{2\pi}-2\left(\frac{1}{12}-\ln A\right)-$$

$$\frac{1}{2}\cdot\left(-\frac{1}{2}\right)+\left(-\frac{1}{12}\right)=$$

$$-\ln\sqrt{2\pi}+2\ln A\approx-0.421\ 43$$

解 3 （1）求部分和

$$s_n=\sum_{k=1}^{n}\left(k^2\log\left(1+\frac{1}{k}\right)-k+\frac{1}{2}-\frac{1}{3k}\right)=$$

$$\sum_{k=1}^{n}k^2\log(1+k)-\sum_{k=1}^{n}k^2\log k-\sum_{k=1}^{n}k+\frac{n}{2}-\frac{1}{3}H_n=$$

$$\sum_{k=1}^{n}((1+k)^2-2(1+k)+1)\log(1+k)-$$

$$\sum_{k=2}^{n}k^2\log k-\frac{n(n+1)}{2}+\frac{n}{2}-\frac{1}{3}H_n=$$

$$(n^2+2n+1)\log(n-1)-2\sum_{k=2}^{n+1}k\log k+$$

$$\log n!+\log(n+1)-\frac{n^2}{2}-\frac{1}{3}H_n=$$

$$n^2\log(n+1)-2\sum_{k=2}^{n}k\log k+\log n!-\frac{n^2}{2}-\frac{1}{3}H_n=$$

$$n^2\log(n+1)-2\sum_{k=2}^{n}k\log k+$$

$$\left(\log\sqrt{2\pi}+\left(n+\frac{1}{2}\right)\log n-n+o\left(\frac{1}{n}\right)\right)-$$

$$\frac{n^2}{2}-\frac{1}{3}H_n=$$

$$\left(n^2\log\left(1+\frac{1}{n}\right)-n\right)+\log\sqrt{2\pi}-$$

$$2\left(\frac{n^2}{4} + \sum_{k=2}^{n} k\log k + \left(-\frac{n^2}{2} - \frac{n}{2} - \frac{1}{12}\right)\log n\right) -$$

$$\frac{1}{3}(H_n - \log n) + o\left(\frac{1}{n}\right)$$

因此

$$\sum_{n=1}^{+\infty}\left(n^2\log\left(1 + \frac{1}{n}\right) - n + \frac{1}{2} - \frac{1}{3n}\right) =$$

$$\lim_{n \to +\infty} s_n = -\frac{1}{2} + \log\sqrt{2\pi} - 2\log A - \frac{1}{3}\gamma$$

（2）应用（1）以及 $\psi(x)$ 的展开式

$$\psi(x) = -\gamma + \sum_{n=0}^{+\infty}\left(\frac{1}{n+1} - \frac{1}{n+x}\right)$$

则

$$\int_0^1 x^2\psi(x)\mathrm{d}x = -\gamma\int_0^1 x^2\mathrm{d}x + \int_0^1 (x^2 - x)\mathrm{d}x -$$

$$\sum_{n=1}^{+\infty}\left(\frac{1}{3(n+1)} - \int_0^1 \frac{x^2}{n+x}\mathrm{d}x\right) =$$

$$-\frac{\gamma}{3} - \frac{1}{6} + \sum_{n=1}^{+\infty}\left(\frac{1}{3(n+1)} - \frac{1}{2} + n - n^2\log\frac{n+1}{n}\right) =$$

$$-\frac{\gamma}{3} - \frac{1}{6} - \frac{1}{3}\sum_{n=1}^{+\infty}\left(\frac{1}{n} - \frac{1}{n+1}\right) -$$

$$\sum_{n=1}^{+\infty}\left(n^2\log\frac{n+1}{n} - n + \frac{1}{2} - \frac{1}{3n}\right) =$$

$$-\frac{\gamma}{3} - \frac{1}{2} - \left(-\frac{1}{2} + \log\sqrt{2\pi} - 2\log A - \frac{\gamma}{3}\right) =$$

$$2\log A - \log\sqrt{2\pi} = \log\frac{A^2}{\sqrt{2\pi}}$$

注　问题解决群（AN－anduud）还给出了一个猜想：

设 $k \geqslant 2$，则

$$\int_0^1 x^p \psi(x) \mathrm{d}x = -\log\sqrt{2\pi} + \sum_{j=1}^{k-1} (-1)^{j+1} c_k^j \log A_j$$

其中 A_j 为广义 Glatsher $-$ Kinkelin 常数

笔者在文[18]中也证明了一个有趣的公式.

定理 8　设 $\lambda > 0$,则

$$\int_0^1 x^\lambda \ln c_x \mathrm{d}x =$$

$$\frac{1}{\lambda+1}\Big(\zeta_a(1,\lambda+2) - \sum_{n=1}^{+\infty} \frac{1}{n^2} \sum_{k=0}^{+\infty} \frac{(-1)^k}{n^k} \frac{2^{k+2}-2}{\lambda+k+3}\Big)$$

其中 $c_x = \dfrac{4^x \Gamma\left(x+\dfrac{1}{2}\right)}{\sqrt{x}\,\Gamma(x+2)}$ 为 Catalan 函数,$\zeta_a(s,q) =$

$\displaystyle\sum_{n=0}^{+\infty} \frac{(-1)^n}{(q+n)^s}$ 为交错 Hurwitz zeta 函数.

证明　由分部积分,可得

$$\int_0^1 x^\lambda \ln c_k \mathrm{d}x = \frac{1}{\lambda+1}\int_0^1 \ln c_x \mathrm{d}x^{\lambda+1} =$$

$$-\frac{1}{\lambda+1}\int_0^1 x^{\lambda+1} \frac{c_x'}{c_x}\mathrm{d}x$$

由公式 $\psi(2x) = \dfrac{1}{2}\psi(x) + \dfrac{1}{2}\psi\left(x+\dfrac{1}{2}\right) + \ln 2$,得

$$\frac{c_x'}{c_x} = 2\ln 2 + \psi\left(x+\frac{1}{2}\right) - \psi(x+2) =$$

$$2\psi(2x) - 2\psi(x) - \frac{1}{x} - \frac{1}{x+1}$$

上式中,两边乘以 $x^{\lambda+1}$ 并在区间 $[0,1]$ 上积分

$$\int_0^1 x^{\lambda+1} \frac{c_x'}{c_x}\mathrm{d}x = 2\int_0^1 x^{\lambda+1} \psi(2x)\mathrm{d}x -$$

$$2\int_0^1 x^{\lambda+1} \psi(x)\mathrm{d}x - \int_0^1 x^\lambda \mathrm{d}x - \int_0^1 \frac{x^{\lambda+1}}{x+1}\mathrm{d}x \quad (2)$$

再应用展开式

$$\psi(x)=-\gamma-\frac{1}{x}+\sum_{n=1}^{+\infty}\frac{x}{n(n+x)}$$

则

$$\int_0^1 x^{\lambda+1}\psi(x)\,\mathrm{d}x=-\gamma\int_0^1 x^{\lambda+1}\,\mathrm{d}x-$$

$$\int_0^1 x^{\lambda}\,\mathrm{d}x+\sum_{n=1}^{+\infty}\int_0^1\frac{x^{\lambda+2}}{n(n+x)}\,\mathrm{d}x=$$

$$-\frac{\gamma}{\lambda+2}-\frac{1}{\lambda+1}+\sum_{n=1}^{+\infty}\frac{1}{n^2}\int_0^1\frac{x^{\lambda+2}}{1+\frac{x}{n}}\,\mathrm{d}x=$$

$$-\frac{\gamma}{\lambda+2}-\frac{1}{\lambda+1}+\sum_{n=1}^{+\infty}\frac{1}{n^2}\int_0^1 x^{\lambda+2}\sum_{k=0}^{+\infty}(-1)^k\left(\frac{x}{n}\right)^k\,\mathrm{d}x$$

$$-\frac{\gamma}{\lambda+2}-\frac{1}{\lambda+1}+\sum_{n=1}^{+\infty}\frac{1}{n^2}\sum_{k=0}^{+\infty}\frac{(-1)^k}{n^k}\frac{1}{\lambda+k+3}$$

相似的方法可得

$$\int_0^1 x^{\lambda+1}\psi(2x)\,\mathrm{d}x=\frac{1}{2^{\lambda+2}}\int_0^2 x^{\lambda+1}\psi(x)\,\mathrm{d}x=$$

$$-\frac{\gamma}{\lambda+2}-\frac{1}{2(\lambda+1)}+$$

$$\frac{1}{2^{\lambda+2}}\sum_{n=1}^{+\infty}\frac{1}{n^2}\sum_{k=0}^{+\infty}\frac{(-1)^k}{n^k}\frac{2^{\lambda+k+3}}{\lambda+k+3} \tag{3}$$

和

$$\int_0^1\frac{x^{\lambda+1}}{x+1}\,\mathrm{d}x=\int_0^1 x^{\lambda+1}\sum_{k=0}^{+\infty}(-1)^k x^k\,\mathrm{d}x=$$

$$\sum_{k=0}^{+\infty}\frac{(-1)^k}{\lambda+k+2} \tag{4}$$

综合(2),(3),(4)三式可得

$$\int_0^1 x^{\lambda+1} \frac{c_x'}{c_x} \mathrm{d}x =$$

$$\sum_{n=1}^{+\infty} \frac{1}{n^2} \sum_{k=0}^{+\infty} \frac{(-1)^k}{n^k} \frac{2^{k+2}-2}{\lambda+k+3} - \zeta_a(1,\lambda+2)$$

证毕.

最后,我们以一个二重积分的计算来结束本节.

例 7 求 $\displaystyle\int_0^1\int_0^1 \ln(1-x)\ln(1-xy)\mathrm{d}x\mathrm{d}y$.

解 1 (Kouba) 由于

$$\int_0^1 \ln(1-xy)\mathrm{d}y =$$

$$\left(-\frac{(1-xy)}{x}\ln(1-xy)-y\right)\Big|_{y=0}^{y=1} =$$

$$-\frac{(1-x)}{x}\ln(1-x)-1$$

所以

$$I = \int_0^1 \left(\ln^2(1-x) - \ln(1-x) - \frac{\ln^2(1-x)}{x}\right)\mathrm{d}x =$$

$$\int_0^1 \left(\ln^2 x - \ln x - \frac{\ln^2 x}{1-x}\right)\mathrm{d}x$$

又因为

$$(3x - 3x\ln x + x\ln^2 x)' = \ln^2 x - \ln x$$

与

$$\int_0^1 (\ln^2 x - \ln x)\mathrm{d}x = 3$$

所以

$$\int_0^1 x^n \ln^2 x\mathrm{d}x = \int_0^{+\infty} t^2 \mathrm{e}^{-(n+1)t}\mathrm{d}t =$$

$$\frac{\Gamma(3)}{(n+1)^3} = \frac{2}{(n+1)^3}$$

最后

208

$$\int_0^1 \frac{\ln^2 x}{1-x}dx = \sum_{n=0}^{+\infty}\int_0^1 x^n\ln^2 x\,dx = \sum_{n=0}^{+\infty}\frac{2}{(n+1)^3} = 2\zeta(3)$$

化简即可证明.

解 2 （Kotrohis）容易看到

$$\sum_{n\geq 1}\left(\frac{1}{n}-\frac{1}{n+k}\right) = 1+\frac12+\frac13+\cdots+\frac1k = H_k$$

$$(5)$$

H_k 为 k 次调和数，所以

$$I = \int_0^1\int_0^1 \ln(1-x)\ln(1-xy)\,dxdy =$$

$$-\int_0^1\int_0^1 \sum_{k\geq 1}\frac{(xy)^k}{k}\ln(1-x)\,dxdy =$$

$$-\int_0^1\sum_{k\geq 1}\frac{y^k}{k}\int_0^1 x^k\ln(1-x)\,dxdy =$$

$$\int_0^1\sum_{k\geq 1}\frac{y^k}{k}\int_0^1 x^k\sum_{n\geq 1}\frac{x^n}{n}\,dxdy =$$

$$\int_0^1\sum_{k\geq 1}\frac{y^k}{k}\sum_{n\geq 1}\frac1n\int_0^1 x^{n+k}\,dxdy =$$

$$\int_0^1\sum_{k\geq 1}\sum_{n\geq 1}\frac{y^k}{n_k(n+k+1)}\,dy =$$

$$\sum_{k\geq 1}\sum_{n\geq 1}\frac{1}{nk(n+k+1)}\int_0^1 y^k\,dy =$$

$$\sum_{k\geq 1}\sum_{n\geq 1}\frac{1}{nk(k+1)(n+k+1)} =$$

$$\sum_{k\geq 1}\sum_{n\geq 1}\left(\frac{1}{k(k+1)^2 n}-\frac{1}{k(k+1)^2(n+k+1)}\right) =$$

$$\sum_{k\geq 1}\frac{1}{k(k+1)^2}\sum_{n\geq 1}\left(\frac1n-\frac{1}{(n+k+1)}\right) =$$

$$-\sum_{k\geq 1}\left(\frac{1}{k+1}-\frac1k\right)\sum_{n\geq 1}\left(\frac1n-\frac{1}{(n+k+1)}\right)+1-$$

$$\sum_{k\geq 1}\frac{1}{k^2}\sum_{n\geq 1}\left(\frac1n-\frac{1}{n+k}\right) =$$

$A + 1 - B$

对 A,由式 (5) 分部求和可得

$$A = -\sum_{k \geqslant 1}\left(\frac{1}{k+1} - \frac{1}{k}\right)H_{k+1} =$$

$$-\frac{H_{k+1}}{k}\bigg|_1^{+\infty} +$$

$$\sum_{k \geqslant 1}\frac{1}{k+1}(H_{k+2} - H_{k+1}) =$$

$$\frac{3}{2} + \sum_{k \geqslant 1}\left(\frac{1}{k+1} - \frac{1}{k+2}\right) = 2$$

对 B,由式 (5) 得 $B = \sum_{k \geqslant 1}\dfrac{1+k}{k}$,进而得

$$B = \sum_{k \geqslant 1}\frac{1}{k^2}\sum_{n \geqslant 1}\left(\frac{1}{n} - \frac{1}{n+k}\right) =$$

$$\sum_{k \geqslant 1}\sum_{n \geqslant 1}\frac{1}{nk(n+k)} =$$

$$\sum_{k \geqslant 1}\sum_{n \geqslant 1}\left(\frac{1}{n(n+k)^2} + \frac{1}{k(n+k)^2}\right) =$$

$$2\sum_{k \geqslant 1}\sum_{n \geqslant 1}\frac{1}{n(n+k)^2} \xrightarrow{n+k-1 = N} 2\sum_{N \geqslant 1}\sum_{n,k \geqslant 1}\frac{1}{n(n+k)^2} =$$

$$2\sum_{N \geqslant 1}\sum_{n=1}^{N}\frac{1}{n(N+1)^2} = 2\sum_{N \geqslant 1}\frac{H_N}{(N+1)^2} =$$

$$2\sum_{N \geqslant 1}\frac{H_{N+1} - \dfrac{1}{N+1}}{(N+1)^2} =$$

$$2\sum_{N \geqslant 1}\frac{H_{N+1}}{(N+1)^2} - 2\sum_{N \geqslant 1}\frac{1}{(N+1)^3} =$$

$$2(B-1) - 2(\zeta(3) - 1)$$

其中 ζ 是 Riemann zeta 函数. 所以 $B = 2B - 2\zeta(3)$,$B = 2\zeta(3)$. 最后 $I = 3 - 2\zeta(3) \approx 0.595\,886$.

解 3　（Meghaichi）由分部积分

$$\int_0^1 t^n \ln(1-t)\,\mathrm{d}t =$$

$$\left(\frac{(t^{n+1}-1)\ln(1-t)}{n+1}\right)_0^1 - \frac{1}{n+1}\int_0^1 \frac{t^{n+1}-1}{t-1}\,\mathrm{d}t =$$

$$\frac{-1}{n+1}\sum_{k=0}^n \int_0^1 t^k\,\mathrm{d}t = \frac{-H_{n+1}}{n+1} \qquad (6)$$

则

$$I = \int_0^1\int_0^1 \ln(1-x)\ln(1-xy)\,\mathrm{d}x\mathrm{d}y =$$

$$-\sum_{k=1}^{+\infty}\int_0^1\int_0^1 \frac{y^k x^k}{k}\ln(1-x)\,\mathrm{d}x\mathrm{d}y =$$

$$\sum_{k=1}^{+\infty}\frac{H_{k+1}}{k(k+1)^2}$$

化简级数

$$A = \sum_{k=1}^{+\infty}\frac{H_{k+1}}{k(k+1)^2} = \left(\sum_{k=1}^{+\infty}\left(\frac{H_{k+1}}{k}-\frac{H_{k+1}}{k+1}\right)\right)\left(\sum_{k=2}^{+\infty}\frac{H_k}{k^2}\right)$$

则

$$\sum_{k=1}^n \left(\frac{H_{k+1}}{k}-\frac{H_{k+1}}{k+1}\right) =$$

$$\sum_{k=1}^n \left(\frac{1}{k(k+1)}+\frac{H_k}{k}-\frac{H_{k+1}}{k+1}\right) =$$

$$2 - \frac{1}{n+1} - \frac{H_{n+1}}{n+1}$$

由 $H_n \sim \ln(n)$ 与 $\ln(n)=o(n)$，可得

$$A = \sum_{k=1}^{+\infty}\left(\frac{H_{k+1}}{k}-\frac{H_{k+1}}{k+1}\right) =$$

$$\lim_{n\to+\infty}\left(2-\frac{1}{n+1}-\frac{H_{n+1}}{n+1}\right) = 2$$

经简单计算可知

$$\int_0^1 x^m \ln^2 x \,\mathrm{d}x \xrightarrow{\quad x = \mathrm{e}^{-t/(m+1)} \quad} \frac{1}{(m+1)^3} \int_0^{+\infty} t^2 \mathrm{e}^{-t} \,\mathrm{d}t =$$

$$\frac{2}{(m+1)^3} \tag{7}$$

再由式(6)可得

$$B = \sum_{k=1}^{+\infty} \frac{H_k}{k^2} = -\sum_{k=1}^{+\infty} \int_0^1 \frac{t^{k-1}}{k} \ln(1-t) \,\mathrm{d}t =$$

$$\int_0^1 \frac{\ln^2(1-t)}{t} \,\mathrm{d}t = \int_0^1 \frac{\ln^2 t}{1-t} \,\mathrm{d}t$$

应用式(7)可得

$$B = \sum_{k=0}^{+\infty} t^k \ln^2 t \,\mathrm{d}t = \sum_{k=0}^{+\infty} \frac{2}{(k+1)^3} = 2\zeta(3)$$

即 $I = A - (B-1) = 3 - 2\zeta(3)$

第三节　积分不等式

积分不等式是数学分析中的重要课题,在研究生招生考试题中出现的次数越来越多,它的证明一般有利用 Taylor 展式、单调性以及应用重要的不等式等.毋庸置疑,积分不等式与估计越来越受到重视,本节举例说明几个重要的积分不等式的证明方法.

1.积分值估计

本小节中介绍笔者对《美国数学月刊》第 11571 号问题的解答.

例 8　设 $f(x)$ 为区间 $[a,b]$ 上的三次可微函数,且 $f(a) = f(b)$,证明

$$\left| \int_{a}^{\frac{a+b}{2}} f(x)\mathrm{d}x - \int_{\frac{a+b}{2}}^{b} f(x)\mathrm{d}x \right| \leqslant$$

$$\frac{(b-a)^4}{192} \sup_{x\in[a,b]} | f'''(x) |$$

证明　由分部积分易得

$$\int_{a}^{\frac{a+b}{2}} f''(x)(x-a)\left(\frac{a+b}{2}-x\right)\mathrm{d}x =$$

$$\int_{a}^{\frac{a+b}{2}} (x-a)\left(\frac{a+b}{2}-x\right)\mathrm{d}f'(x) =$$

$$(x-a)\left(\frac{a+b}{2}-x\right)f'(x)\Big|_{a}^{\frac{a+b}{2}} -$$

$$\int_{a}^{\frac{a+b}{2}} \left(\frac{a+b}{2}+a-2x\right)f'(x)\mathrm{d}x =$$

$$\left(2x-\frac{3a+b}{2}\right)f(x)\Big|_{a}^{\frac{a+b}{2}} - \int_{a}^{\frac{a+b}{2}} 2f(x)\mathrm{d}x =$$

$$\frac{b-a}{2}f\left(\frac{a+b}{2}\right) - \frac{a-b}{2}f(a) - 2\int_{a}^{\frac{a+b}{2}} f(x)\mathrm{d}x$$

与

$$\int_{\frac{a+b}{2}}^{b} f''(x)\left(x-\frac{a+b}{2}\right)(b-x)\mathrm{d}x =$$

$$\left(x-\frac{a+b}{2}\right)(b-x)f'(x)\Big|_{\frac{a+b}{2}}^{b} -$$

$$\int_{\frac{a+b}{2}}^{b} \left(\frac{a+b}{2}+b-2x\right)f'(x)\mathrm{d}x =$$

$$\left(2x-\frac{a+3b}{2}\right)f(x)\Big|_{\frac{a+b}{2}}^{b} - \int_{\frac{a+b}{2}}^{b} 2f(x)\mathrm{d}x =$$

$$\frac{b-a}{2}f\left(\frac{a+b}{2}\right) - \frac{a-b}{2}f(b) - 2\int_{a}^{\frac{a+b}{2}} f(x)\mathrm{d}x$$

由于 $f(a)=f(b)$，可得

$$\left| \int_a^{\frac{a+b}{2}} f(x)\mathrm{d}x - \int_{\frac{a+b}{2}}^b f(x)\mathrm{d}x \right| =$$

$$\frac{1}{2}\left| \int_{\frac{a+b}{2}}^b f''(x)\left(x - \frac{a+b}{2}\right)(b-x)\mathrm{d}x - \right.$$

$$\left. \int_a^{\frac{a+b}{2}} f''(x)(x-a)\left(\frac{a+b}{2}-x\right)\mathrm{d}x \right|$$

令 $t = x - \dfrac{b-a}{2}$,则

$$\int_{\frac{a+b}{2}}^b f''(x)\left(x - \frac{a+b}{2}\right)(b-x)\mathrm{d}x =$$

$$\int_a^{\frac{a+b}{2}} f''\left(t + \frac{b-a}{2}\right)(t-a)\left(\frac{a+b}{2}-t\right)\mathrm{d}t$$

所以

$$\left| \int_a^{\frac{a+b}{2}} f(x)\mathrm{d}x - \int_{\frac{a+b}{2}}^b f(x)\mathrm{d}x \right| =$$

$$\frac{1}{2}\left| \int_{\frac{a+b}{2}}^b f''(x)\left(x - \frac{a+b}{2}\right)(b-x)\mathrm{d}x - \right.$$

$$\left. \int_a^{\frac{a+b}{2}} f''(x)(x-a)\left(\frac{a+b}{2}-x\right)\mathrm{d}x \right| =$$

$$\frac{1}{2}\left| \int_{\frac{a+b}{2}}^b \left(f''(x)\left(x + \frac{b-a}{2}\right) - \right. \right.$$

$$\left. \left. f''(x)(x-a)\left(\frac{a+b}{2}-x\right)\right)\mathrm{d}x \right| =$$

$$\frac{b-a}{4}\left| \int_a^{\frac{a+b}{2}} f'''(x)(x-a)\left(\frac{a+b}{2}-x\right)\mathrm{d}x \right| \leqslant$$

$$\frac{b-a}{4}\sup_{x\in[a,b]} \mid f'''(x) \mid \left| \int_a^{\frac{a+b}{2}} (x-a)\left(\frac{a+b}{2}-x\right)\mathrm{d}x \right| =$$

$$\frac{(b-a)^4}{192}\sup_{x\in[a,b]} \mid f'''(x) \mid$$

证毕.

2. 应用于微分方程的积分不等式

某些积分不等式是研究各类微分方程、积分方程、差分方程与动力方程解的存在性、唯一性、有界性与稳定性的工具. 我们给出几个这种类型的主要不等式.

例 9   （Kantorovic 不等式）设函数 f 在区间 $[0,1]$ 上 Riemann 可积，且有正整数 m,M，使得 $m \leqslant f(x) \leqslant M, \forall\, x \in [0,1]$，证明

$$1 \leqslant \int_0^1 f(x)\mathrm{d}x \int_0^1 \frac{\mathrm{d}x}{f(x)} \leqslant \frac{(m+M)^2}{4mM}$$

证法 1   因为 $f(x) \geqslant m > 0$，所以对 $\forall\, x,y \in [0,1]$，有

$$\frac{f(x)}{f(y)} + \frac{f(y)}{f(x)} \geqslant 2\sqrt{\frac{f(x)}{f(y)} \cdot \frac{f(y)}{f(x)}} = 2$$

从而

$$2\int_0^1 f(x)\mathrm{d}x \int_0^1 \frac{\mathrm{d}x}{f(x)} - 2 =$$

$$\int_0^1 f(x)\mathrm{d}x \int_0^1 \frac{\mathrm{d}y}{f(y)} +$$

$$\int_0^1 f(y)\mathrm{d}y \int_0^1 \frac{\mathrm{d}x}{f(x)} - 2 =$$

$$\int_0^1 \int_0^1 \left(\frac{f(x)}{f(y)}\mathrm{d}x\right)\mathrm{d}y + \int_0^1 \int_0^1 \left(\frac{f(y)}{f(x)}\mathrm{d}x\right)\mathrm{d}y -$$

$$\int_0^1 \left(\int_0^1 2\mathrm{d}x\right)\mathrm{d}y =$$

$$\int_0^1 \left(\int_0^1 \frac{f(x)}{f(y)} + \frac{f(y)}{f(x)} - 2\right)\mathrm{d}x\mathrm{d}y \geqslant 0$$

于是 $\int_0^1 f(x)\mathrm{d}x \int_0^1 \frac{\mathrm{d}x}{f(x)} \geqslant 1$.

另外有

$$1 + \frac{m}{M} - m\int_0^1 \frac{\mathrm{d}x}{f(x)} - \frac{1}{M}\int_0^1 f(x)\mathrm{d}x =$$

$$\int_0^1 (f(x) - m)\left(\frac{1}{f(x)} - \frac{1}{M}\right)\mathrm{d}x \geqslant 0$$

所以

$$1 + \frac{m}{M} \geqslant m\int_0^1 \frac{\mathrm{d}x}{f(x)} + \frac{1}{M}\int_0^1 f(x)\mathrm{d}x \geqslant$$

$$2\sqrt{\frac{m}{M}\int_0^1 f(x)\mathrm{d}x \int_0^1 \frac{\mathrm{d}x}{f(x)}}$$

$$\int_0^1 f(x)\mathrm{d}x \int_0^1 \frac{\mathrm{d}x}{f(x)} \leqslant$$

$$\frac{\left(1 + \frac{m}{M}\right)^2}{4 \cdot \frac{m}{M}} = \frac{(m+M)^2}{4mM}$$

证法 2   由题意即得

$$\frac{(f(x) - m)(f(x) - M)}{f(x)} \leqslant 0 \quad (x \in [0,1])$$

变形为

$$f(x) - (m + M) + \frac{mM}{f(x)} \leqslant 0$$

积分就有 $\int_0^1 f(x)\mathrm{d}x + mM\int_0^1 \frac{\mathrm{d}x}{f(x)} \leqslant m + M$. 令

$$u\int_0^1 f(x)\mathrm{d}x \leqslant (m + M)u - u^2 =$$

$$\left(\frac{m+M}{2}\right)^2 - \left(u + \frac{m+M}{2}\right)^2 \leqslant \frac{(m+M)^2}{4}$$

即证得

$$1 \leqslant \int_0^1 f(x)\mathrm{d}x \int_0^1 \frac{\mathrm{d}x}{f(x)} \leqslant \frac{(m+M)^2}{4mM}$$

注   当 $m = 1, M = 3$ 时,此题出现在 2018 年山东省大学生数学竞赛试卷中.

例 10(Opial) 若 g' 在区间 $[0,l]$ 上连续,且 $g(0)=0$,则

$$\int_0^l |g(x) \cdot g'(x)| \, dx \leqslant \frac{l}{2} \int_0^l (g'(x))^2 \, dx$$

其中 $\dfrac{l}{2}$ 是最好的,当且仅当 $g(x)=cx$(c 为常数) 时等式成立.

证明 因为,当 $0 \leqslant x \leqslant l$ 时,有

$$g(x) = | \int_0^x g'(t) \, dt | \leqslant$$

$$\int_0^x |g'(t)| \, dt = h(x)$$

所以

$$2\int_0^l |g(x) \cdot g'(x)| \, dx \leqslant$$

$$2\int_0^l h(x)h'(x) \, dx = (h(l))^2$$

另外,由 Schwarz − Buniakowski 不等式,由

$$(h(l))^2 = \left(\int_0^l h'(x) \, dx \right)^2 \leqslant$$

$$\left(\int_0^l dx \right) \left(\int_0^l (h'(x))^2 \, dx \right) = l \int_0^l (g'(x))^2 \, dx$$

注 笔者曾经研究过这个不等式在时间尺度上的各种推广,详细的细节可见文献[20].

例 11(Gronwall) 设 $u(x),B(x)$ 均为 $I=[a,b] \to$ $\mathbf{R}^*$ 上的连续函数. $A > 0$ 为常数. 证明:若

$$u(x) \leqslant A + \int_{x_0}^x B(s) \cdot u(s) \, ds \quad (\forall x_0 \leqslant x \in [a,b])$$

则

$$u(x) \leqslant A \exp \int_{x_0}^x B(s) \, ds$$

证法 1 因为 $x \geqslant x_0$,所以有

$$u(x) \leqslant A + \int_{x_0}^{x} B(s) \cdot u(s) \mathrm{d}s \leqslant$$

$$A + \int_{x_0}^{x} B(s)(A + \int_{x_0}^{s} B(v) \cdot u(v) \mathrm{d}v) \mathrm{d}s$$

(因为 $B(s) \geqslant 0$) =

$$A + A\int_{x_0}^{x} B(s)\mathrm{d}s + \int_{x_0}^{x} B(s)(\int_{x_0}^{s} B(v) \cdot u(v)\mathrm{d}v)\mathrm{d}s \leqslant$$

$$A + A\int_{x_0}^{x} B(s)\mathrm{d}s + \int_{x_0}^{x} B(s)(\int_{x_0}^{s} B(v)(A +$$

$$\int_{x_0}^{v} B(z)u(z)\mathrm{d}z)\mathrm{d}v)\mathrm{d}s =$$

$$A + A\int_{x_0}^{x} B(s)\mathrm{d}s + A\int_{x_0}^{x} B(s)\left(\int_{x_0}^{s} B(v)\mathrm{d}v\right)\mathrm{d}s +$$

$$\int_{x_0}^{x} B(s)\left(\int_{x_0}^{s} B(v)\left(\int_{x_0}^{v} B(z)u(z)\mathrm{d}z\right)\mathrm{d}v\right)\mathrm{d}s \leqslant$$

$$A + A\int_{x_0}^{x} B(s)\mathrm{d}s + A\int_{x_0}^{x} B(s)\left(\int_{x_0}^{s} B(v)\mathrm{d}v\right)\mathrm{d}s +$$

$$\int_{x_0}^{x} B(s)\left(\int_{x_0}^{s} B(v)\left(\int_{x_0}^{v} B(z)\mathrm{d}z\right)\mathrm{d}v\right)\mathrm{d}s + \cdots$$

设

$$\overline{B}(x) = \int_{x_0}^{x} B(s)\mathrm{d}s$$

则 $\overline{B}(x_0) = 0$.

于是利用分部积分有

$$\int_{x_0}^{x} B(s)\int_{x_0}^{s} B(v)\mathrm{d}v\mathrm{d}s =$$

$$\int_{x_0}^{x} B(s) \cdot \overline{B}(s)\mathrm{d}s = \int_{x_0}^{x} \overline{B}(s)\mathrm{d}\overline{B}(s) =$$

$$(\overline{B}(s))^2 \mid_{x_0}^{x} - \int_{x_0}^{x} \overline{B}(s)B(s)\mathrm{d}s =$$

$$(\overline{B}(x))^2 - \int_{x_0}^{x} \overline{B}(s)B(s)\,\mathrm{d}s$$

所以有

$$\int_{x_0}^{x} B(s)\int_{x_0}^{s}\mathrm{d}v\mathrm{d}s = \frac{(\overline{B}(x))^2}{2}$$

利用上述结果类似的有

$$\int_{x_0}^{x} B(s)\left(\int_{x_0}^{s} B(v)\left(\int_{x_0}^{v} B(z)\mathrm{d}z\right)\mathrm{d}v\right)\mathrm{d}s =$$

$$\int_{x_0}^{x} B(s)\cdot\frac{(\overline{B}(x))^2}{2}\mathrm{d}s =$$

$$\frac{1}{2}\int_{x_0}^{x} (\overline{B}(s))^2\mathrm{d}\overline{B}(s) =$$

$$\frac{1}{2}(\overline{B}(x))^3 - \int_{x_0}^{x} (\overline{B}(s))^2 B(s)\mathrm{d}s =$$

$$\frac{1}{2}(\overline{B}(x))^3 - 2\int_{x_0}^{x} B(s)\left(\int_{x_0}^{s} B(v)\left(\int_{x_0}^{v} B(z)\mathrm{d}z\right)\mathrm{d}v\right)\mathrm{d}s$$

从而得出

$$\int_{x_0}^{x} B(s)\left(\int_{x_0}^{s} B(v)\left(\int_{x_0}^{v} B(z)\mathrm{d}z\right)\mathrm{d}v\right)\mathrm{d}s = \frac{(\overline{B}(x))^3}{3!}$$

如此类推，利用数学归纳法知，对 $\forall n \in \mathbf{N}$ 有

$$\int_{x_0}^{x}\int_{x_0}^{x_1}\cdots\int_{x_0}^{x_{n-1}} B(x_1)B(x_2)\cdots B(x_n)\mathrm{d}x_n\cdots\mathrm{d}x_2\mathrm{d}x_1 =$$

$$\frac{\left(\int_{x_0}^{x} B(s)\mathrm{d}s\right)^n}{n!}$$

从而得

$$u(x) \leqslant A\left[1 + \int_{x_0}^{x} B(s)\mathrm{d}s + \frac{(\int_{x_0}^{x} B(s)\mathrm{d}s)^2}{2!} + \cdots +\right.$$

$$\left. \frac{(\int_{x_0}^{x} B(s)\,\mathrm{d}s)^n}{n!} + \cdots \right] =$$

$$A\exp\int_{x_0}^{x} B(s)\,\mathrm{d}s$$

定理即证.

证法 2 因为 $B(x) \geqslant 0$,所以

$$B(x)u(x) \leqslant \left(A + \int_{x_0}^{x} B(s) \cdot u(s)\,\mathrm{d}s\right)B(x)$$

即有

$$\frac{\mathrm{d}}{\mathrm{d}x}\left(\int_{x_0}^{x} B(s) \cdot u(s)\,\mathrm{d}s\right) \leqslant$$

$$\left(A + \int_{x_0}^{x} B(s) \cdot u(s)\,\mathrm{d}s\right)B(x)$$

因为 $A > 0$ 为常数,所以有

$$\frac{\mathrm{d}}{\mathrm{d}x}\left(A + \int_{x_0}^{x} B(s) \cdot u(s)\,\mathrm{d}s\right) \leqslant$$

$$\left(A + \int_{x_0}^{x} B(s) \cdot u(s)\,\mathrm{d}s\right)B(x)$$

$$v(x) = A + \int_{x_0}^{x} B(s) \cdot u(s)\,\mathrm{d}s$$

则 $v(x) > 0, v(x_0) = A.$ 从而有

$$\frac{\mathrm{d}v(x)}{\mathrm{d}x} \leqslant v(x)B(x) \Rightarrow \frac{\mathrm{d}v(x)}{v(x)} \leqslant B(x)\,\mathrm{d}x \Rightarrow$$

$$\ln v(x) \mid_{x_0}^{x} \leqslant \int_{x_0}^{x} B(s)\,\mathrm{d}s \Rightarrow \ln\frac{v(x)}{v(x_0)} \leqslant \int_{x_0}^{x} B(s)\,\mathrm{d}s \Rightarrow$$

$$v(x) \leqslant v(x_0)\exp\int_{x_0}^{x} B(s)\,\mathrm{d}s = A\exp\int_{x_0}^{x} B(s)\,\mathrm{d}s$$

而 $u(x) \leqslant v(x)$,所以 $u(x) \leqslant A\exp\int_{x_0}^{x} B(s)\,\mathrm{d}s.$

参考文献

［1］华东师范大学数学系. 数学分析［M］. 第三版. 北京：高等
教育出版社,2001:186-187.

［2］塞蒙斯 G F. 微分方程 —— 附应用及历史注记［M］. 张理
京,译. 北京：人民教育出版社,1981:406-408.

［3］钟玉泉. 复变函数论［M］. 第二版. 北京：高等教育出版社，
1999:237-238.

［4］FURDUI O. limits,series and Fractional part integral［M］.
Berlin:springer,2012.

［5］VALEAN C I. A new proof for a classical quadratic
harmonic series［J］. J. Classi. Anal. ,2015,8(2):155-161.

［6］DUTTA R. Evaluation of a cubic Euler sum［J］. J. Classi.
Anal. ,2016,9 (2):151-159.

［7］XU H ZH,YIN L. A logarithmic integral related to
generalized harmonic numbers［J］. Int. J. Open problems
compt. math. ,2017,10(2):14-18.

［8］FLAJOLET P,SEDGWICK R. Mellin transforms and
asymptotics:Finite differences and Rices integrals［J］.
Theo. Comput. Sci,1995,144:101-124.

［9］ABEL U. Evalution of a logarithmic integral［J］. Int. J.
open problems compt. Math. ,2017,10(3).

［10］XU H ZH,YIN L. On a Furdui problem［J］. Int. J. Open
problems Compt. Math. ,2017,10(3):14-18.

［11］BORWEIN D,BORWEIN J M. On an intriguing integral
and some series related to［J］. Proc. Amer. Math. Soc. ,
1995,123:277-294.

［12］VILLARINO M B. The convergence of the Catalan
number generating function［EB/OL］ http://arxiv.

org/abs/1511.08555v2.

[13] YIN L,XU H ZH. A remark of OQ3612[J]. Octogon. Math. Mag. ,2016,24(1):372-375.

[14] BENCZE M. OQ3612[J]. Octogon. Math. Mag. ,2010,18(2).

[15] CONNON D F. Some series and integrals involving the Riemann zeta function,binomial coefficients and the harmonic numbers. Volume. I[EB/OL],http://arxiv. org/ abs/ 0710. 4022.

[16] BENCZE M. OQ4634[J]. Octogon. Math. Mag. ,2013,21(2).

[17] YIN L. Some integrals involving sine and cosine and cosine function (OQ4634)[J]. 2016,24(1):376-381.

[18] YIN L,QI F. Several series identities involving the Catalan number[J]. Transactions of A. Razlnadze mathematical. Institute,2018,172:466-474.

[19] 李文荣. 分析中的问题研究[M]. 北京:中国工人出版社,2001.

[20] YIN L,ZHAO CH J. Some Maroni type inequalities on time scales[J]. Demonstratio Math. ,2013,46(3):485-490.

广义椭圆积分

第
六
章

在积分学中,椭圆积分最初出现于椭圆的弧长计算等有关的问题中. Fagnano 和 Euler 是最早的研究者. 本章主要讨论经典 Legendre 形式椭圆积分的单参数与双参数推广. 我们的推广主要是基于前面广义三角函数的概念. 随后我们讨论了这些函数的一些积分表示以及单调性、凹凸性与不等式.

第一节　单参数广义椭圆积分

1. 单参数广义椭圆积分的定义与性质

Legendre 的第一类和第二类完全椭圆积分中,$0 < r < 1$(其中 r 为实数) 可分别定义为

$$K(r) = \int_0^{\frac{\pi}{2}} \frac{1}{\sqrt{1 - r^2 \sin^2 t}} \mathrm{d}t =$$

$$\int_0^1 \frac{1}{\sqrt{(1 - t^2)(1 - r^2 t^2)}} \mathrm{d}t$$

和

$$E(r) = \int_0^{\frac{\pi}{2}} \sqrt{1 - r^2 \sin^2 t}\, \mathrm{d}t = \int_0^1 \sqrt{\frac{1 - r^2 t^2}{1 - t^2}}\, \mathrm{d}t$$

令 $r' = \sqrt{1 - r^2}$，我们通常记 $K'(r) = K(r'), E'(r) = E(r')$.

这些函数是 Gauss 超几何函数的特殊情况. 事实上, 我们可得到

$$K(r) = \frac{\pi}{2} F\left(\frac{1}{2}, \frac{1}{2}; 1; r^2\right)$$

和

$$E(r) = \frac{\pi}{2} F\left(-\frac{1}{2}, \frac{1}{2}; 1; r^2\right)$$

完全椭圆积分在多个数学分支以及工程和物理学中经常用到. 特别是在拟保角映射理论中有很重要的应用, 许多数学家研究了它们的单调性和凸性定理. 可以参看文献 [1−5]. 在文献 [6] 中, Takeuchi 利用广义三角函数的概念给出了一种新的单参数推广.

基于广义三角函数 $\sin_p x$ 与 π_p, 可以定义单参数广义椭圆积分第一型与第二型如下: 对 $p \in (1, +\infty)$ 以及 $k \in (0, 1)$, 有

$$K_p(k) = \int_0^{\frac{\pi_p}{2}} \frac{\mathrm{d}\theta}{(1 - k^p \sin_p^p \theta)^{1 - \frac{1}{p}}} =$$

$$\int_0^1 \frac{\mathrm{d}t}{(1 - t^p)^{\frac{1}{p}} (1 - k^p t^p)^{1 - \frac{1}{p}}}$$

$$E_p(k) = \int_0^{\frac{\pi_p}{2}} (1 - k^p \sin_p^p \theta)^{\frac{1}{p}} \mathrm{d}\theta = \int_0^1 \left(\frac{1 - k^p t^p}{1 - t^p} \right)^{\frac{1}{p}} \mathrm{d}t$$

特别的,当 $p = 2$ 时,这些积分即为经典的椭圆积分 $K(k)$ 与 $E(k)$.

值得注意的是,Borwein 也定义过椭圆积分的推广形式:对 $|s| \leqslant \frac{1}{2}$ 以及 $0 < k < 1$,有

$$K_s(k) = \frac{\pi}{2} F\left(\frac{1}{2} - s, \frac{1}{2} + s; 1; k^2 \right)$$

$$E_s(k) = \frac{\pi}{2} F\left(-\frac{1}{2} - s, \frac{1}{2} + s; 1; k^2 \right)$$

显然 $K_0(k) = K(k)$ 与 $E_0(k) = E(k)$,且有

$$K_s(k) = \frac{\pi}{\pi_p} K_p(k^{\frac{2}{p}}), E_s(k) = \frac{\pi}{\pi_p} E_p(k^{\frac{2}{p}})$$

其中 $p = \frac{2}{2s + 1}$. 本章主要研究第一种,即广义 p — 椭圆积分. 且定义 $k' = (1 - k^p)^{\frac{1}{p}}$ 以及积分 $K_p'(k) = K_p(k')$, $E_p'(k) = E_p(k')$.

性质 1 (导数公式)

$$\frac{\mathrm{d}E_p}{\mathrm{d}k} = \frac{E_p - K_p}{k}$$

$$\frac{\mathrm{d}K_p}{\mathrm{d}k} = \frac{E_p - (k')^p K_p}{k(k')^p}$$

证明 对于第一个等式,微分 $E_p(k)$ 可得

$$\frac{\mathrm{d}E_p}{\mathrm{d}k} = \int_0^{\frac{\pi_p}{2}} \frac{\mathrm{d}}{\mathrm{d}k}(1 - k^p \sin_p^p \theta)^{\frac{1}{p}} \mathrm{d}\theta =$$

$$\int_0^{\frac{\pi_p}{2}} \frac{-k^{p-1} \sin_p^p \theta}{(1 - k^p \sin_p^p \theta)^{1-\frac{1}{p}}} \mathrm{d}\theta =$$

$$\frac{1}{k} \int_0^{\frac{\pi_p}{2}} \frac{1 - k^p \sin_p^p \theta}{(1 - k^p \sin_p^p \theta)^{1-\frac{1}{p}}} \mathrm{d}\theta -$$

$$\frac{1}{k} \int_0^{\frac{\pi_p}{2}} \frac{\mathrm{d}\theta}{(1 - k^p \sin_p^p \theta)^{1-\frac{1}{p}}} =$$

$$\frac{1}{k}(E_p - K_p)$$

对于第二个,计算易得

$$\frac{\mathrm{d}K_p}{\mathrm{d}k} = \int_0^{\frac{\pi_p}{2}} \frac{(p-1)k^{p-1} \sin_p^p \theta}{(1 - k^p \sin_p^p \theta)^{2-\frac{1}{p}}} \mathrm{d}\theta$$

与

$$\frac{\mathrm{d}}{\mathrm{d}\theta}\left(\frac{-\cos_p^{p-1}\theta}{(1 - k^p \sin_p^p \theta)^{1-\frac{1}{p}}} \right) =$$

$$\frac{(p-1)\sin_p^{p-1}\theta(1 - k^p \sin_p^p \theta) - (p-1)k^p \sin_p^{p-1}\theta \cos_p^p \theta}{(1 - k^p \sin_p^p \theta)^{2-\frac{1}{p}}} =$$

$$\frac{(p-1)(k')^p \sin_p^{p-1}\theta}{(1 - k^p \sin_p^p \theta)^{2-\frac{1}{p}}}$$

由分部积分,可得

$$\frac{\mathrm{d}K_p}{\mathrm{d}k} = \int_0^{\frac{\pi_p}{2}} \frac{k^{p-1}}{(k')^p} \frac{\mathrm{d}}{\mathrm{d}\theta}\left(-\frac{\cos_p^{p-1}\theta}{(1 - k^p \sin_p^p \theta)^{1-\frac{1}{p}}} \right) \sin_p\theta \mathrm{d}\theta =$$

$$\frac{k^{p-1}}{(k')^p}\left(\frac{-\cos_p^{p-1}\theta \sin_p\theta}{(1 - k^p \sin_p^p \theta)^{1-\frac{1}{p}}} \right)_0^{\frac{\pi_p}{2}} +$$

$$\frac{k^{p-1}}{(k')^p} \int_0^{\frac{\pi_p}{2}} \frac{\cos_p^p \theta}{(1 - k^p \sin_p^p \theta)^{1-\frac{1}{p}}} \mathrm{d}\theta =$$

226

$$\frac{k^{p-1}}{(k')^p}\int_0^{\frac{\pi_p}{2}}\frac{1}{k^p}\frac{1-k^p\sin_p^p\theta-(1-k^p)}{(1-k^p\sin_p^p\theta)^{1-\frac{1}{p}}}\mathrm{d}\theta=$$

$$\frac{1}{k(k')^p}(E_p-(k')^pK_p)$$

利用性质 1,可以证明下面的 Legendre 恒等式.

性质 2　对 $k\in(0,1)$,则

$$K_p'(k)E_p(k)+K_p(k)E_p'(k)-K_p(k)K_p'(k)=\frac{\pi_p}{2}$$

证明　应用性质 1 与 $\dfrac{\mathrm{d}K_p'}{\mathrm{d}k}=-\left(\dfrac{K}{K'}\right)^{p-1}$ 可得

$$\frac{\mathrm{d}K_p'}{\mathrm{d}k}=\frac{k^pK_p'-E_p'}{k(k')^p}$$

$$\frac{\mathrm{d}E_p'}{\mathrm{d}k}=k^{p-1}\frac{K_p'-E_p'}{(k')^p}$$

微分可得

$$\frac{\mathrm{d}}{\mathrm{d}k}(K_p'E_p+K_pE_p'-K_pK_p')=$$

$$\frac{k^pK_p'-E_p'}{k(k')^p}E_p+K_p'\frac{E_p-K_p}{k}+\frac{E_p-(k')^pK_p}{k(k')^p}E_p'+$$

$$K_pk^{p-1}\frac{K_p'-E_p'}{(k')^p}-\frac{E_p-(k')^pK_p}{k(k')^p}K_p'-$$

$$K_p\frac{k^pK_p'-E_p'}{k(k')^p}=$$

$$E_p'E_p\left(-\frac{1}{k(k')^p}+\frac{1}{k(k')^p}\right)+$$

$$(K_pE_p'-K_pK_p')\left(\frac{k^{p-1}}{(k')^p}+\frac{1}{k}-\frac{1}{k(k')^p}\right)=0$$

所以 $K_p'E_p+K_pE_p'-K_pK_p'=c$. 下面计算 c,由于

$$\lim_{k\to0^+}K_p'E_p'=\frac{\pi_p}{2},\text{且}$$

$$| (K_p - E_p) K'_p | =$$

$$\int_0^{\frac{\pi_p}{2}} \left(\frac{1}{(1 - k^p \sin_p^p \theta)^{1 - \frac{1}{p}}} - (1 - k^p \sin_p^p \theta)^{\frac{1}{p}} \right) \mathrm{d}\theta \cdot$$

$$\int_0^{\frac{\pi_p}{2}} \frac{\mathrm{d}\theta}{(1 - (k')^p \sin_p^p \theta)^{1 - \frac{1}{p}}} =$$

$$\int_0^{\frac{\pi_p}{2}} \frac{k^p \sin_p^p \theta}{(1 - k^p \sin_p^p \theta)^{1 - \frac{1}{p}}} \mathrm{d}\theta \cdot$$

$$\int_0^{\frac{\pi_p}{2}} \frac{\mathrm{d}\theta}{(\cos_p^p \theta + k^p \sin_p^p \theta)^{1 - \frac{1}{p}}} \leqslant$$

$$k K_p(k) \frac{\pi_p}{2}$$

因此 $\lim\limits_{k \to 0^+} (K_p - E_p) K'_p = 0$. 即证.

性质 3 $K_p(k)$ 与 $E_p(k)$ 分别满足如下的二阶线性微分方程

$$k(1 - k^p) \frac{\mathrm{d}^2 y}{\mathrm{d}k^2} + (1 - (1 + p) k^p) \frac{\mathrm{d}y}{\mathrm{d}k} - (p - 1) k^{p-1} y = 0$$

与

$$k(1 - k^p) \frac{\mathrm{d}^2 y}{\mathrm{d}k^2} + (1 - k^p) \frac{\mathrm{d}y}{\mathrm{d}k} + k^{p-1} y = 0$$

证明 利用性质 1 容易证明, 这里我们省略细节. 定义 $K_p(k)$ 与 $E_p(k)$ 的对偶如下

$$K_p^*(k) = \int_0^{\frac{\pi_p}{2}} \frac{\mathrm{d}\theta}{(1 - k^p \sin_p^p \theta)^{\frac{1}{p}}} =$$

$$\int_0^1 \frac{\mathrm{d}t}{(1 - t^p)^{\frac{1}{p}} (1 - k^p t^p)^{\frac{1}{p}}}$$

$$E_p^*(k) = \int_0^{\frac{\pi_p}{2}} (1 - k^p \sin_p^p \theta)^{1 - \frac{1}{p}} \, \mathrm{d}\theta = \int_0^1 \frac{(1 - k^p t^p)^{1 - \frac{1}{p}}}{(1 - t^p)^{\frac{1}{p}}} \, \mathrm{d}t$$

显然 $K_2^*(k) = K_2(k) = K(k)$，$E_2^*(k) = E_2(k) = E(k)$.

下面给出它们的超几何函数表达式.

性质 4　对 $k \in (0,1)$，有

$$K_p(k) = \frac{\pi_p}{2} F\left(\frac{1}{p}, 1 - \frac{1}{p}; 1; k^p\right)$$

$$E_p(k) = \frac{\pi_p}{2} F\left(\frac{1}{p}, -\frac{1}{p}; 1; k^p\right)$$

$$K_p^*(k) = \frac{\pi_p}{2} F\left(\frac{1}{p}, \frac{1}{p}; 1; k^p\right)$$

$$E_p^*(k) = \frac{\pi_p}{2} F\left(\frac{1}{p}, \frac{1}{p} - 1; 1; k^p\right)$$

证明　由二项式级数展开，得

$$K_p(k) = \int_0^{\frac{\pi_p}{2}} (1 - k^p \sin_p^p \theta)^{\frac{1}{p} - 1} \, \mathrm{d}\theta =$$

$$\sum_{n=0}^{+\infty} (-1)^n \begin{pmatrix} \frac{1}{p} - 1 \\ n \end{pmatrix} k^{np} \int_0^{\frac{\pi_p}{2}} \sin_p^{pn} \theta \, \mathrm{d}\theta$$

由于

$$(-1)^n \begin{pmatrix} \frac{1}{p} - 1 \\ n \end{pmatrix} =$$

$$(-1)^n \frac{\left(\frac{1}{p} - 1\right)\left(\frac{1}{p} - 2\right) \cdots \left(\frac{1}{p} - n\right)}{n!} = \frac{\left(1 - \frac{1}{p}\right)_n}{(1)_n}$$

以及

$$\int_0^{\frac{\pi_p}{2}} \sin_p^{pn}\theta \, \mathrm{d}\theta =$$

$$\frac{1}{p}\int_0^1 t^{n+\frac{1}{p}-1}(1-t)^{-\frac{1}{p}}\,\mathrm{d}t =$$

$$\frac{1}{p}\mathrm{B}\left(n+\frac{1}{p},1-\frac{1}{p}\right) =$$

$$\frac{1}{p}\mathrm{B}\left(\frac{1}{p},1-\frac{1}{p}\right)\frac{\mathrm{B}\left(n+\frac{1}{p},1-\frac{1}{p}\right)}{\mathrm{B}\left(\frac{1}{p},1-\frac{1}{p}\right)} =$$

$$\frac{\pi_p}{2}\frac{\Gamma\left(n+\frac{1}{p}\right)}{\Gamma\left(\frac{1}{p}\right)\Gamma(n+1)} = \frac{\pi_p}{2}\frac{\left(\frac{1}{p}\right)_n}{n!}$$

易得

$$K_p(k) = \frac{\pi_p}{2}\sum_{n=0}^{+\infty}\frac{\left(\frac{1}{p}\right)_n\left(1-\frac{1}{p}\right)_n}{(1)_n}\frac{k^{pn}}{n!} =$$

$$\frac{\pi_p}{2}F\left(\frac{1}{p},1-\frac{1}{p};1,k^p\right)$$

其余三个等式类比证明.

性质 5 设 $0\leqslant k<1$,以及 $k^p+(k')^p=1$,则

$(1)K_{p^*}(k^{p-1})=(p-1)\dfrac{1}{k'}K_p^*\left(i_p\dfrac{k}{k'}\right)$;

$(2)K_{p^*}(k^{p-1})=(p-1)K_p(k)$;

$(3)E_{p^*}(k^{p-1})=(p-1)\dfrac{1}{k'}K_p^*\left(i_p\dfrac{k}{k'}\right)$;

$(4)E_{p^*}(k^{p-1})=E_p(k)+(p-2)(k')^pK_p(k)$,

其中 $i_p=\mathrm{e}^{\frac{i\pi}{p}}$,$p^*=\dfrac{p}{p-1}$.

证明 对于(1)与(3),令 $1-t^{p^*}=u^p$,有

$$K_{p^*}(k^{p-1}) = \int_0^1 \frac{\mathrm{d}t}{(1-t^{p^*})^{\frac{1}{p^*}}(1-k^p t^{p^*})^{1-\frac{1}{p^*}}} =$$

$$(p-1)\int_0^1 \frac{\mathrm{d}u}{(1-u^p)^{\frac{1}{p}}(1-k^p+k^p u^p)^{\frac{1}{p}}} =$$

$$(p-1)\frac{1}{k'}K_p^*\left(i_p\frac{k}{k'}\right)$$

与

$$E_{p^*}(k^{p-1}) = \int_0^1 \left(\frac{1-k^p t^{p^*}}{1-t^{p^*}}\right)\mathrm{d}t =$$

$$(p-1)\int_0^1 \frac{(1-k^p+k^p u^p)^{1-\frac{1}{p}}}{(1-u^p)^{\frac{1}{p}}}\mathrm{d}u =$$

$$(p-1)(k')^{p-1}E_p^*\left(i_p\frac{k}{k'}\right)$$

对于(3)，考虑连续 $u^p = \dfrac{(1-k^p)t^p}{1-k^p t^p}$，则有

$$K_{p^*} = (p-1)\int_0^1 \frac{\dfrac{(1-k^p)^{\frac{1}{p}}}{(1-k^p t^p)^{1+\frac{1}{p}}}}{\left(\dfrac{1-t^p}{1-k^p t^p}\right)^{\frac{1}{p}}\left(\dfrac{1-k^p}{1-k^p t^p}\right)^{\frac{1}{p}}}\mathrm{d}t =$$

$$(p-1)\int_0^1 \frac{\mathrm{d}t}{(1-t^p)^{\frac{1}{p}}(1-k^p t^p)^{1-\frac{1}{p}}} = (p-1)K_p(k)$$

对于(4)，利用与(3)相同的变换得

$$E_{p^*}(k^{p-1}) = (p-1)\int_0^1 \frac{\left(\dfrac{1-k^p}{1-k^p t^p}\right)^{\frac{1}{p}}(1-k^p)^{\frac{1}{p}}}{\left(\dfrac{1-t^p}{1-k^p t^p}\right)^{\frac{1}{p}}(1-k^p t^p)^{1+\frac{1}{p}}}\mathrm{d}t =$$

$$(p-1)(k')^p\int_0^1 \frac{\mathrm{d}t}{(1-t^p)^{\frac{1}{p}}(1-k^p t^p)^{2-\frac{1}{p}}}$$

在最后一个积分中，令 $t = \sin_p\theta$，并由性质 1 可知

$$\int_0^1 \frac{\mathrm{d}t}{(1-t^p)^{\frac{1}{p}}(1-k^pt^p)^{2-\frac{1}{p}}} = \int_0^{\frac{\pi_p}{2}} \frac{\mathrm{d}\theta}{(1-k^p\sin_p^p\theta)^{2-\frac{1}{p}}} =$$

$$\int_0^{\frac{\pi_p}{2}} \frac{\mathrm{d}\theta}{(1-k^p\sin_p^p\theta)^{1-\frac{1}{p}}} + \int_0^{\frac{\pi_p}{2}} \frac{k^p\sin_p^p\theta}{(1-k^p\sin_p^p\theta)^{2-\frac{1}{p}}}\mathrm{d}\theta =$$

$$K_p + \frac{k}{p-1}\frac{\mathrm{d}K_p}{\mathrm{d}k} =$$

$$K_p + \frac{1}{(p-1)(k')^p}(E_p - (k')^pK_p)$$

进而

$$E_p \cdot (k^{p-1}) =$$

$$(p-1)(k')^p\left(K_p + \frac{1}{(p-1)(k')^p}(E_p - (k')^pK_p)\right) =$$

$$E_p + (p-2)(k')^pK_p$$

由性质 5,可以容易得到性质 6.

性质 6 设 $0 \leqslant k < 1$ 及 $k^p + (k')^p = 1$,则

$$K_p(k) = \frac{1}{k'}K_p^*\left(\mathrm{i}\frac{k}{k'}\right)$$

$$E_p(k) =$$

$$(k')^{p-1}\left((p-1)E_p^*\left(\mathrm{i}\frac{k}{k'}\right) - (p-2)K_p^*\left(\mathrm{i}\frac{k}{k'}\right)\right)$$

性质 7 $(1)\, K_p\left(\frac{1}{\sqrt[p]{2}}\right) = \dfrac{\sqrt[p]{2}\,\Gamma\left(\frac{1}{2p}\right)^2}{4p\Gamma\left(\frac{1}{p}\right)\cos\frac{\pi}{2p}}$

$(2)\, E_p\left(\dfrac{1}{\sqrt[p]{2}}\right) =$

$$\frac{\sqrt[p]{2}}{8p\Gamma\left(\frac{1}{p}\right)}\left|\frac{\Gamma\left(\frac{1}{2p}\right)^2}{\cos\frac{\pi}{2p}} + \frac{2p\Gamma\left(\frac{1}{2p}+\frac{1}{2}\right)^2}{\sin\frac{\pi}{2p}}\right|$$

证明　令 $k = \dfrac{1}{\sqrt[p]{2}}$，则 $k' = \dfrac{1}{\sqrt[p]{2}}$，由性质 5 可知

$$K_p\left(\frac{1}{\sqrt[p]{2}}\right) = \sqrt[p]{2}\, K_p^*\,(\mathrm{i}_p) = \sqrt[p]{2}\int_0^1 \frac{\mathrm{d}t}{(1-t^{2p})^{\frac{1}{p}}}$$

做代换 $t^{2p} = x$，则有

$$\int_0^1 \frac{\mathrm{d}t}{(1-t^{2p})^{\frac{1}{p}}} = \frac{1}{2p}\mathrm{B}\left(\frac{1}{2p},1-\frac{1}{p}\right) =$$

$$\frac{\Gamma\left(\dfrac{1}{2p}\right)\Gamma\left(1-\dfrac{1}{p}\right)}{2p\,\Gamma\left(1-\dfrac{1}{2p}\right)}$$

再由

$$\Gamma\left(1-\frac{1}{p}\right) = \frac{\pi}{\Gamma\left(\dfrac{1}{p}\right)\sin\dfrac{\pi}{p}} = \frac{\pi}{2\Gamma\left(\dfrac{1}{p}\right)\sin\dfrac{\pi}{2p}\cos\dfrac{\pi}{2p}}$$

$$\Gamma\left(1-\frac{1}{2p}\right) = \frac{\pi}{\Gamma\left(\dfrac{1}{2p}\right)\sin\dfrac{\pi}{2p}}$$

可证(1)，类比的方法可以证明(2).

2. 广义 p 椭圆积分的级数表达式

上一小节指出广义 p 椭圆积分 $K_p(k)$ 和 $E_p(k)$ 可以用超几何函数表示，下面我们给出一个新的级数表示，读者可以看笔者的文章[13].

引理 1[13]　设 $g(x),G(x)$ 在 $[0,1]$ 上 Lebesgue 可积，且 $G(x) = \dfrac{g(x)}{(1-ax^n)^{\xi}}$，当 $0 < a \leqslant 1, \eta > 0, \lambda < \dfrac{1}{2}, \xi \in \mathbf{R}$，$x \in [0,1]$，以及 $b_j = b_j(\alpha,\eta,x) = \alpha^j \displaystyle\int_0^x t^{jn}g(t)\mathrm{d}t$，则有

$$\int_0^x \frac{g(x)}{(1-\alpha x^n)^\xi} \mathrm{d}x =$$

$$\sum_{j=0}^n \frac{(\xi)_n}{n!} \frac{1}{(1-\lambda)^{n+\xi}} \sum_{j=0}^n \binom{n}{j}(-\lambda)^{n-j} b_j(\alpha,\eta,x)$$

定理 1　对 $p>1, k\in[0,1]$,以及 $\lambda<\dfrac{1}{2}$,有

$$K_p(k) =$$

$$\frac{\pi_p}{2}\sum_{n=0}^{+\infty}\begin{bmatrix}\dfrac{1}{p}-1\\[4pt]n\end{bmatrix}\frac{1}{(1-\lambda)^{n+1-\frac{1}{p}}}\sum_{j=0}^n\binom{n}{j}\begin{bmatrix}-\dfrac{1}{p}\\[4pt]j\end{bmatrix}\lambda^{n-j}k^{pj}$$

证明　在引理 1 中令 $\alpha=k^p, \eta=p, \xi=1-\dfrac{1}{p}$,

$g(x)=(1-x^p)^{-\frac{1}{p}}$,以及 $x=1$,则有

$$b_j = k^{pj}\int_0^1 t^{pj}(1-t^p)^{-\frac{1}{p}}\mathrm{d}t =$$

$$k^{pj}\frac{1}{p}\int_0^1 u^j(1-u)^{-\frac{1}{p}}u^{\frac{1}{p}-1}\mathrm{d}u =$$

$$\frac{k^{pj}}{p}\mathrm{B}\left(\frac{1}{p}+j, 1-\frac{1}{p}\right) =$$

$$\frac{\pi_p k^{pj}}{2}\frac{\left(\dfrac{1}{p}\right)_j}{j!}$$

应用公式

$$\frac{\left(\dfrac{1}{p}\right)_j}{j!} = (-1)^j\begin{bmatrix}-\dfrac{1}{p}\\[4pt]j\end{bmatrix}$$

$$\frac{\left(1-\dfrac{1}{p}\right)_n}{n!} = (-1)^n\begin{bmatrix}\dfrac{1}{p}-1\\[4pt]n\end{bmatrix}$$

如此容易完成证明.

234

注　在定理 1 中，令 $\lambda=0$，则有

$$K_p(k)=\frac{\pi_p}{2}\sum_{n=0}^{+\infty}\begin{bmatrix}\dfrac{1}{p}-1\\n\end{bmatrix}\begin{pmatrix}n\\n\end{pmatrix}\begin{bmatrix}-\dfrac{1}{p}\\n\end{bmatrix}k^m=$$

$$\frac{\pi_p}{2}\sum_{n=0}^{+\infty}\frac{\left(\dfrac{1}{p}\right)^n\left(1-\dfrac{1}{p}\right)_n}{(1)_n}=\frac{k^{pn}}{n!}=$$

$$\frac{\pi_p}{2}F\left(\frac{1}{p},1-\frac{1}{p};1,k^p\right)$$

这样就给出了 Takeuchi 的级数表示，如果再应用 Kummer 等式

$$F\left(\alpha,1-\alpha;r;\frac{1}{2}\right)=$$

$$2^{1-r}\frac{\Gamma(r)\Gamma\left(\dfrac{1}{2}\right)}{\Gamma\left(\dfrac{r+\alpha}{2}\right)\Gamma\left(\dfrac{1+r+\alpha}{2}\right)}$$

及性质 7，可以得到

$$\frac{\pi_p}{2}2^{1-1}\frac{\Gamma(1)\Gamma\left(\dfrac{1}{2}\right)}{\Gamma\left[\dfrac{r+\dfrac{1}{p}}{2}\right]\Gamma\left[\dfrac{1+1-\dfrac{1}{p}}{2}\right]}=$$

$$\frac{\sqrt[p]{2}\,\Gamma^2\left(\dfrac{1}{2p}\right)}{4p\Gamma\left(\dfrac{1}{p}\right)\cos\left(\dfrac{\pi}{2p}\right)}\Longleftrightarrow$$

$$\pi_p=\frac{\left(\frac{1}{p}-1\right)\sqrt{2}}{p\sqrt{\pi}}\frac{\Gamma\left(\dfrac{1}{2p}\right)\Gamma\left(\dfrac{1}{2}+\dfrac{1}{2p}\right)\Gamma\left(1-\dfrac{1}{2p}\right)}{\Gamma\left(\dfrac{1}{p}\right)\cos\left(\dfrac{\pi}{2p}\right)}\Longleftrightarrow$$

$$\frac{\Gamma\left(\frac{1}{2p}\right)\Gamma\left(\frac{1}{2}+\frac{1}{2p}\right)}{\Gamma\left(\frac{1}{p}\right)}=\frac{\sqrt{\pi}}{\left(\frac{1}{p}-2\right)\sqrt{2}}$$

取 $p=3$,则得到一个优美的公式

$$\frac{\Gamma^2(3)}{\Gamma\left(\frac{1}{6}\right)}=\sqrt{\frac{\pi}{6}}$$

完全类比的方法可以得到 $E_p(k)$ 的级数表达式.

定理 2 对 $p>1$ 及 $k\in[0,1]$,$\lambda<\frac{1}{2}$,有

$$E_p(k)=\frac{\pi_p}{2}\sum_{n=0}^{+\infty}\left|\begin{array}{c}\frac{1}{p}\\n\end{array}\right|\frac{1}{(1-\lambda)^{n-\frac{1}{p}}}\sum_{j=0}^{n}\binom{n}{j}\left|\begin{array}{c}-\frac{1}{p}\\j\end{array}\right|\lambda^{n-j}k^{pj}$$

注 在定理 2 中令 $\lambda=0$,则有

$$E_p(k)=\frac{\pi_p}{2}F\left(\frac{1}{p},1-\frac{1}{p};1;k^p\right)$$

应用性质 7 可得

$$F\left(\frac{1}{p},1-\frac{1}{p};1;\frac{1}{2}\right)=$$

$$\frac{\sqrt[p]{2}}{8p\Gamma\left(\frac{1}{p}\right)}\left|\frac{\Gamma^2\left(\frac{1}{2p}\right)}{\cos\frac{\pi}{2p}}+\frac{2p\Gamma^2\left(\frac{1}{2p}+\frac{1}{2}\right)}{\sin\frac{\pi}{2p}}\right|$$

3. 广义 p — 椭圆积分的 Alzer — Richards 型不等式

在文[14]中,Alzer 和 Richards 证明了经典椭圆积分的一个单调性定理. 函数

$$\Delta(r)=\frac{E-(1-r^2)K}{r^2}-\frac{E'-r^2K'}{(1-r^2)}$$

是从 $(0,1)$ 映射到 $\left(\frac{\pi}{4}-1,1-\frac{\pi}{4}\right)$ 的严格单调凸函

数,且对任意 $r \in (0,1)$,有

$$\frac{\pi}{4} - 1 + \alpha r < \Delta(r) < \frac{\pi}{4} - 1 + \beta r$$

其中 $\alpha = 0, \beta = 2 - \frac{\pi}{2} = 0.429\ 20 \cdots$.

笔者在文[15]中将其推广到广义椭圆积分,首先,给出以下定义

$$\Delta_p(r) = \frac{E_p - (r')^p K_p}{r^p} - \frac{E'_p - r^p K'_p}{(r')^p}$$

为了证明主要结果,先给出下面的几个引理.

引理 2 令 $H_{p,a}(r) = \frac{\pi_p}{2r^p}\big[F(a, -a; 1; r^p) - (r')^p F(a, 1-a; 1; r^p)\big]$. 当 $p > 1, r \in (0,1)$ 时有

$$H_{p,a}(r) = \frac{(1-a)\pi_p}{2} F(a, 1-a; 2; r^p)$$

证明 由超几何函数定义可得

$$H_{p,a}(r) = \frac{\pi_p}{2r^p}\Big(\sum_{n=0}^{+\infty} \frac{(a)_n (a)_{-n}}{(n!)^2} r^{pn} -$$

$$(1 - r^p)\sum_{n=0}^{+\infty} \frac{(a)_n (1-a)_n}{(n!)^2} r^{pn}\Big) =$$

$$\frac{\pi_p}{2r^p}\Big(\Big(\sum_{n=0}^{+\infty} \frac{(a)_n (a)_{-n}}{(n!)^2} - \sum_{n=0}^{+\infty} \frac{(a)_n (1-a)_n}{(n!)^2}\Big)r^{pn} +$$

$$\sum_{n=0}^{+\infty} \frac{(a)_n (1-a)_n}{(n!)^2} r^{p(n+1)}\Big) =$$

$$\frac{\pi_p}{2}\Big(\sum_{n=0}^{+\infty} \Big(\frac{(a)_n (1-a)_n}{((n+1)!)^2} - \frac{(a)_{n+1}(1-a)_{n+1}}{((n+1)!)^2}\Big)r^{pn} +$$

$$\sum_{n=0}^{+\infty} \frac{(a)_n (1-a)_n}{(n!)^2} r^{pn}\Big) =$$

$$\frac{\pi_p}{2}\Big(\sum_{n=0}^{+\infty} \frac{(a)_n (1-a)_n}{((n+1)!)^2}((n+a)(-a) -$$

$$(a+n)(1-a+n)+(n+1)^2)r^{pn} \bigg) =$$

$$\frac{(1-a)\pi_p}{2}\sum_{n=0}^{+\infty}\frac{(a)_n(1-a)_n}{n!\,(2)_n}r^{pn} =$$

$$\frac{(1-a)\pi_p}{2}F(a,1-a;2;r^p)$$

引理 3　当 $p>1,r\in(0,1)$ 时,有

$$F\Big(2+\frac{1}{p},3-\frac{1}{p};4;1-r^p\Big)=$$

$$\frac{F\Big(1+\frac{1}{p},2-\frac{1}{p};4;1-r^p\Big)}{r^p}$$

证明　利用恒等式[14]

$$(1-z)F(a+1,b+1;a+b+1;z)=$$
$$F(a,b;a+b+1;z)$$

取 $a=1+\dfrac{1}{p},b=2-\dfrac{1}{p},z=1-r^p$ 可得结论.

引理 4　当 $p>1,r\in(0,1)$ 时,有

$$\Big(2-\frac{1}{p}\Big)F\Big(1+\frac{1}{p},3-\frac{1}{p};4;1-r^p\Big)=$$

$$3F\Big(1+\frac{1}{p},2-\frac{1}{p};3;1-r^p\Big)-$$

$$\Big(1+\frac{1}{p}\Big)F\Big(1+\frac{1}{p},2-\frac{1}{p};4;1-r^p\Big)$$

证明　应用等式

$$(\sigma-\rho)F(\alpha,\rho;\sigma+1;z)=\sigma F(\alpha,\rho;\sigma;z)-$$
$$\rho F(\alpha,\rho+1;\sigma+1;z)$$

令 $\sigma=3,\alpha=1+\dfrac{1}{p},\rho=2-\dfrac{1}{p},z=1-r^p$,可得.

引理 5　以下两个等式恒成立: $H_{p,\frac{1}{p}}(0)=$

$$\frac{\left(1-\frac{1}{p}\right)\pi_p}{2}, H_{p,\frac{1}{p}}(1)=1.$$

证明　显然

$$H_{p,\frac{1}{p}}(0)=\frac{\left(1-\frac{1}{p}\right)\pi_p}{2}F\left(\frac{1}{p},1-\frac{1}{p};2;0\right)=$$

$$\frac{\left(1-\frac{1}{p}\right)\pi_p}{2}$$

利用 Gauss 等式

$$F(\alpha,\rho;\gamma;1)=\frac{\Gamma(\gamma)\Gamma(\gamma-\alpha-\beta)}{\Gamma(\gamma-\alpha)\Gamma(\gamma-\beta)}$$

则

$$H_{p,\frac{1}{p}}(1)=\frac{\left(1-\frac{1}{p}\right)\pi_p}{2}F\left(\frac{1}{p},1-\frac{1}{p};2;1\right)=$$

$$\frac{\left(1-\frac{1}{p}\right)\pi_p}{2}\frac{\Gamma(2)\Gamma(1)}{\Gamma\left(2-\frac{1}{p}\right)\Gamma\left(1+\frac{1}{p}\right)}=$$

$$\frac{\left(1-\frac{1}{p}\right)\pi_p}{2}\frac{1}{\left(1-\frac{1}{p}\right)\Gamma\left(1-\frac{1}{p}\right)\frac{1}{p}\Gamma\left(\frac{1}{p}\right)}=1$$

定理 3　当 p 满足条件：

$(1)2+\frac{1}{p}+\frac{1}{p^2}\leqslant\frac{6}{p}<3+\frac{1}{p^2}$;

$(2)\varepsilon(p)>0.$

时,函数 Δ_p 为从区间 $(0,1)$ 映射到区间

$$\left(\frac{\left(1-\frac{1}{p}\right)\pi_p}{2}-1,1-\frac{\left(1-\frac{1}{p}\right)\pi_p}{2}\right)$$

的严格单调递增的凸函数,其中

$$\varepsilon(p) = 20 - \frac{36}{p} - \frac{1}{p^2} + \frac{6}{p^3} - \frac{1}{p^4}$$

此外,对任意 $r \in (0,1)$,有

$$\frac{\left(1 - \frac{1}{p}\right)\pi_p}{2} - 1 + \alpha(r) < \Delta_p r <$$

$$\frac{\left(1 - \frac{1}{p}\right)\pi_p}{2} - 1 + \beta(r)$$

其中 $\alpha = 0, \beta = 2 - \left(1 - \frac{1}{p}\right)\pi_p$.

证明　由引理 2 可得

$$\Delta_p(r) = H_{p,\frac{1}{p}}(r) - H_{p,\frac{1}{p}}(r') =$$

$$\frac{\left(1 - \frac{1}{p}\right)\pi_p}{2}\left(F\left(\frac{1}{p}, 1 - \frac{1}{p}; 2; r^p\right) - \right.$$

$$\left. F\left(\frac{1}{p}, 1 - \frac{1}{p}; 2; 1 - r^p\right)\right)$$

由

$$\frac{\mathrm{d}}{\mathrm{d}r}F(a,b;c;r) =$$

$$\frac{ab}{c}F(a+1, b+1; c+1; r)$$

容易得到

$$\Delta_p'(r) = \frac{\left(1 - \frac{1}{p}\right)^2 \pi_p r^{p-1}}{4}\left(F\left(1 + \frac{1}{p}, 2 - \frac{1}{p}; 3; r^p\right) - \right.$$

$$\left. F\left(1 + \frac{1}{p}, 2 - \frac{1}{p}; 3; 1 - r^p\right)\right)$$

和

$$\frac{4}{\left(1-\dfrac{1}{p}\right)^{2}\pi_{p}r^{p-2}}\Delta''_{p}(r)=$$

$$(p-1)\left(\left(F\left(1+\frac{1}{p},2-\frac{1}{p};3;r^{p}\right)-\right.\right.$$

$$\left.\left.F\left(1+\frac{1}{p},2-\frac{1}{p};3;1-r^{p}\right)\right)\right)+$$

$$\frac{(p-1)(2p-1)r^{p}}{3p}\left(F\left(2+\frac{1}{p},3-\frac{1}{p};4;1-r^{p}\right)\right)-$$

$$F\left(2+\frac{1}{p},3-\frac{1}{p};4;1-r^{p}\right)$$

再由引理 3 可得

$$\frac{4}{\left(1-\dfrac{1}{p}\right)^{2}\pi_{p}r^{p-2}}\Delta''_{p}(r)=$$

$$(p-1)F\left(1+\frac{1}{p},2-\frac{1}{p};3;r^{p}\right)-$$

$$(p-1)F\left(1+\frac{1}{p},2-\frac{1}{p};3;(r')^{p}\right)+$$

$$\frac{p\left(1+\dfrac{1}{p}\right)\left(2-\dfrac{1}{p}\right)}{(3)}r^{p}F\left(2+\frac{1}{p},3-\frac{1}{p};4;r^{p}\right)-$$

$$p\left(2-\frac{1}{p}\right)F\left(1+\frac{1}{p},2-\frac{1}{p};3;(r')^{p}\right)+$$

$$\frac{p\left(2-\dfrac{1}{p}\right)^{2}}{\left(3+\dfrac{1}{p}-\dfrac{1}{p}\right)}F\left(1+\frac{1}{p},3-\frac{1}{p};4;(r')^{p}\right)=$$

$$(p-1)F\left(1+\frac{1}{p},2-\frac{1}{p};3;r^{p}\right)+$$

$$\frac{p\left(1+\dfrac{1}{p}\right)\left(2-\dfrac{1}{p}\right)}{(3)}r^{p}F\left(2+\frac{1}{p},3-\frac{1}{p};4;r^{p}\right)-$$

$$p\left(p\left(2-\frac{1}{p}\right)-(p-1)\right)F\left(1+\frac{1}{p},2-\frac{1}{p};3;(r')^p\right)+$$

$$\frac{p\left(2-\frac{1}{p}\right)^2}{3}F\left(1+\frac{1}{p},3-\frac{1}{p};4;(r')^p\right)$$

再应用条件(1) 和(2) 及引理 4 可得

$$\frac{4}{\left(1-\frac{1}{p}\right)^2\pi_p r^{p-2}}\Delta''_p(r)\geqslant$$

$$(p-1)-pF\left(1+\frac{1}{p},2-\frac{1}{p};3;(r')^p\right)+$$

$$\frac{p\left(2-\frac{1}{p}\right)^2}{(3)}F\left(1+\frac{1}{p},3-\frac{1}{p};4;(r')^p\right)=$$

$$(p-1)\left(1+\sum_{n=0}^{+\infty}\frac{\left(1+\frac{1}{p}\right)_n\left(2-\frac{1}{p}\right)}{(3)_n(n+3)}\cdot\right.$$

$$\left.\left(n-\frac{\frac{1}{p}+\frac{3}{p}-1-\frac{1}{p^2}}{1-\frac{1}{p}}\right)\frac{(r')^{pn}}{n!}\right)=$$

$$(p-1)\left(\frac{\varepsilon(p)}{12\left(1-\frac{1}{p}\right)}+\right.$$

$$\left.\frac{\left(1+\frac{1}{p}\right)\left(2-\frac{1}{p}\right)\left(\frac{5}{p}-2-\frac{1}{p^2}\right)r^p}{12\left(1-\frac{1}{p}\right)}\right)>0$$

由 $\Delta''_p(r)>0$,可知 $\Delta'_p(r)$ 是区间$(0,1)$ 上的严格单调递增函数,从而 $\Delta'_p(r)>\Delta'_p(0)$,利用 l'Hopital 法则,得

$$\Delta_p'(0) = \lim_{r \to 0^+} \frac{\Delta_p(r) - \Delta_p(0)}{r - 0} =$$

$$\lim_{r \to 0^+} \frac{H_{p,\frac{1}{p}}(r) - H_{p,\frac{1}{p}}(0)}{r - 0} - \frac{H_{p,\frac{1}{p}}(r') - H_{p,\frac{1}{p}}(1)}{r - 0} =$$

$$H_{p,\frac{1}{p}}'(0) - \lim_{x \to 1^+} \frac{H_{p,\frac{1}{p}}(x) - 1}{(1 - x^p)^{\frac{1}{p}}} =$$

$$\lim_{x \to 1^+} H_{p,\frac{1}{p}}'(x) \frac{(1 - x^p)^{1 - \frac{1}{p}}}{x^{p-1}} = 0$$

其中

$$H_{p,\frac{1}{p}}'(0) =$$

$$\frac{\left(1 - \frac{1}{p}\right)^2 \pi r^{p-1}}{4} F\left(1 + \frac{1}{p}, 2 - \frac{1}{p}; 3; r^p\right)\bigg|_{r=0} = 0$$

从而 $\Delta_p(r)$ 是区间 $(0,1)$ 上的严格单调递增函数.

定义

$$M_p(r) = \frac{\Delta_p(r) - \Delta_p(0)}{r - 0}$$

由 $\Delta_p(r)$ 是区间 $(0,1)$ 上的严格凸函数可知, $M_p(r)$ 是 $(0,1)$ 上严格单调递增函数,从而有

$$M_p(0) < M_p(r) < M_p(1)$$

由引理 5 可知

$$M_p(0) = 0$$

$$M_p(1) = \Delta_p(1) - \Delta_p(0) =$$

$$2H_{p,\frac{1}{p}}(1) - 2H_{p,\frac{1}{p}}(0) = 2 - \left(1 - \frac{1}{p}\right)\pi_p$$

即证.

定理 4　对任意 $r, s \in (0,1)$,当 p 满足定理 3 中条件 (1) 和 (2) 时,有

243

$$\frac{\left(1-\dfrac{1}{p}\right)\pi_p}{2}-1<$$

$$\Delta_p(rs)-\Delta_p r-\Delta_p s<1-\frac{\left(1-\dfrac{1}{p}\right)\pi_p}{2}$$

证明 定义

$$\lambda_p(r,s)=\Delta_p(rs)-\Delta_p(r)-\Delta_p(s)$$

经简单计算,得

$$\frac{\partial}{\partial r}\lambda_p(r,s)=s\Delta'_p(rs)-\Delta'_p(r)$$

$$\frac{\partial^2}{\partial r\partial s}\lambda_p(r,s)=\Delta'_p(rs)+rs\Delta''_p(rs)$$

$$\frac{\partial}{\partial r}\lambda_p(r,s)<\frac{\partial}{\partial r}\lambda_p(r,s)\mid_{s=1}=0$$

由定理 3 的结论可知 $\dfrac{\partial^2}{\partial r\partial s}\lambda_p(r,s)>0$,从而 $\dfrac{\partial}{\partial r}\lambda_p(r,s)$

是关于变量 s 的严格单调递增函数,由

$$\frac{\partial}{\partial r}\lambda_p(r,s)<\frac{\partial}{\partial r}\lambda_p(r,s)\mid_{s=1}=0$$

得 $r\longmapsto\lambda_p(r,s)$ 是严格单调递减的函数,从而

$$-\Delta_p(1)=\lambda_p(1,s)<\lambda_p(r,s)<\lambda_p(0,s)=$$
$$-\Delta_p(s)<-\Delta_p(0)$$

4. 广义 $p-$椭圆积分比值的一个不等式

在 1990 年,Anderson 等人在文[16]中给出了一个优美的不等式:对 $r\in(0,1)$,成立 $\dfrac{K(r)}{K(\sqrt{r})}>\dfrac{1}{1+r}$.

随后,Alzer 和 Richard 在文[17]中给出了上面不等式的一个改进,他们证明了,对 $r\in(0,1)$,成立 $\dfrac{K(r)}{K(\sqrt{r})}>$

$\dfrac{1}{1+\dfrac{r}{4}}$. 最近在文[19]中,笔者给出了在广义 $p-$ 椭圆

积分中的推广.

引理6　函数 $\Delta(x)=\dfrac{1+ax}{1+bx}(1+bx\neq0)$ 在区间

$(0,+\infty)$ 上严格单调递增(递减),当且仅当 $a-b>0(a-b<0)$.

证明　微分 $\dfrac{\mathrm{d}}{\mathrm{d}x}\left(\dfrac{1+ax}{1+bx}\right)=\dfrac{a-b}{(1+bx)^{2}}$ 易得.

引理7[17]　psi 函数 $\psi(x)$ 在区间 $(0,+\infty)$ 上严格凹且满足倍角公式

$$\psi(2x)=\frac{1}{2}\psi(x)+\frac{1}{2}\psi\left(x+\frac{1}{2}\right)+\ln 2$$

引理8　对 $x>0$,以及 $p\in[1,2]$,有

$$\psi\left(x+\frac{1}{p}\right)+\psi\left(x+1-\frac{1}{p}\right)>$$
$$\psi\left(x+\frac{1}{2}-\frac{1}{2p}\right)+\psi\left(x+\frac{1}{2}+\frac{1}{2p}\right)$$

证明　由 $\psi(x)$ 的估计(文[18]) $\ln x-\dfrac{1}{x}<$

$\psi(x)<\ln x-\dfrac{1}{2x}$,有

$$\ln\left[\frac{\left(x+\dfrac{1}{p}\right)\left(x+1-\dfrac{1}{p}\right)}{\left(x+\dfrac{1}{2}-\dfrac{1}{2p}\right)\left(x+\dfrac{1}{2}+\dfrac{1}{2p}\right)}\right]+$$

$$\frac{1}{x+1-\dfrac{1}{p}}-\frac{1}{x+\dfrac{1}{p}}>0$$

对 $p\in[1,2]$,则 $\dfrac{1}{p}\geqslant1-\dfrac{1}{p}$,所以

245

$$\frac{1}{x+1-\frac{1}{p}}-\frac{1}{x-\frac{1}{p}}>0$$

另外

$$\frac{\left(x+\frac{1}{p}\right)\left(x+1-\frac{1}{p}\right)}{\left(x+\frac{1}{2}-\frac{1}{2p}\right)\left(x+\frac{1}{2}+\frac{1}{2p}\right)}\geqslant 1\Leftrightarrow$$

$$\frac{1}{p}\left(1-\frac{1}{p}\right)\geqslant \frac{1}{4}\left(1-\frac{1}{p}\right)\left(1+\frac{1}{p}\right)\Leftrightarrow$$

$$3\left(\frac{1}{p}\right)^2-4\frac{1}{p}+1\leqslant 0$$

引理 9　对 $p>0$,有 $\lim\limits_{r\to 1}\dfrac{K_p(r)}{K_p(\sqrt[p]{r})}=1.$

证明　由渐近公式

$$F(a,b;a+b;x)\sim -\frac{1}{\mathrm{B}(a,b)}\log(1-x),x\to 1$$

即得.

定理 5　对 $r\in(0,1)$,且 $p\in[1,2]$,有

$$\frac{1}{1+\lambda_p r}<\frac{K_p(r)}{K_p(\sqrt[p]{r})}<\frac{1}{1+u_p r}$$

其中 $\lambda_p=\dfrac{1}{p}\left(1-\dfrac{1}{p}\right)$ 与 $u_p=0$ 为最优常数.

证明　定义

$$f_p(r)=\frac{2}{\pi_p}\left(1+\frac{1}{p}\left(1-\frac{1}{p}\right)r\right)K_p(r)$$

与

$$g_p(r)=\frac{2}{\pi_p}K_p(\sqrt[p]{r})$$

所以

246

$$f_p(r) = \sum_{n=0}^{+\infty} (1 + \lambda_p r) r^{pn}$$

与

$$g_p(r) = \sum_{n=0}^{+\infty} (a_{2n} + a_{2n+1} r) r^{2n}$$

其中

$$a_n = \frac{\left(\dfrac{1}{p}\right)_n \left(1 - \dfrac{1}{p}\right)_n}{(n!)^2}, (r)_n = r(r+1)\cdots(r+n-1)$$

由于 $1 \leqslant p \leqslant 2$,所以 $\dfrac{f_p(r)}{g_p(r)} \geqslant \dfrac{\displaystyle\sum_{n=0}^{+\infty}(1+\lambda_p r)a_n r^{pn}}{\displaystyle\sum_{n=0}^{+\infty}(a_{2n}+a_{2n+1}r)r^{pn}}$,令

$\theta_{p,n}(r) = \dfrac{(1+\lambda_p r)a_n}{a_{2n}+a_{2n+1}r}$,由引理 6 可得

$$\theta_{p,n}(r) = \frac{\left(1 + \dfrac{1}{p}\left(1 - \dfrac{1}{p}\right)r\right)}{1 + \dfrac{\left(\dfrac{1}{p} + 2n\right)\left(1 - \dfrac{1}{p} + 2n\right)}{(2n+1)^2}} \frac{a_n}{a_{2n}} \geqslant$$

$$\frac{\left(1 + \dfrac{1}{p}\left(1 - \dfrac{1}{p}\right)r\right)}{1 + \dfrac{\left(\dfrac{1}{p} + 2n\right)\left(1 - \dfrac{1}{p} + 2n\right)}{(2n+1)^2}} \frac{a_n}{a_{2n}}$$

再令

$$Q_p(x) = \frac{\Gamma\left(\dfrac{1}{p} + x\right)\Gamma\left(1 - \dfrac{1}{p} + x\right)\Gamma^2(2x+1)}{\Gamma^2(x+1)\Gamma\left(\dfrac{1}{p} + 2x\right)\Gamma\left(1 - \dfrac{1}{p} + 2x\right)}$$

则有

$$\frac{Q'_p(x)}{Q_p(x)} = \psi\left(\frac{1}{p} + x\right) + \psi\left(1 - \frac{1}{p} + x\right) +$$

$$4\psi(2x + 1) - 2\psi(x + 1) -$$

$$2\psi\left(2x + \frac{1}{2}\right) - 2\psi\left(2x + 1 - \frac{1}{p}\right)$$

应用引理 7 易得

$$\frac{Q'_p(x)}{Q_p(x)} = \psi\left(\frac{1}{p} + x\right) + \psi\left(x + 1 - \frac{1}{p}\right) +$$

$$2\psi\left(x + \frac{1}{2}\right) - \psi\left(x + \frac{1}{2p}\right) -$$

$$\psi\left(x + \frac{1}{2} + \frac{1}{2p}\right) - \psi\left(x + \frac{1}{2} - \frac{1}{2p}\right) -$$

$$\psi\left(x + 1 + \frac{1}{2p}\right)$$

再应用引理 8 可得

$$\frac{1}{2}\left(\psi\left(x + \frac{1}{2p}\right) + \psi\left(x + 1 - \frac{1}{2p}\right)\right) \leqslant \psi\left(x + \frac{1}{2}\right)$$

所以 $\dfrac{Q'_p(x)}{Q_p(x)} > 0$，因而 $Q_p(x)$ 在区间 $(0, +\infty)$ 上单调

递增. 如此有

$$\frac{a_{2n}}{a_{2n+1}} = Q_p(x) > Q_p(1) = \frac{4}{\left(\frac{1}{p} + 1\right)\left(2 - \frac{1}{p}\right)} \geqslant \frac{16}{9}$$

其中

$$\left(\frac{1}{p} + 1\right)\left(2 - \frac{1}{p}\right) \leqslant \left[\frac{\frac{1}{p} + 1 + 2 - \frac{1}{p}}{2}\right]^2 = \left(\frac{3}{2}\right)^2 = \frac{9}{4}$$

如此

248

$$Q_{p,n}(r) \geqslant \frac{16}{9} \frac{1+\dfrac{1}{p}\left(1-\dfrac{1}{p}\right)}{1+\dfrac{\left(\dfrac{1}{p}+2n\right)\left(1-\dfrac{1}{p}+2n\right)}{(2n+1)^2}} \geqslant$$

$$\frac{16}{9} \frac{1+\dfrac{1}{4}}{1+\left(\dfrac{4n+1}{4n+2}\right)^2} =$$

$$1+\frac{32n^2+104n+35}{9(32n^2+24n+5)} > 1$$

以及 $f_p(r) > g_p(r)$. 另外,因为 $K_p(r)$ 在 $(0,1)$ 上单调

递增,所以 $\dfrac{K_p(r)}{K_p(\sqrt[p]{r})}$. 如此

$$u < u_p(r) = \frac{\dfrac{K_p(r)}{K_p(\sqrt[p]{r})}-1}{r} < \lambda$$

而

$$u_p(r) = \frac{1}{r}\left[\frac{\displaystyle\sum_{n=0}^{+\infty}\frac{\left(\dfrac{1}{p}\right)_n\left(1-\dfrac{1}{p}\right)_n}{(1)_n}\dfrac{r^n}{n!}}{\displaystyle\sum_{n=0}^{+\infty}\frac{\left(\dfrac{1}{p}\right)_n\left(1-\dfrac{1}{p}\right)_n}{(1)_n}\dfrac{r^{pn}}{n!}}-1\right]$$

且 $\displaystyle\lim_{r\to 0}u_p(r) = \frac{1}{p}\left(1-\frac{1}{p}\right)$, $\displaystyle\lim_{r\to 1}u_p(r) = 0$,即证.

5. 广义 $p-$椭圆积分的 Landen 不等式

在文[21]中,证明了下面的 Landen 不等式

$$K\left(\frac{2\sqrt{r}}{1+r}\right) = (1+r)k(r)$$

$$K\left(\frac{1-r}{1+r}\right) = \frac{1+r}{2}K(\sqrt{1-r^2})$$

249

本小节,我们给出广义 $p-$椭圆积分的 Landen 不等式.

引理 10　考察幂级数 $f(x) = \sum\limits_{n \geqslant 0} a_n x^n$ 与 $g(x) = \sum\limits_{n \geqslant 0} b_n x^n (b_n > 0)$ 在区间 $(-r, r)(r > 0)$ 上的敛散性,如果数列 $\left\{ \dfrac{a_n}{b_n} \right\}_{n \geqslant 0}$ 为单调增(减),那么 $x \to \dfrac{f(x)}{g(x)}$ 在 $(0, r)$ 上也单调增(减).

定理 6　设 $a, b, c \in \mathbf{R}, p > 1, c > 0$,定义函数 $H(x) = \dfrac{F(a, b; c; x)}{F\left(\dfrac{1}{p}, 1 - \dfrac{1}{p}; 1; x \right)}$,则有

（1）当 $a + b - c \geqslant 0$ 及 $p^2 ab \geqslant \max\{(p-1)c, p-1\}$,则 $H(x)$ 在区间 $(0, 1)$ 上单调递增且成立如下不等式

$$\frac{F(a, b; c; r^p)}{F\left(a, b; c; \dfrac{p^p r}{(1+r)^p} \right)} \leqslant \frac{K_p(r)}{K_p\left(\dfrac{p \sqrt[p]{r}}{1+r} \right)}$$

$$\frac{F\left(a, b; c; \left(\dfrac{1-r}{1+r} \right)^p \right)}{F(a, b; c; 1 - r^p)} \leqslant \frac{K_p\left(\dfrac{1-r}{1+r} \right)}{K_p\left((1 + r^p)^{\frac{1}{p}} \right)}$$

（2）当 $a + b - c \leqslant 0$ 且
$$p^2 ab \leqslant \max\{(p-1)c, p-1\}$$
则 $H(x)$ 为单调递减的,且

$$\frac{F(a, b; c; r^p)}{F\left(a, b; c; \dfrac{p^p r}{(1+r)^p} \right)} \geqslant \frac{K_p(r)}{K_p\left(\dfrac{p \sqrt[p]{r}}{1+r} \right)}$$

$$\frac{F\left(a, b; c; \left(\dfrac{1-r}{1+r} \right)^p \right)}{F(a, b; c; 1 - r^p)} \geqslant \frac{K_p\left(\dfrac{1-r}{1+r} \right)}{K_p\left((1 - r^p)^{\frac{1}{p}} \right)}$$

证明　只证（1）.利用超几何函数定义可知

$$H(x) = \frac{F(a,b;c;x)}{F\left(\dfrac{1}{p}, 1-\dfrac{1}{p}; 1; x\right)} =$$

$$\frac{\displaystyle\sum_{n \geqslant 0} \frac{(a)_n (b)_n}{(c)_n} \frac{x^n}{n!}}{\displaystyle\sum_{n \geqslant 0} \frac{\left(\dfrac{1}{p}\right)_n \left(1-\dfrac{1}{p}\right)_n}{(1)_n} \frac{x^n}{n!}}$$

由引理 10,只需考察数列

$$\omega_n = \frac{(a)_n (b)_n}{(c)_n} \frac{(1)_n}{\left(\dfrac{1}{p}\right)_n \left(1-\dfrac{1}{p}\right)_n}$$

的单调性,由于

$$\frac{\omega_{n+1}}{\omega_n} = \frac{(a+n)(b+n)(1+n)}{(c+n)\left(\dfrac{1}{p}+n\right)\left(1-\dfrac{1}{p}+n\right)} \geqslant 1$$

成立,当且仅当

$$\alpha_n = (a+b-c)n^2 + \left(a+b+an-c-\frac{1}{p}+\frac{1}{p^2}\right)n + ab - \frac{c}{p} + \frac{c}{p^2} \geqslant 0$$

由已知条件知 $\alpha_n \geqslant 0$,再令 $x = r^p$ 以及 $y = \dfrac{p\sqrt[p]{r}}{1+r}$,可得 $x \leqslant y$,则得到(1)中第一个不等式,可选取 $x = \left(\dfrac{1-r}{1+r}\right)^p$, $y = 1 - r^p$ 即得.

定理 7　令 $a,b \in \mathbf{R}, c > 0$,且定义 $Q(x) = \dfrac{F(a,b;c;x)}{F\left(\dfrac{1}{3}, \dfrac{2}{3}; 1; x\right)}$,则有

(1)当 $a+b-c > 0$,且 $9ab \geqslant \max\{2c, 2\}$ 时, $Q(x)$ 在区间 $(0,1)$ 上单调递增且

251

$$\frac{F\left(a,b;c;\left(\frac{1-r}{1+2r}\right)^3\right)}{F(a,b;c;1-r^3)} \leqslant \frac{1+2r}{3}$$

$$\frac{F(a,b;c;r^3)}{F\left(a,b;c;1-\left(\frac{1-r}{1+2r}\right)^3\right)} \leqslant 1+2r$$

（2）当 $a+b-c<0$ 且 $9ab \leqslant \max\{2c,2\}$ 时，$Q(x)$ 在区间 $(0,1)$ 上单调递减，且

$$\frac{F\left(a,b;c;\left(\frac{1-r}{1+2r}\right)^3\right)}{F(a,b;c;1-r^3)} \geqslant \frac{1+2r}{3}$$

$$\frac{F(a,b;c;r^3)}{F\left(a,b;c;1-\left(\frac{1-r}{1+2r}\right)^3\right)} \geqslant 1+2r$$

证明此定理类比于定理 6，这里省去细节.

6. 两个公开问题

广义椭圆积分的研究，现在是一个很活跃的课题. 国内可以参看褚玉明团队的研究成果. 这里我们列举了一些文献，有兴趣的读者可以参阅，最后给出两个公开问题.

公开问题 1　当 $p \geqslant 2$ 时，函数 $\dfrac{\dfrac{K_p(\sqrt[p]{r})}{K_p(r)}-1}{r}$ 在区间 $(0,1]$ 上严格单调递减.

公开问题 2　对 $\lambda>0,p \geqslant 2$ 以及 $x,y \in (0,1)$ 时，成立

$$M_\lambda(m(x),m(y)) \leqslant m(M_\lambda(x,y))$$

其中 $M_\lambda(x,y)$ 为幂平均，且

$$m(r) = \frac{p}{\pi_p}(1-r^p)K_p(r)K_p'(r)$$

第二节　双参数广义椭圆积分

1.双参数广义椭圆积分的定义

对于 $k \in (0,1)$ 以及 $p,q > 1$,定义第一型与第二型广义 (p,q) — 椭圆积分如下

$$K_{p,q}(k) = \int_0^{\frac{\pi_{p,q}}{2}} \frac{\mathrm{d}\theta}{(1 - k^q \sin_{p,q}^q \theta)^{\frac{1}{p^*}}} =$$

$$\int_0^1 \frac{\mathrm{d}t}{(1 - t^q)^{\frac{1}{p}}(1 - k^q t^q)^{\frac{1}{p^*}}}$$

$$E_{p,q}(k) = \int_0^{\frac{\pi_{p,q}}{2}} (1 - k^q \sin_{p,q}^q \theta)^{\frac{1}{p}} \mathrm{d}\theta = \int_0^1 \left(\frac{1 - k^q t^q}{1 - t^q}\right)^{\frac{1}{p}} \mathrm{d}t$$

易知 $K_{p,q}(r)$ 在 $[0,1]$ 上单调递增,且 $\lim\limits_{k \to 0^+} K_{p,q}(k) = \dfrac{\pi_{p,q}}{2}$ 与 $\lim\limits_{k \to 1^-} K_{p,q}(k) = \infty$. $E_{p,q}(k)$ 在 $[0,1)$ 上单调递减,且 $\lim\limits_{k \to 0^+} E_{p,q}(k) = \dfrac{\pi_{p,q}}{2}$, $\lim\limits_{k \to 1^-} E_{p,q}(k) = 1$.

性质 8　$\dfrac{\mathrm{d}E_{p,q}}{\mathrm{d}k} = \dfrac{q(E_{p,q} - K_{p,q})}{pk}$

$$\dfrac{\mathrm{d}K_{p,q}}{\mathrm{d}k} = \dfrac{E_{p,q} - (1 - k^q)K_{p,q}}{k(1 - k^q)}$$

证明　微分可知

$$\frac{\mathrm{d}E_{p,q}}{\mathrm{d}k} = \int_0^{\frac{\pi_{p,q}}{2}} \frac{\mathrm{d}}{\mathrm{d}k}(1 - k^q \sin_{p,q}^q \theta)^{\frac{1}{p}} \mathrm{d}\theta =$$

$$\frac{q}{p} \int_0^{\frac{\pi_{p,q}}{2}} \frac{-k^{q-1} \sin_{p,q}^q \theta}{(1 - k^q \sin_{p,q}^q \theta)^{1 - \frac{1}{p}}} \mathrm{d}\theta =$$

$$\frac{q}{pk} \left(\int_0^{\frac{\pi_{p,q}}{2}} \frac{-k^{q-1} \sin_{p,q}^q \theta}{(1 - k^q \sin_{p,q}^q \theta)^{1 - \frac{1}{p}}} \mathrm{d}\theta - \right.$$

253

$$\int_0^{\frac{\pi_{p,q}}{2}} \frac{\mathrm{d}\theta}{(1-k^q\sin_{p,q}^q\theta)^{1-\frac{1}{p}}} \Big) =$$

$$\frac{q}{pk}(E_{p,q}-K_{p,q})$$

对第二个等式,由于

$$\frac{\mathrm{d}K_{p,q}}{\mathrm{d}k} = \frac{q}{p^*}\int_0^{\frac{\pi_{p,q}}{2}} \frac{-k^{q-1}\sin_{p,q}^q\theta}{(1-k^q\sin_{p,q}^q\theta)^{2-\frac{1}{p}}}\mathrm{d}\theta$$

这里 $p^* = \dfrac{p}{p-1}$,所以

$$\frac{\mathrm{d}}{\mathrm{d}\theta}\left(\frac{-\cos_{p,q}^{\frac{q}{p^*}}\theta}{(1-k^q\sin_{p,q}^q\theta)^{1-\frac{1}{p}}}\right) =$$

$$\frac{\dfrac{q}{p^*}\sin_{p,q}^{q-1}\theta(1-k^q\sin_{p,q}^q\theta) - \dfrac{q}{p^*}k^q\sin_{p,q}^{q-1}\theta k^q\cos_{p,q}^q\theta}{(1-k^q\sin_{p,q}^q\theta)^{2-\frac{1}{p}}} =$$

$$\frac{q(1-k^q)\sin_{p,q}^{q-1}\theta}{p^*(1-k^q\sin_{p,q}^q\theta)^{2-\frac{1}{p}}}$$

再由分部积分可得

$$\frac{\mathrm{d}K_{p,q}}{\mathrm{d}k} =$$

$$\int_0^{\frac{\pi_{p,q}}{2}} \frac{k^{q-1}}{1-k^q}\frac{\mathrm{d}}{\mathrm{d}\theta}\left(\frac{-\cos_{p,q}^{\frac{q}{p^*}}\theta}{(1-k^q\sin_{p,q}^q\theta)^{1-\frac{1}{p}}}\right)\sin_{p,q}^q\theta\,\mathrm{d}\theta =$$

$$\frac{k^{q-1}}{1-k^q}\left(\frac{-\cos_{p,q}^{\frac{q}{p^*}}\theta\sin_{p,q}^q\theta}{(1-k^q\sin_{p,q}^q\theta)^{1-\frac{1}{p}}}\right)\Bigg|_0^{\frac{\pi_{p,q}}{2}} +$$

$$\frac{k^{q-1}}{1-k^q}\int_0^{\frac{\pi_{p,q}}{2}} \frac{\cos_{p,q}^q\theta}{(1-k^q\sin_{p,q}^q\theta)^{1-\frac{1}{p}}}\mathrm{d}\theta =$$

$$\frac{k^{q-1}}{1-k^q}\int_0^{\frac{\pi_{p,q}}{2}} \frac{1}{k^q}\frac{1-k^{q-1}\sin_{p,q}^q\theta-(1-k^q)}{(1-k^q\sin_{p,q}^q\theta)^{1-\frac{1}{p}}}\mathrm{d}\theta =$$

$$\frac{1}{k(1-k^q)}(E_{p,q}-(1-k^q)K_{p,q})$$

性质 9　设 $p,q>1$，且 $k\in(0,1)$，则

$$pE_{p,q}(k^{\frac{1}{q}})-qK_{p,q}(k^{\frac{1}{q}})E_{p,q}(k^{\frac{1}{q}})=\frac{(p-q)\pi_{p,q}\pi_{q,p}}{4}$$

证明　由性质 8 可得

$$\frac{\mathrm{d}}{\mathrm{d}k}(p_{p,q}E(k^{\frac{1}{q}})-qK_{p,q}(k^{\frac{1}{q}})E_{p,q}(k^{\frac{1}{q}}))=$$

$$p\,\frac{1}{pk}(E_{p,q}(k^{\frac{1}{q}})-K_{p,q}(k^{\frac{1}{q}}))K_{p,q}(k^{\frac{1}{q}})+$$

$$pE_{p,q}(k^{\frac{1}{q}})p\,\frac{1}{pk}(E_{p,q}(k^{\frac{1}{q}})-$$

$$(1-k)K_{p,q}(k^{\frac{1}{q}}))E_{p,q}(k^{\frac{1}{q}})-$$

$$qK_{p,q}(k^{\frac{1}{q}})\frac{1}{qk}(E_{p,q}(k^{\frac{1}{q}})-K_{p,q}(k^{\frac{1}{q}}))=0$$

所以

$$pE_{p,q}(k^{\frac{1}{q}})K_{p,q}(k^{\frac{1}{q}})-qK_{p,q}(k^{\frac{1}{q}})E_{p,q}(k^{\frac{1}{q}})=c$$

令 $k=0$，则有

$$c=p\,\frac{\pi_{p,q}}{2}\,\frac{\pi_{q,p}}{2}-q\,\frac{\pi_{p,q}}{2}\,\frac{\pi_{q,p}}{2}=\frac{(p-q)\pi_{p,q}\pi_{q,p}}{4}$$

性质 10　对 $n=0,1,2\cdots$，有

$$\int_0^{\frac{\pi_{p,q}}{2}}\sin_{p,q}^{qn}\theta\,\mathrm{d}\theta=\frac{\pi_{p,q}}{2}\,\frac{\left(\dfrac{1}{q}\right)_n}{\left(\dfrac{1}{p^*}+\dfrac{1}{q}\right)_n}$$

证明　代换 $\sin_{p,q}^{q}\theta=0$，可得

$$\int_0^{\frac{\pi_{p,q}}{2}}\sin_{p,q}^{qn}\theta\,\mathrm{d}\theta=\frac{1}{q}\int_0^1 t^{n+\frac{1}{q}-1}(1-t)^{-\frac{1}{p}}\,\mathrm{d}t=$$

$$\frac{1}{q}\mathrm{B}\left(n+\frac{1}{q},\frac{1}{p^*}\right)=$$

$$\frac{\pi_{p,q}}{2}\frac{\Gamma\left(n+\frac{1}{q}\right)\Gamma\left(\frac{1}{q}+\frac{1}{p^*}\right)}{\Gamma\left(\frac{1}{q}\right)\Gamma\left(n+\frac{1}{q}+\frac{1}{p^*}\right)}=$$

$$\frac{\pi_{p,q}}{2}\frac{\left(\frac{1}{q}\right)_n}{\left(\frac{1}{p^*}+\frac{1}{q}\right)_n}$$

即证.

性质 11 $K_{p,q}(k)=\frac{\pi_{p,q}}{2}F\left(\frac{1}{p^*},\frac{1}{q};\frac{1}{p^*}+\frac{1}{q};k^q\right)$,

$E_{p,q}(k)=\frac{\pi_{p,q}}{2}F\left(-\frac{1}{p},\frac{1}{q};\frac{1}{p^*}+\frac{1}{q};k^q\right)$.

证明 由二项级数展开

$$K_{p,q}(k)=\int_0^{\frac{\pi_{p,q}}{2}}(1-k^q\sin_{p,q}^q\theta)^{-\frac{1}{p^*}}\,\mathrm{d}\theta=$$

$$\sum_{n=0}^{+\infty}(-1)^n\binom{-\frac{1}{p^*}}{n}k^{qn}\int_0^{\frac{\pi_{p,q}}{2}}\sin_{p,q}^{qn}\theta\,\mathrm{d}\theta$$

再利用性质 10 以及 $(-1)^n\binom{-\frac{1}{p^*}}{n}=\frac{\left(\frac{1}{p^*}\right)_n}{n!}$,可得

$$K_{p,q}(k)=\frac{\pi_{p,q}}{2}\sum_{n=0}^{+\infty}\frac{\left(\frac{1}{p^*}\right)_n\left(\frac{1}{q}\right)_n}{\left(\frac{1}{p^*}+\frac{1}{q}\right)_n}\frac{k^{qn}}{n!}=$$

$$\frac{\pi_{p,q}}{2}F\left(\frac{1}{p^*},\frac{1}{q};\frac{1}{p^*}+\frac{1}{q};k^q\right)$$

下面给出一个应用,Bhatia 和 li 定义了一种平均 $M_p(a,b)$ 为

$$\frac{1}{M_p(a,b)}=c_p\int_0^{+\infty}\frac{\mathrm{d}t}{((t^p+a^p)(t^p+b^p))^{\frac{1}{p}}}\quad(p\in(0,+\infty))$$

256

其中 $\dfrac{1}{c_p}=\displaystyle\int_0^{+\infty}\dfrac{1}{(1+t^p)^{\frac{2}{p}}}\mathrm{d}t.$

对 $M_p(ab)$，我们有如下的表示：

定理8 对 $p\in(0,+\infty)$，且 $p\neq 1$，以及 $x\in(0,1]$，有

$$\frac{1}{M_p(1,x)}=\frac{2}{\pi_{p^*,p}}K_{p^*,q}((1-x^p)^{\frac{1}{p}})=$$

$$F\left(\frac{1}{p},\frac{1}{p};\frac{2}{p};1-x^p\right)=$$

$$\left(\frac{1+x^p}{2}\right)^{\frac{1}{p}}F\left(\frac{1}{2p},\frac{1}{2p}+\frac{1}{2};\frac{1}{p}+\frac{1}{2};\left(\frac{1-x^p}{1+x^p}\right)^2\right)$$

证明 令 $t=x\tan_{p^*,p}(\theta)$ 则有

$$\frac{1}{M_p(1,x)}=c_p\int_0^{+\infty}\frac{\mathrm{d}t}{((t^p+1)(t^p+x^p))^{\frac{1}{p}}}$$

所以

$$\frac{1}{M_p(1,x)}=$$

$$c_p\int_0^{\frac{\pi_{p^*,q}}{2}}\frac{x\cos_{p^*,p}^{-2}\theta\,\mathrm{d}\theta}{(x\tan_{p^*,p}^p\theta+1)(x^p\tan_{p^*,p}^p\theta+x^p)^{\frac{1}{p}}}=$$

$$c_p\int_0^{\frac{\pi_{p^*,q}}{2}}\frac{\mathrm{d}\theta}{\cos_{p^*,p}^p\theta+(x^p\sin_{p^*,p}^p\theta)^{\frac{1}{p}}}=$$

$$c_p\int_0^{\frac{\pi_{p^*,q}}{2}}\frac{\mathrm{d}\theta}{(1-(1-x^p)\sin_{p^*,p}^p\theta)^{\frac{1}{p}}}=$$

$$c_pK_{p^*,q}((1-x^p)^{\frac{1}{p}})$$

由于 $\dfrac{1}{c_p}=\displaystyle\int_0^{+\infty}\dfrac{1}{(1+t^p)^{\frac{2}{p}}}\mathrm{d}t=\dfrac{\pi_{p^*,q}}{2}$，再利用性质11即证

$$\frac{1}{M_p(1,x)}=F\left(\frac{1}{p},\frac{1}{p};\frac{2}{p};1-x^p\right)$$

2. 广义 (p,q) 椭圆积分的上下界估计

1992 年,Anderson 发现 $K(r)$ 可由反双曲正切函数逼近. 在文[23]中,对 $r \in (0,1)$,他们证明了

$$\frac{\pi}{2}\left(\frac{\mathrm{artanh}(r)}{r}\right)^{\frac{1}{2}} < K(r) < \frac{\pi}{2}\frac{\mathrm{artanh}(r)}{r}$$

通过使用 Chebyshev 不等式,Qi 和 Huang 证明了

$$\frac{\pi}{2}\frac{\arcsin(r)}{r} < K(r) < \frac{\pi}{2}\frac{\mathrm{artanh}(r)}{r}$$

在 2004 年,Alzer 和 Qiu 在文[24]中证明了对 $r \in (0,1)$,成立

$$\frac{\pi}{2}\left(\frac{\mathrm{artanh}(r)}{r}\right)^{\alpha} < K(r) < \frac{\pi}{2}\left(\frac{\mathrm{artanh}(r)}{r}\right)^{\beta}$$

其中 $\alpha = \dfrac{3}{4}$ 和 $\beta = 1$ 为最佳常数. 下面给出 $K_{p,q}(r)$ 与 $E_{p,q}(r)$ 的上下界估计.

定理 9　对 $p,q > 1$ 及 $r \in (0,1)$,则有:

(1) 函数 $\dfrac{rE_{p,q}(r)}{\arcsin_{p,q}(r)}$ 从区间 $(0,1)$ 到区间

$$\left[\frac{\pi_{p,q}}{2}\left[\frac{\Gamma\left(1+\dfrac{1}{q}+\dfrac{1}{p}\right)}{\Gamma\left(1+\dfrac{1}{q}\right)\Gamma\left(1-\dfrac{1}{q}\right)}\right]^{2}, \frac{\pi_{p,q}}{2}\right] 严格递减;$$

(2) 函数 $\dfrac{rK_{p,q}(r)}{\mathrm{artanh}_{q}(r)}$ 从区间 $(0,1)$ 到区间 $\left(1, \dfrac{\pi_{p,q}}{2}\right)$ 严格单调递减;

(3) 函数 $\dfrac{rE_{p,q}(r)}{\mathrm{artanh}_{q}(r)}$ 从区间 $(0,1)$ 到区间 $\left(0, \dfrac{\pi_{p,q}}{2}\right)$ 上单调递减;

258

（4）函数 $\dfrac{E_{p,q}(r)}{\left(\dfrac{2}{1+\sqrt{1-\lambda^q}}\right)^{\frac{1}{2}}}$ 从区间 $(0,1)$ 到区间

$$\left[\dfrac{\Gamma\left(1-\dfrac{1}{p}+\dfrac{1}{q}\right)}{\sqrt{2}\,\Gamma\left(1+\dfrac{1}{q}\right)\Gamma\left(1-\dfrac{1}{q}\right)},1\right]$$ 严格单调递减.

证明　定义 $\alpha_{p,q}(r)$ 如下

$$\alpha_{p,q}(r)=$$

$$\dfrac{\pi_{p,q}}{2}\dfrac{F\left(-\dfrac{1}{p},\dfrac{1}{q};1-\dfrac{1}{p}+\dfrac{1}{q};r^q\right)}{F\left(\dfrac{1}{p},\dfrac{1}{q};1+\dfrac{1}{q};r^q\right)}=$$

$$\dfrac{\pi_{p,q}}{2}\dfrac{\displaystyle\sum_{n=0}^{+\infty}\dfrac{\left(-\dfrac{1}{p}\right)_n\left(\dfrac{1}{q}\right)_n}{\left(1+\dfrac{1}{q}-\dfrac{1}{p}\right)_n}\dfrac{x^n}{n!}}{\displaystyle\sum_{n=0}^{+\infty}\dfrac{\left(-\dfrac{1}{p}\right)_n\left(\dfrac{1}{q}\right)_n}{\left(1+\dfrac{1}{q}\right)_n}\dfrac{x^n}{n!}}$$

再定义数列

$$\omega_n=\dfrac{\left(-\dfrac{1}{p}\right)_n\left(1+\dfrac{1}{q}\right)_n}{\left(\dfrac{1}{p}\right)_n\left(1+\dfrac{1}{q}-\dfrac{1}{p}\right)_n}$$

由于

$$\dfrac{\omega_{n+1}}{\omega_n}=\dfrac{\left(-\dfrac{1}{p}+n\right)\left(1+\dfrac{1}{q}+n\right)}{\left(\dfrac{1}{p}+n\right)\left(1-\dfrac{1}{p}+\dfrac{1}{q}+n\right)}\leqslant 1\Leftrightarrow$$

$$\left(2-\dfrac{1}{p}\right)\dfrac{1}{p}+\dfrac{2}{pq}+\dfrac{n}{p}>0$$

所以 $\{\omega_n\}_{n\geqslant 0}$ 严格单调递减. 另外, 由 Gauss 公式可知

$$\alpha_{p,q}(0^+) = \frac{\pi_{p,q}}{2}$$

$$\alpha_{p,q}(1^-) =$$

$$\frac{\pi_{p,q}}{2}\left[\frac{\Gamma\left(1+\dfrac{1}{p}+\dfrac{1}{q}\right)}{\Gamma\left(1+\dfrac{1}{q}\right)\Gamma\left(1-\dfrac{1}{q}\right)}\right]^2$$

应用引理 10 即证(1) 成立, 对于(2)(3)(4) 类比可证.
其中(4) 只需注意到

$$\left(\frac{2}{1+\sqrt{1-x^q}}\right)^{\frac{1}{2}} = F\left(\frac{1}{4},\frac{3}{4};\frac{3}{2};x^q\right)$$

即证.

推论 1　对 $p,q > 1$ 以及 $r \in (0,1)$, 有

(1) $\dfrac{\pi_{p,q}}{2}\left[\dfrac{\Gamma\left(1+\dfrac{1}{p}+\dfrac{1}{q}\right)}{\Gamma\left(1+\dfrac{1}{q}\right)\Gamma\left(1-\dfrac{1}{q}\right)}\right]^2 \dfrac{\arcsin_{p,q}(r)}{r} <$

$E_{p,q}(r) < \dfrac{\pi_{p,q}}{2}\dfrac{\arcsin_{p,q}(r)}{r}$;

(2) $\dfrac{\operatorname{artanh}_q(r)}{r} < K_{p,q}(r) < \dfrac{\pi_{p,q}}{2}\dfrac{\operatorname{artanh}_q(r)}{r}$;

(3) $E_{p,q}(r) < \dfrac{\pi_{p,q}}{2}\dfrac{\operatorname{artanh}_q(r)}{r}$;

(4) $\dfrac{\Gamma\left(1-\dfrac{1}{p}+\dfrac{1}{q}\right)}{\Gamma\left(1+\dfrac{1}{q}\right)\Gamma\left(1-\dfrac{1}{q}\right)}\dfrac{1}{\sqrt{(1+\sqrt{1-r^q})}} <$

$E_{p,q}(r) < \dfrac{\sqrt{2}}{\sqrt{(1+\sqrt{1-r^q})}}$.

定理 10　对 $p > 2, q > 1$ 以及 $r \in (0,1)$, 则

$\dfrac{rK_{p,q}(r)}{\arcsin_{p,q}(r)}$ 从区间 $(0,1)$ 到区间 $\left(\dfrac{\pi_{p,q}}{2},+\infty\right)$ 上严格

单调递增. 且 $K_{p,q}(r) > \dfrac{\pi_{p,q}}{2}\dfrac{\arcsin_{p,q}(r)}{r}$.

证明 类比定理 9 的证法,定义函数 $\beta_{p,q}(r)$ 与 Ω_n
如下

$$\beta_{p,q}(r) =$$

$$\frac{\pi_{p,q}}{2}\frac{F\left(1-\dfrac{1}{p},\dfrac{1}{q};1-\dfrac{1}{p}+\dfrac{1}{q};r^q\right)}{F\left(\dfrac{1}{p},\dfrac{1}{q};1+\dfrac{1}{q};r^q\right)} =$$

$$\frac{\pi_{p,q}}{2}\frac{\displaystyle\sum_{n=0}^{+\infty}\frac{\left(1-\dfrac{1}{p}\right)_n\left(\dfrac{1}{q}\right)_n}{\left(1+\dfrac{1}{q}-\dfrac{1}{p}\right)_n}\dfrac{x^n}{n!}}{\displaystyle\sum_{n=0}^{+\infty}\frac{\left(\dfrac{1}{p}\right)_n\left(\dfrac{1}{q}\right)_n}{\left(1+\dfrac{1}{q}\right)_n}\dfrac{x^n}{n!}}$$

与

$$\Omega_n = \frac{\left(1-\dfrac{1}{p}\right)_n\left(1+\dfrac{1}{q}\right)_n}{\left(\dfrac{1}{p}\right)_n\left(1+\dfrac{1}{q}-\dfrac{1}{p}\right)_n}$$

则

$$\frac{\Omega_{n+1}}{\Omega_n} = \frac{\left(1-\dfrac{1}{p}+n\right)\left(1+\dfrac{1}{q}+n\right)}{\left(\dfrac{1}{p}+n\right)\left(1-\dfrac{1}{p}+\dfrac{1}{q}+n\right)} \geqslant 1 \Leftrightarrow$$

$$\left(1-\frac{1}{p}\right)n + \left(1+\frac{1}{q}\right)\left(1-\frac{2}{p}\right) + \frac{1}{p^2} > 0$$

所以 $\langle\Omega_n\rangle$ 单调递增,再由引理 10 即证.

定理 11 对 $p,q>1$ 以及 $r\in(0,1)$,有

261

$$1 - \frac{2\log(1-r^p)}{q\pi_{p,q}} < K_{p,q}(r) <$$

$$1 - \frac{(p-1)\log(1-r^p)}{pq+p-q}$$

证明　使用已知事实文[25],函数

$$\frac{1-F(a,b;a+b;x)}{\log(1-x)}$$

从区间 $(0,1)$ 到区间 $\left(\dfrac{ab}{a+b}, \dfrac{1}{\mathrm{B}(a,b)}\right)$ 上严格单调递

减. 取 $a = 1 - \dfrac{1}{p}, b = \dfrac{1}{8}, x = r^p$ 即证.

定理 12　对 $p, q > 1$ 以及 $r \in (0,1)$,有

$$\frac{\pi_{p,q}}{2} < K_{p,q}(r) < \frac{\pi_{p,q}}{2(1-r^p)^{\frac{1}{4}}}$$

证明　由于函数 $(1-x)^{\frac{1}{4}} F(a,b;a+b;x)$ 在 $(0,$ $1)$ 上严格单调递减,当且仅当 $4ab \leqslant a+b$,看文献 $[25]$,取 $a = 1 - \dfrac{1}{p}, b = \dfrac{1}{8}, x = r^p$,易知满足 $4ab \leqslant a + b$,再由渐近公式

$$F(a,b;a+b;x) \sim -\frac{1}{\mathrm{B}(a,b)}\log(1-x), x \to 1$$

即得

$$\lim_{r \to 0^+}(1-r^p)^{\frac{1}{4}} K_{p,q}(r) = \frac{\pi_{p,q}}{2}$$

$$\lim_{r \to 1^-}(1-r^p)^{\frac{1}{4}} K_{p,q}(r) = 0$$

证毕.

3. 广义 (p,q) 椭圆积分的平均不等式

本小节主要考虑对数平均

$$L(a,b) = \frac{a-b}{\log a - \log b} \quad (a \neq b)$$

以及指数平均

$$I(x,y) = \frac{1}{e}\left(\frac{x^x}{y^y}\right)^{\frac{1}{x-y}}$$

下的广义椭圆积分不等式.

定理 13　设 $p,q > 1$ 以及 $r,s \in (0,1)$，则

$$K_{p,q}(L(r,s)) \leqslant L(K_{p,q}(r), K_{p,q}(s))$$

证明　不妨设 $r \leqslant s$ 且定义

$$f(r) = \frac{1}{(1 - r^p (\sin_{p,q} x)^q)^{1 - \frac{1}{p}}}$$

计算可得

$$(\log f(r))' = \left(1 - \frac{1}{p}\right) \frac{q r^{q-1} (\sin_{p,q} x)^q}{1 - r^p (\sin_{p,q} x)^q}$$

$$(\log f(r))'' = \left(1 - \frac{1}{p}\right) q (\sin_{p,q} x)^q \cdot$$

$$\frac{(q-1) r^{q-1} (1 - r^p (\sin_{p,q} x)^q) + q r^{2q-2} (\sin_{p,q} x)^q}{(1 - r^p (\sin_{p,q} x)^q)^2} > 0$$

所以 $f(r)$ 在区间 $(0,1)$ 上为严格对数凸. 由于积分保持单调性与对数凸性，则 $K_{p,q}(r)$ 在区间 $(0,1)$ 上也严格单调递增且对数凸，做代换 $t = K_{p,q}(u)$ 可得

$$L(K_{p,q}(r), K_{p,q}(s)) =$$

$$\frac{K_{p,q}(r) - K_{p,q}(s)}{\log K_{p,q}(r) - \log K_{p,q}(s)} = \frac{\displaystyle\int_{K_{p,q}(r)}^{K_{p,q}(s)} 1 \, dt}{\displaystyle\int_{K_{p,q}(r)}^{K_{p,q}(s)} \frac{1}{t} \, dt} =$$

$$\frac{\displaystyle\int_r^s (K_{p,q}(u))' \, du}{\displaystyle\int_r^s \frac{(K_{p,q}(u))'}{K_{p,q}(u)} \, du}$$

由于 $K_{p,q}(u)$ 与 $\dfrac{(K_{p,q}(u))'}{K_{p,q}(u)}$ 都严格增，应用 Chebyshev

积分不等式,则有

$$\int_r^s K_{p,q}(u)\mathrm{d}u \int_r^s \frac{(K_{p,q}(u))'}{K_{p,q}(u)}\mathrm{d}u \leqslant$$

$$\int_r^s 1\mathrm{d}u \int_r^s (K_{p,q}(u))'\mathrm{d}u$$

这等价于

$$\frac{\int_r^s (K_{p,q}(u))'\mathrm{d}u}{\int_r^s \frac{(K_{p,q}(u))'}{K_{p,q}(u)}\mathrm{d}u} \geqslant \frac{\int_r^s K_{p,q}(u)\mathrm{d}u}{s-r}$$

由于对数凸函数必为凸函数及

$$L(r,s) \leqslant A(r,s) = \frac{r+s}{2}$$

则

$$\frac{\int_r^s K_{p,q}(u)\mathrm{d}u}{s-r} \geqslant K_{p,q}\left(\frac{\int_r^s u\mathrm{d}u}{s-r}\right) =$$

$$K_{p,q}(A(r,s)) \geqslant K_{p,q}(L(r,s))$$

定理 14   对 $p,q > 1$ 以及 $r,s \in (0,1)$,有

$$K_{p,q}(I(r,s)) \leqslant I(K_{p,q}(r),K_{p,q}(s))$$

证明   设 $r \leqslant s$,计算可得

$$\ln I(K_{p,q}(r),K_{p,q}(s)) =$$

$$\frac{K_{p,q}(r)\log K_{p,q}(r) - K_{p,q}(s)\log K_{p,q}(s) - 1}{K_{p,q}(r) - K_{p,q}(s)} =$$

$$\frac{\int_{K_{p,q}(r)}^{K_{p,q}(s)} \ln t\mathrm{d}t}{\int_{K_{p,q}(r)}^{K_{p,q}(s)} 1\mathrm{d}t} =$$

$$\frac{\int_r^s \log K_{p,q}(u)(K_{p,q}(u))'\mathrm{d}u}{\int_r^s (K_{p,q}(u))'\mathrm{d}u}$$

由于 $K_{p,q}(u)$ 与 $(K_{p,q}(u))'$ 在区间 $(0,1)$ 上严格单调递增,应用 Chebyshev 不等式可得

$$\int_r^s (K_{p,q}(u))'\mathrm{d}u \int_r^s \log K_{p,q}(u)\mathrm{d}u \leqslant$$

$$\int_r^s 1\mathrm{d}u \int_r^s \log K_{p,q}(u)(K_{p,q}(u))'\mathrm{d}u$$

再应用 $I(r,s) \leqslant A(r,s)$ 可知

$$\log I(K_{p,q}(r),K_{p,q}(s)) \geqslant \frac{\displaystyle\int_r^s \log K_{p,q}(u)\mathrm{d}u}{s-r} \geqslant$$

$$\log K_{p,q}\left(\left|\frac{\displaystyle\int_r^s u\,\mathrm{d}u}{s-r}\right|\right) =$$

$$\log K_{p,q}(A(r,s)) \geqslant \log K_{p,q}(I(r,s))$$

4.几点注记

最近 Bhayo 和笔者把定理 3,定理 4 推广到广义 (p,q) 椭圆积分中,他们得到了如下结果:

定理 15　定义 $\Delta_{p,q}(r) = \dfrac{E_{p,q}(r)-(r')^p K_{p,q}(r)}{r^p} -$ $\dfrac{E'_{p,q}(r)-r^p K'_{p,q}(r)}{(r')^p}$,其中 $r' = (1-r^p)^{\frac{1}{p}}$,则当 $p>1,q>$ 1 时,$\Delta_{p,q}(r)$ 为区间 $(0,1)$ 上的严格单调递减凸函数. 如果满足以下两个条件:

(1)$2+\dfrac{1}{p}+\dfrac{1}{p^2} \leqslant \dfrac{5}{p}+\dfrac{1}{q} < 3+\dfrac{1}{p^2}$;

(2)$20-\dfrac{4^2}{p}+\dfrac{4}{q}+\dfrac{21}{p^2}-\dfrac{2}{q^2}-\dfrac{20}{pq}-\dfrac{9}{p^2 q}-\dfrac{3}{p^3}-\dfrac{1}{p^3 q}>0.$

特别的,对 $r \in (0,1)$,成立不等式

$$\frac{\left(1-\dfrac{1}{p}\right)\pi_{p,q}}{2\left(1+\dfrac{1}{q}-\dfrac{1}{p}\right)}-1+\alpha_1 r<\Delta_{p,q}(r)<$$

$$\frac{\left(1-\dfrac{1}{p}\right)\pi_{p,q}}{2\left(1+\dfrac{1}{q}-\dfrac{1}{p}\right)}-1+\beta_1 r$$

其中 $\alpha_1=0$ 与 $\beta_1=\dfrac{\left(1-\dfrac{1}{p}\right)\pi_{p,q}}{\left(1+\dfrac{1}{q}-\dfrac{1}{p}\right)}$ 为最优常数.

定理 16 若 $r,s\in(0,1)$, $p,q>1$, 且满足定理 15 中的 (1)(2), 则有

$$\frac{\left(1-\dfrac{1}{p}\right)\pi_{p,q}}{2\left(1+\dfrac{1}{q}-\dfrac{1}{p}\right)}-1<$$

$$\Delta_{p,q}(rs)-\Delta_{p,q}(r)-\Delta_{p,q}(s)<$$

$$1-\frac{\left(1-\dfrac{1}{p}\right)\pi_{p,q}}{2\left(1+\dfrac{1}{q}-\dfrac{1}{p}\right)}$$

详细的证明我们省略, 感兴趣的读者可以参看文献 [26].

在文 [9] 中, Takeuchi 又定义了一种三个参数的广义椭圆积分, 对 $p,q,r>1$, $k\in(0,1)$, 定义

$$K_{p,q,s}(k)=\int_0^{\frac{\pi_{p,q}}{2}}(1-k^q\sin_{p,q}^q t)^{1-\frac{1}{r}}\,\mathrm{d}t=$$

$$\int_0^1 \frac{1}{(1-t^q)^{\frac{1}{p}}(1-k^q t^q)^{\frac{1}{r}}}\,\mathrm{d}t$$

与

266

$$E_{p,q,s}(k) = \int_0^{\frac{\pi_{p,q}}{2}} (1 - k^q \sin_{p,q}^q t)^{1-\frac{1}{r}} \mathrm{d}t =$$

$$\int_0^1 \frac{(1 - k^q t^q)^{\frac{1}{r}}}{(1 - t^q)^{\frac{1}{p}}} \mathrm{d}t$$

他们的超几何表示如下

$$K_{p,q,r}(k) = \frac{\pi_{p,q}}{2} F\left(\frac{1}{q}, \frac{1}{r}; 1 - \frac{1}{p} + \frac{1}{q}; k^q\right)$$

$$E_{p,q,r}(k) = \frac{\pi_{p,q}}{2} F\left(\frac{1}{q}, \frac{1}{r} - 1; 1 - \frac{1}{p} + \frac{1}{q}; k^q\right)$$

　　笔者在一篇未发表的论文中研究了它们的界估计,平均不等式以及对参数 p,q,r 的凹凸性.这方面的研究刚刚开始,好多有意义的问题还需要读者去发现.

参考文献

[1] ALZER H. Sharp inequalities for the complete elliptic integrals of the first kinds [J],Math. Proc. Camb. Phil. Soc. ,1988 (124):309-314.

[2] ANDERSON G D,DUREN P,VAMANAMURTHY M K. An inequality for complete elliptic integrals,[J]. Math. Anal. Appl. ,1994 (182):257-259.

[3] ANDERSON G D,QIU S L,VAMANAMURTHY M K. Elliptic integrals inequalities,with applications [J]. Constr. Approx. ,1998 (14):195-207.

[4] ANDERSON G D,VAMANAMURTHY M K,VUORI-NEN M. Topics in special functions [EB/OL]. arXiv:0712. 3856v1[math. CA].

[5] ANDERSON G D,QIU S L,VAMANAMURTHY M K,VUORINEN M. Generalized elliptic integrals and modular

equation[J]. Pacific J. Math. ,2000,192(1):1-37.

[6] TAKEUCHI S. A new form of the generalized complete elliptic integrals[J]. Kodai J. Math. ,2016,39 (1):202-226.

[7] TAKEUCHI S. Generalized Jacobian elliptic functions and their application to bifurcation problems associated with p-Laplacian[J]. J. Math. Anal. Appl. ,2012 (385):24-35.

[8] TAKEUCHI S. The complete p-elliptic integrals and a computation formula of π_p for $p = 4$[J/OL]. Ramanujan Journal, 2018,46 (2):309-321. http://arxiv. org/abs/1503. 02394.

[9] TAKEUCHI S. Legendre-type relations for generalized complete elliptic integrals[J/OL]. Journal of Classical Analysis. 2016,9 (1):35-42. http://arxiv. org/ abs/ 1606. 05115.

[10] YIN L,HUANG L G. Inequalities for generalized trigonometric and hyperbolic functions with two parameters[J]. J. Nonlinear Sci. Appl. ,2015,8 (4):315-323.

[11] YIN L,HUANG L G,WANG Y L,LIN X L. An inequality for generalized complete elliptic integral[J]. Journal of Inequalities and Applications,2017 (2017): 303.

[12] YIN L,MI L F. Landen type inequalities for generalized complete elliptic integrals[J]. Adv. Stud. Comtem. Math. ,2012,26 (4):717-722.

[13] YIN L,CUI W Y,DOU X K. Series representations for some special functions[J]. Proceedings of the Jangjeon Math. Soc. ,2016,19(1):101-105

[14] ALZER H,RICHARDS K. A note on a function involving complete elliptic integrals:monotonicity,convexity, inequalities[J]. Anal Math,2015,41(3):133-139

[15] 尹栿,黄利国. 广义椭圆积分的两个不等式[J]. 数学物理学报,2018,38(1):46-53.

[16] ANDERSON G D,VAMANAMURTHY M K, VUORINEN M. Functional inequalities for complete

elliptic integrals and ratios[J]. SIAM J. Math. Anal. , 1990,21:536-549.

[17] ALZER H,RICHARDS K. Inequalities for the ratio of complete elliptic integrals[J]. Proc. Am. Math. Soc. , 2017,145(4):1661-1670.

[18] QI F,GUO B N. Two new proofs of the complete monotonicity of a function involving the psi function[J]. Bull. Korean Math. Soc. ,2010,47(1):103-111.

[19] ZHANGX H,QIU S L,CHU Y M,WANG G D. Some sharp inequalities for a generalized Grötzsch ring function[J]. Acta. Math. Sci. ,2008,28A(1):59-65.

[20] WANG M K,CHU Y M. Asymptotical bounds for complete elliptic integrals of the second kind[J]. J. Math. Anal. Appl. ,2013,402(1):119-126.

[21] ABRAMOWITZ M,STEGUN I A. Handbook of Mathematical Functions,with Formulas,Graphs,and Mathematical Tables[M]. New York:Dover Publications,1966: 590-592.

[22] ANDERSONG D,VAMANAMURTHY M K,VUORINEN M. Genenalized convexity and inequalities[J]. J. Math. Anal. Appl. ,2007 (335):1294-1308.

[23] QI F,HUANG Z. Inequalities of the complete elliptic integrals[J]. Tamkang J. Math. ,1998,29(3):165-169.

[24] ALZER H,QIU S L. Monotonicity theorems and inequalities for the complete elliptic integrals[J]. J. Comput. Appl. Math. ,2004 (172):289-312.

[25] ANDERSON G D,BARNARD R W,RICHARDS K C, VAMANAMURTHY M K,VUORINEN M. Inequalities for zero-balanced hypergeometric function[J],Trans. Amer. Math. Soc. ,1995,347 (5):1713-1723.

［26］BHAYO B A，YIN L. On a function involving generalized complete （p,q)-elliptic integrals［J/OL］. Arab. J. Math. https：//doi. org/10. 1007/s40065-019-0242-z.

广义凹凸性

广义凹凸性是 Jessen 经典凹凸函数的推广,在数学的各个分支,特别是凸理论中有很重要的应用. 本章介绍广义凹凸性的基本定义与判别法则,并且给出它的一些应用.

第一节　广义凹凸性的定义以及判别准则

1. 平均的概念与广义凹凸性

为了引入广义凹凸性的概念,我们先介绍两个正数的平均概念:1987 年,Borwein 等在研究了两个正数 a,b 各种平均的共同本质后,将正数 a,b 的平均 $M(a,b)$ 定义为:

第七章

$M:(0,+\infty)\times(0,+\infty)\rightarrow(0,+\infty)$ 的二元连续函数,并满足条件:

(1) $\min\{a,b\}\leqslant M(a,b)\leqslant\max\{a,b\}$,即 $M(a,b)$ 要位于 a,b 之间;

(2) 对称性:$M(a,b)=M(b,a)$ 和正齐性 $M(ta,tb)=tM(a,b)(t\geqslant0)$;

其中条件(1)是本质的,而条件(2)通常是不必要的.

下面是几种常用的平均:

(1) 设 $a,b>0$ 幂平均(Hölder 平均):$M_p(a,b)=\left(\dfrac{1}{2}(a^p+b^p)\right)^{\frac{1}{p}}(p\neq0)$. 当 $p\neq0$ 时,$M_p(a,b)$ 是 p 的严格递增函数,且当 $0<a<b$ 时

$$\lim_{p\rightarrow-\infty}M_p(a,b)=a,\lim_{p\rightarrow+\infty}M_p(a,b)=b$$

特别的,几何平均为:$G(a,b)=M_0(a,b)=\lim_{p\rightarrow0}M_p(a,b)=\sqrt{ab}$;

算术平均为:$A(a,b)=M_1(a,b)=\dfrac{1}{2}(a+b)$;

调和平均为:$H(a,b)=M_{-1}(a,b)=\dfrac{2}{\dfrac{1}{a}+\dfrac{1}{b}}=\dfrac{2ab}{a+b}$;

平方根平均为:$M_2(a,b)=\left(\dfrac{1}{2}(a^2+b^2)\right)^{\frac{1}{2}}$;

调和平方根平均:$M_{-2}(a,b)=\left(\left(\dfrac{2a^2b^2}{a^2+b^2}\right)\right)^{\frac{1}{2}}$;

(2) 广义对数平均(Stolarsky 平均)

$$S_p(a,b)=\begin{cases}\left(\dfrac{b^p-a^p}{p(b-a)}\right)^{\frac{1}{p-1}} & (a\neq b,p\neq0,1)\\ b & (a=b)\end{cases}$$

当 $a \neq b$ 时，$S_p(a,b)$ 是 p 的严格递增函数.

对数平均为

$$S_0(a,b) = \lim_{p \to 0} S_p(a,b) = \begin{cases} \dfrac{b-a}{\ln b - \ln a} & (a \neq b) \\ \\ b & (a = b) \end{cases}$$

指数平均为

$$S_1(a,b) = \lim_{p \to 1} S_p(a,b) = \mathrm{e}^{-1}\left(\frac{a^a}{b^b}\right)^{\frac{1}{a-b}} \quad (a \neq b)$$

而 $S_2(a,b) = A(a,b)$；$S_{-1}(a,b) = G(a,b)$.

（3）单参数平均

$$J_p(a,b) = \frac{p(a^{p+1} - b^{p+1})}{(p+1)(a^p - b^p)} \quad (p \neq 0, -1)$$

当 $a \neq b$ 时，$J_p(a,b)$ 是 p 的严格递增函数.

对数平均为：$J_0(a,b) = S_0(a,b) = \lim\limits_{p \to 0} J_p(a,b)$；

几何平均为：$G(a,b) = J_{-\frac{1}{2}}(a,b)$；

算术平均为：$A(a,b) = J_1(a,b)$；

调和平均为

$$J_{-2}(a,b) = H(a,b)$$

$$J_{-\infty}(a,b) = \lim_{p \to -\infty} J_p(a,b) = \min\{a,b\}$$

$$J_{+\infty}(a,b) = \lim_{p \to +\infty} J_p(a,b) = \max\{a,b\}$$

（4）Seiffert 平均：

Seiffert 第一平均

$$S_1(a,b) = \begin{cases} \dfrac{a-b}{4\arctan\sqrt{\dfrac{a}{b}} - \pi} & (a \neq b) \\ \\ a & (a = b) \end{cases}$$

且有 $G(a,b) \cdot A(a,b) < L(a,b) \cdot S_1(a,b)$.

Seiffert 第二平均

$$S_2(a,b) = \begin{cases} \dfrac{a-b}{2\arcsin\left(\dfrac{a-b}{a+b}\right)} & (a \neq b) \\ \\ a & (a = b) \end{cases}$$

且有 $G(a,b) \leqslant L(a,b) \leqslant S_2(a,b) \leqslant I(a,b) \leqslant A(a,b)$.

（5）姜卫东平均

$$N(a,b) = \begin{cases} \dfrac{a-b}{2\operatorname{arsinh}\left(\dfrac{a-b}{a+b}\right)} & (a \neq b) \\ \\ a & (a = b) \end{cases}$$

（6）Toader 平均

$$T(a,b) = \begin{cases} \dfrac{a-b}{\arctan\left(\dfrac{a-b}{a+b}\right)} & (a \neq b) \\ \\ a & (a = b) \end{cases}$$

下面我们回顾数学分析中凸函数与凹函数的定义.

定义 1 设 f 在定义区间 D 上连续,如果对 D 上任意两点 a,b 恒有

$$f\left(\frac{a+b}{2}\right) \leqslant \frac{f(a)+f(b)}{2}$$

那么称 f 在 D 上是凸函数；

如果恒有

$$f\left(\frac{a+b}{2}\right) \geqslant \frac{f(a)+f(b)}{2}$$

那么称 f 在 D 上是凹函数.

在定义 1 中凸（凹）函数的定义：$f\left(\dfrac{a+b}{2}\right) \leqslant (\geqslant)$ $\dfrac{f(a)+f(b)}{2}$ 是用算术平均值定义的. 根据算数平均值定义函数凹凸性,自然的,我们也可以用其他平均

274

定义新的更广义的函数凹凸性.

定义 2　$f:I \to (0, +\infty)$ 是连续的，I 是区间$(0, +\infty)$ 上的一个子空间. M 和 N 是任意的两个平均. 若

$$f(M(x,y)) \leqslant (\geqslant) N(f(x), f(y)), x, y \in I$$

则称 f 是 MN — 凸（凹）.

很明显，当 $M = N = A$ 时，定义 2 就变成通常的凸（凹）函数定义了. 当 $M = N = G$ 时，就是通常的几何凸函数. 在文 $[2]$ 中，Anderson，Vamanamurthy 和 Vuorinen 对函数 f 的广义凹凸性进行了详细的研究，并给出了以下主要结果：

定理 1　$[2, 推论 2.5]$ 令 $f:I_0 \to (0, +\infty)$ 是可微的函数，且在$(4)-(9)$ 中，$I_0 = (0, b), 0 < b < +\infty$，则有：

(1) f 是 AA — 凸（凹），当且仅当 $f'(x)$ 增加（减少）；

(2) f 是 AG — 凸（凹），当且仅当 $f'(x)/f(x)$ 单调增加（减少）；

(3) f 是 AH — 凸（凹），当且仅当 $f'(x)/f(x)^2$ 单调增加（减少）；

(4) f 是 GA — 凸（凹），当且仅当 $xf(x)$ 增加（减少）；

(5) f 是 GG — 凸（凹），当且仅当 $xf'(x)/f(x)$ 单调增加（减少）；

(6) f 是 GH — 凸（凹），当且仅当 $xf'(x)/f(x)^2$ 单调增加（减少）；

(7) f 是 HA — 凸（凹），当且仅当 $x^2 f'(x)$ 增加（减少）；

(8) f 是 HG — 凸（凹），当且仅当 $xf'(x)/f(x)$ 单

调增加(减少);

(9)f 是 $HH-$凸(凹),当且仅当 $x^2 f'(x)/f(x)^2$ 单调增加(减少).

定理 1 的一个等价叙述是下面的定理 2.

定理 2 [2,定理 2.4] 令 I 为区间 $(0,+\infty)$ 的一个开子区间,且 $f:I \to (0,+\infty)$ 是连续的. 在(4)—(9)中,仍然令 $I=(0,b),0<b<+\infty$,则有

(1)f 是 $AA-$凸(凹),当且仅当 f 凸(凹);

(2)f 是 $AG-$凸(凹),当且仅当 $\log f$ 凸(凹);

(3)f 是 $AH-$凸(凹),当且仅当 $1/f$ 是凹(凸) 的;

(4)f 是 $GA-$凸(凹)在 I,当且仅当 $f(be^{-t})$ 是凸(凹)在 $(0,+\infty)$;

(5)f 是 $GG-$凸(凹)在 I,当且仅当 $\log f(be^{-t})$ 是凸(凹)在 $(0,+\infty)$;

(6)f 是 $GH-$凸(凹)在 I,当且仅当 $1/f(be^{-t})$ 是凹(凸)在 $(0,+\infty)$;

(7)f 是 $HA-$凸(凹)在 I,当且仅当 $f(1/x)$ 是凸的(凹)在 $(1/b,+\infty)$.

(8)f 是 $HG-$凸(凹)在 I,当且仅当 $\log f(1/x)$ 是凸(凹)在 $(1/b,+\infty)$;

(9)f 是 $HH-$凸(凹)在 I,当且仅当 $1/f(1/x)$ 是凹(凸)在 $(1/b,+\infty)$;

随后,Baricz 研究了[4]$(p,q)-$凸$((p,q)$凹),并给了以下结果:

定理 3 [4,引理 3] 令 $p,q \in \mathbf{R}, f:[a,b] \to (0,+\infty)$ 是一个可微函数,$a,b\in(0,+\infty)$. 函数 f 为$(p,q)-$凸$((p,q)-$凹), 当且仅当 $x \to$

$x^{1-p}f'(x)(f(x))^{q-1}$ 是单调增加（减少）的函数.

可以很容易地观察到 $(1,1)$ — 凸性意味着 AA — 凸, $(1,0)$ — 凸性意味着 AG — 凸, $(0,0)$ — 凸性意味 GG — 凸.

定理 4 ［4,定理 7］令 $a,b \in (0,+\infty)$, $f:[a,b] \to (0,+\infty)$ 是一个可微函数. 定义积分 $g(x) = \int_a^x f(t)\mathrm{d}t$ 和 $h(x) = \int_x^b f(t)\mathrm{d}t$. 则有:

（a）如果函数 $x \to x^{1-p}f(x)$ 是单调增加（减少）的,那么对 $p \in \mathbf{R}$ 和 $q \geqslant 1$, g 是 (p,q) — 凸（h 是 (p,q) — 凸）.

（b）如果函数 $x \to x^{1-p}f(x)$ 是单调增加（减少）的,那么对 $p \neq (0,1)$ 和 $q < 0$, g 是 (p,q) — 凸（h 是 (p,q) — 凸）.

笔者在文［25］中研究了函数的 II — 凸,给出了此种广义凸的一个充要条件,并给出了 Ebanks 猜测的一个证明. 先介绍下面的几个引理:

引理 1[22]　令 $f,g:[a,b] \to \mathbf{R}$ 是可积的函数,同时单调增加或减少. 此外 $p:[a,b] \to \mathbf{R}$ 是正可积函数,则有

$$\int_a^b p(x)f(x)\mathrm{d}x \cdot \int_a^b p(x)g(x)\mathrm{d}x \leqslant$$

$$\int_a^b p(x)\mathrm{d}x \cdot \int_a^b p(x)f(x)g(x)\mathrm{d}x$$

若其中函数 f,g 增减性相反,则不等式反向.

引理 2[17]　若 $f(x)$ 在 $[a,b]$ 上是一个连续的凸函数,并且 $\varphi(x)$ 在 $[a,b]$ 是连续的,则

$$f\left(\frac{1}{b-a}\int_a^b \varphi(x)\mathrm{d}x\right) \leqslant \frac{1}{b-a}\int_a^b f(\varphi(x))\mathrm{d}x$$

若函数 $f(x)$ 在区间 $[a,b]$ 是连续凹的,则不等式反向.

引理 3[3]   两个正数 a,b,然后
$$L(a,b) \leqslant I(a,b) \leqslant A(a,b)$$

引理 4[17]   函数 $p \to J_p(x,y)$ 是严格增加的在 $\mathbf{R} \backslash \{0, -1\}$ 上.

我们的结果如下:

定理 5   令 $f: I_0 \to (0, +\infty)$ 是一个连续可微函数,并且是单调递增的对数凸(凹)函数,则
$$I(f(x), f(y)) \geqslant f(I(x,y))$$
$$(I(f(x), f(y)) \leqslant f(A(x,y)))$$

证明   只证明对数凸的情况. 由于
$$\ln I(f(x), f(y)) = \frac{f(x) \ln f(x) - f(y) \ln f(y)}{f(x) - f(y)} - 1$$
计算和代换 $t = f(u)$ 得到
$$\ln(f(x), f(y)) = \frac{\displaystyle\int_{f(y)}^{f(x)} \ln t \, \mathrm{d}t}{\displaystyle\int_{f(y)}^{f(x)} 1 \, \mathrm{d}t} =$$

$$\frac{\displaystyle\int_y^x \ln f(u) f'(x) \, \mathrm{d}u}{\displaystyle\int_y^x f'(u) \, \mathrm{d}u}$$

由于函数 $f(x)$ 和 $f'(x)$ 在 $I \subseteq (0, +\infty)$ 上单调增加,那么利用引理 1 和假设 $x > y$,可以推出
$$\int_y^x 1 \mathrm{d}x \cdot \int_y^x \ln f(u) f'(u) \, \mathrm{d}u \geqslant \int_y^x f'(u) \, \mathrm{d}u \cdot \int_y^x \ln f(u) \, \mathrm{d}u$$
结合上面两式,得出
$$\ln I(f(x), f(y)) \geqslant \frac{\displaystyle\int_y^x \ln f(u) \, \mathrm{d}u}{y - x}$$

再应用引理 2 和引理 3,并考虑函数 $f(x)$ 的对数凸性,我们有

$$I(f(x),f(y)) \geqslant \ln f\left(\left|\frac{\int_y^x u\,\mathrm{d}u}{y-x}\right|\right) =$$

$$\ln f\left(\frac{x+y}{2}\right) \geqslant$$

$$\ln f(I(x,y))$$

证毕.

定理 6　令 f 在区间 $(0,+\infty)$ 上是一个连续的实值函数. 如果 f 严格单调增加且为凸函数,那么成立 $P_f(x,y) \leqslant R_f(x,y)$,其中

$$P_f(x,y) = f\left((xy)^{\frac{1}{4}}\left(\frac{x+y}{2}\right)^{\frac{1}{2}}\right)$$

以及

$$R_f(x,y) = \frac{1}{y-x}\int_x^y f(t)\mathrm{d}t$$

注　在文[27]中,Ebanks 定义了 $R_f(x,y)$ 和 $P_f(x,y)$,并提出一个在区间 $(0,+\infty)$ 上连续和严格单调实值函数 f 的一个公开问题如下:f(或 $f'' > 0$) 为严格增加的凸函数是否意味 $P_f \leqslant R_f$? 很明显,定理 6 给出了一个肯定的答案.

证明　因为 f 是一个严格单调增加的凸函数,然后由引理 1 和不等式

$$G(x,y) \leqslant A(x,y)$$

我们得到

$$R_f(x,y) \geqslant \frac{\int_x^y f(u)\,\mathrm{d}u}{y-x} \geqslant f\left(\frac{\int_x^y u\,\mathrm{d}u}{y-x}\right) = f\left(\frac{x+y}{2}\right) \geqslant$$

$$f\left((x+y)^{\frac{1}{4}}\left(\frac{x+y}{2}\right)^{\frac{1}{2}}\right) = p_f(x,y)$$

证毕.

定理 7　令 $f: I_0 \to (0, +\infty)$.

(1) 若 $f(x)$ 是连续可微的、严格单调增加（减少）的凸（凹）函数，并且 $f^{p-1}(x)f'(x)$ 在区间 $(0,1)$ 上单调增加，则

$$J_p(f(x), f(y)) \geqslant f(J_p(x,y))$$
$$J_p(f(x), f(y)) \leqslant f(A(x,y))$$

其中 $p \leqslant 1$.

(2) 若 $f(x)$ 是连续可微的、严格单调减少（增加）的凸（凹）函数，并且 $f^{p-1}(x)f'(x)$ 在 $(0,1)$ 上单调增加，则

$$J_p(f(x), f(y)) \geqslant f(J_p(x,y))$$
$$J_p(f(x), f(y)) \leqslant f(A(x,y))$$

其中 $p > 1$.

证明　只考虑（1）部分的证明，做代换 $t = f(u)$，得到

$$J_p(f(x), f(y)) = \frac{\int_{f(y)}^{f(x)} t^p\,\mathrm{d}t}{\int_{f(y)}^{f(x)} t^{p-1}\,\mathrm{d}t} = \frac{\int_y^x f^p(u)f'(u)\,\mathrm{d}u}{\int_y^x f^{p-1}(u)f'(u)\,\mathrm{d}u}$$

通过使用引理 1，得到

$$J_p(f(x), f(y)) \geqslant \frac{\int_y^x f(u)\,\mathrm{d}u}{y-x}$$

再考虑函数 $f(x)$ 凸性并使用引理 2 和引理 4，可以

280

得到

$$J_p(f(x), f(y)) \geqslant f\left(\left|\frac{\int_y^x u\,\mathrm{d}u}{y-x}\right|\right) =$$

$$f\left(\frac{x+y}{2}\right) \geqslant f(J_p(x,y))$$

证毕.

2. 函数的 LL 凸以及其应用

笔者在文[26]中讨论了函数的 LL 凸,给出了函数 LL 凸的主要条件,并应用于广义三角函数.

引理5 对 $p>1$,函数 $\sin_p x$ 在区间 $\left(0, \frac{\pi_p}{2}\right)$ 上为 HH 凹.

证明 令 $f(x) = f_1(x) \cdot f_2(x)$,其中 $f_1(x) = \dfrac{1}{\sin_p x}$,$f_2(x) = \dfrac{x^2 \cos_p x}{\sin_p x}$. 显然 f_1 在区间 $\left(0, \frac{\pi_p}{2}\right)$ 上单调递增,所以只需证明 f_2 也单调递增. 计算可得

$$f_2'(x) =$$

$$\frac{\sin_p x(\cos_p(x) - x\cos_p(x)^{2-p}\sin_p(x)^{p-1}) - x\cos_p(x)^2}{\sin_p(x)^2} =$$

$$\frac{\sin_p(x)^2((1 - x\tan_p(x)^{p-1})\tan_p(x) - x)}{\sin_p(x)^2} =$$

$$f_3(x)\frac{\cos_p(x)^2}{\sin_p(x)^2}$$

其中 $f_3(x) = \tan_p(x) - x\tan_p(x)^p - 1$,且 $f_3'(x) = p\tan_p(x)^{p-1}(1 + \tan_p(x)^p)x < 0$. 由 $f_3(x)$ 单调递减,所以 $f_3(x) < f_3(0) = 0$. 这说明了 $f_2'(x) < 0$,即证.

定理8 设 $f: I \to (0, +\infty)$ 为连续函数,其中 $I \subseteq (0, +\infty)$,那么当 f 为单调增加的对数凸(凹)时,

281

成立：

(1)$L(f(x),f(y)) \geqslant (\leqslant) f(L(x,y))$；

(2)$L(f(x),f(y)) \geqslant (\leqslant) f(A(x,y))$.

证明　由于 $f(x)$ 单调递增且 $\log f$ 为凸函数，所以 $\dfrac{f'(x)}{f(x)}$ 为单调递增的，而

$$L(f(x),f(y)) = \frac{\displaystyle\int_{f(y)}^{f(x)} 1 \mathrm{d}t}{\displaystyle\int_{f(y)}^{f(x)} \frac{1}{t} \mathrm{d}t} = \frac{\displaystyle\int_{y}^{x} f'(u) \mathrm{d}u}{\displaystyle\int_{y}^{x} \frac{f'(u)}{f(u)} \mathrm{d}u}$$

在引理 1 中，令 $p(x)=1, f(x)=f(u), g(x)=\dfrac{f'(u)}{f(u)}$，则有

$$\int_{y}^{x} 1 \mathrm{d}u \int_{y}^{x} f'(u) \mathrm{d}u \geqslant \int_{y}^{x} \frac{f'(u)}{f(u)} \mathrm{d}u \int_{y}^{x} f(u) \mathrm{d}u$$

即

$$L(f(x),f(y)) = \frac{\displaystyle\int_{y}^{x} f'(u) \mathrm{d}u}{\displaystyle\int_{y}^{x} \frac{f'(u)}{f(u)} \mathrm{d}u} \geqslant \frac{\displaystyle\int_{y}^{x} f'(u) \mathrm{d}u}{\displaystyle\int_{y}^{x} 1 \mathrm{d}u}$$

再由引理 2，引理 3 以及 f 的对数凸意味着 f 凸，如此定理第一部分即证，其他类比可证.

定理 9　对 $x,y \in \left(0, \dfrac{\pi_p}{2}\right)$，则成立：

(1)$L(\sin_p(x), \sin_p(y)) \leqslant \sin_p(L(x,y)), p > 1$

(2)$L(\cos_p(x), \cos_p(y)) \leqslant \cos_p(L(x,y)), p \geqslant 2$.

证明　（1）易知 $\sin_p(x)$ 为 $\left(0, \dfrac{\pi_p}{2}\right)$ 上单调递增的对数凹函数，且经计算易得

$$L(\sin_p(x),\sin_p(y)) = \frac{\displaystyle\int_y^x \cos_p(u)\,\mathrm{d}u}{\displaystyle\int_{\sin_p(y)}^{\sin_p(x)} \frac{1}{t}\,\mathrm{d}u} = \frac{\displaystyle\int_y^x \cos_p(x)\,\mathrm{d}u}{\displaystyle\int_y^x \frac{\cos_p(u)}{\sin_p(u)}\,\mathrm{d}u}$$

及

$$\sin_p(L(x,y)) = \sin_p\left(\frac{x-y}{\log\dfrac{x}{y}}\right) = \sin_p\left(\frac{\displaystyle\int_y^x 1\,\mathrm{d}u}{\displaystyle\int_y^x \frac{1}{u}\,\mathrm{d}u}\right)$$

应用 Chebyshev 积分不等式以及 $\sin_p\left(\dfrac{1}{u}\right) < \dfrac{1}{\sin_p u}$

可得

$$\int_y^x \cos_p(u)\,\mathrm{d}u \int_y^x \sin_p\left(\frac{1}{u}\right)\mathrm{d}u \leqslant$$

$$\int_y^x 1\,\mathrm{d}u \int_y^x \cos_p(u)\sin_p\left(\frac{1}{u}\right)\mathrm{d}u$$

进而得到

$$\int_y^x \cos_p(u)\,\mathrm{d}u \int_y^x \sin_p\left(\frac{1}{u}\right)\mathrm{d}u <$$

$$\int_y^x 1\,\mathrm{d}u \int_y^x \frac{\cos_p(u)}{\sin_p(u)}\,\mathrm{d}u$$

为证明(1),仅需证明

$$\frac{\displaystyle\int_y^x 1\,\mathrm{d}u}{\displaystyle\int_y^x \sin_p\left(\frac{1}{u}\right)\mathrm{d}u} \leqslant \sin_p\left(\frac{\displaystyle\int_y^x 1\,\mathrm{d}u}{\displaystyle\int_y^x \frac{1}{u}\,\mathrm{d}u}\right)$$

为此,考虑区间 $[y,x]$ 的一个分割 $T:y = x_0 < x_1 < \cdots < x_n = x$,其中 $\Delta x_i = \dfrac{x-y}{n}$. 取介点 $\xi_i \in [x_{i-1},x_i]$,则有

$$\frac{n}{\displaystyle\sum_{i=1}^n \sin_p\left(\frac{1}{\xi_i}\right)} \leqslant \sin_p\left(\frac{n}{\displaystyle\sum_{i=1}^n \frac{1}{\xi_i}}\right)$$

$$\frac{x-y}{\lim\limits_{n\to+\infty}\left(\dfrac{x-y}{n}\sum\limits_{i=1}^{n}\sin_p\dfrac{1}{\xi_i}\right)} \leqslant$$

$$\sin_p\left[\frac{x-y}{\lim\limits_{n\to+\infty}\left(\dfrac{x-y}{n}\sum\limits_{i=1}^{n}\dfrac{1}{\xi_i}\right)}\right] \Longleftrightarrow$$

$$\frac{\int_y^x 1\mathrm{d}u}{\int_y^x \sin_p\left(\dfrac{1}{u}\right)\mathrm{d}u} \leqslant \sin_p\left[\frac{\int_y^x 1\mathrm{d}u}{\int_y^x \dfrac{1}{u}\mathrm{d}u}\right]$$

对于 (2)，显然 $\cos_p(x)$ 在区间 $\left(0,\dfrac{\pi_p}{2}\right)$ 上单调递减且

$\tan_p^{p-1}(x)$ 在区间 $\left(0,\dfrac{\pi_p}{2}\right)$ 上单调递增. 而

$$(\cos_p(x))'' =$$
$$\cos_p(x)\tan_p(x)^{p-2}(1-p+(2-p)\tan_p(x)^p) < 0$$

表明 $\cos_p(x)$ 在区间 $\left(0,\dfrac{\pi_p}{2}\right)$ 上为凹的，使用 Chebyshev 不

等式可得

$$\int_y^x 1\mathrm{d}u\int_y^x \cos_p(u)\tan_p(u)^{p-1}\mathrm{d}u \leqslant$$
$$\int_y^x \cos_p(u)\mathrm{d}u\int_y^x \tan_p(u)^{p-1}\mathrm{d}u$$

即为

$$\frac{\int_y^x \cos_p(u)\mathrm{d}u\int_y^x \tan_p(u)^{p-1}\mathrm{d}u}{\int_y^x \tan_p(u)^{p-1}\mathrm{d}u} \leqslant \frac{\int_y^x \cos_p(u)\mathrm{d}u}{\int_y^x 1\mathrm{d}u}$$

再做代换 $t = \cos_p(u)$，则有

$$L(\cos_p(x),\cos_p(y)) = \frac{\displaystyle\int_{\cos_p(y)}^{\cos_p(x)} 1\,\mathrm{d}t}{\displaystyle\int_{\cos_p(y)}^{\cos_p(x)} \frac{1}{t}\,\mathrm{d}t} =$$

$$\frac{\displaystyle\int_y^x \cos_p(u)\,\mathrm{d}u\int_y^x \tan_p(u)^{p-1}\,\mathrm{d}u}{\displaystyle\int_y^x \tan_p(u)^{p-1}\,\mathrm{d}u} \leqslant \frac{\displaystyle\int_y^x \cos_p(u)\,\mathrm{d}u}{\displaystyle\int_y^x 1\,\mathrm{d}u}$$

再应用引理 2 以及 $\cos_p(x)$ 的凹性可得

$$L(\cos_p(x),\cos_p(y)) \leqslant \cos_p\left(\left|\frac{\displaystyle\int_y^x u\,\mathrm{d}u}{x-y}\right|\right) =$$

$$\cos_p\left(\frac{x+y}{2}\right) \leqslant \cos_p(L(x,y))$$

定理 10　对 $p > 1$，则有

$(1) L\left(\dfrac{1}{\sin_p(x)},\dfrac{1}{\sin_p(y)}\right) \geqslant \dfrac{1}{\sin_p(A(x,y))}, x,y \in$

$\left(0,\dfrac{\pi_p}{2}\right)$；

$(2) L\left(\dfrac{1}{\cos_p(x)},\dfrac{1}{\cos_p(y)}\right) \geqslant \dfrac{1}{\cos_p(L(x,y))}, x,y \in$

$\left(0,\dfrac{\pi_p}{2}\right)$；

$(3) L(\tanh_p(x),\tanh_p(y)) \leqslant \tanh_p(A(x,y))$,

$x,y \in (0,+\infty)$；

$(4) L(\operatorname{arsinh}_p(x),\operatorname{arsinh}_p(y)) \leqslant \operatorname{arsinh}_p(A(x,$

$y)), x,y, \in (0,1)$；

$(5) L(\operatorname{artanh}_p(x),\operatorname{artanh}_p(y)) \leqslant \operatorname{artanh}_p(A(x,$

$y)), x,y, \in (0,1)$.

证明　仅证第二、三个，其余类比可证. 令

$g_1(x) = \dfrac{1}{\cos_p(x)}, g_2(x) = \tanh_p(x)$，易知

$$(\log(g_1(x)))'' =$$
$$(p-1)\tan_p(x)^{p-2}(1+\tan_p(x)^p) > 0$$
$$(\log(g_2(x)))'' =$$
$$\frac{1-\tanh_p(x)^p}{\tanh_p(x)^2}((1-p)\tanh_p(x)^p - 1) < 1$$

所以 g_1, g_2 是对数凸的. 又因为 g_1, g_2 单调递增为显然的, 利用定理 8 即证结论. 考虑到公式

$$\left(\frac{\tan'_p(x)}{\tan_p(x)}\right)' = \left(\frac{1+\tan_p^p(x)}{\tan_p(x)}\right)' =$$
$$\frac{1+\tan_p^p(x)}{\tan_p^2(x)}((p-1)\tan_p^p(x) - 1) > 0$$

以及定理 8, 易得如下推论.

推论 3 对 $p > 1$, 则有

(1) $L(\tan_p(x), \tan_p(y)) \geqslant \tan_p(L(x,y)), x,$ $y \in \left(s_p, \dfrac{\pi_p}{2}\right)$, 其中 s_p 为方程 $\tan_p x = \dfrac{1}{(p-1)^{\frac{1}{p}}}$ 的唯一根;

(2) $L(\operatorname{artanh}_p(x), \operatorname{artanh}_p(y)) \geqslant \operatorname{artanh}_p(L(x, y)), x, y \in (r_p, 1)$ 其中 r_p 为方程 $x^{p-1} \operatorname{artanh}_p(y) = \dfrac{1}{p}$ 的唯一根.

3. Baricz 猜测的几个注记

在同一篇文章中, Baricz 也提出了下面两个猜测:

猜想 2[32] 对 $n \geqslant 1$, 以及 $0 < c_1 < c$, 函数 $g_n(c) = \dfrac{(c-a)_n}{(c)_n}$ 为严格凹的, 这里 $(c)_n = c(c+1)\cdots(c+n-1)$.

猜想 3[32] 对 $n \geqslant 1$, 以及 $0 < c_1 < c$, 函数 $f_n(a,$

$c) = \dfrac{(a)_n (c-a)_n}{(c)_n}$ 为变量 a, c 的严格凹函数.

由于在文[32]中,Baricz 证明了当 $0 < a < c \leqslant 1$ 及 $r \in (0,1)$ 时,函数 $F_a(r) = F(a, c-a; c; r)$ 为次可加的严格凹函数,则由定理 5 以及定理 8 可得如下定理:

定理 A　当 $0 < a_i < c \leqslant 1, i = 1, 2,$ 以及 $r \in (0, 1)$ 时,有

(1) $L(F_{a_1}(r), F_{a_2}(r)) \leqslant F_{L(a_1, a_2)}(r)$;

(2) $L(F_{a_1}(r), F_{a_2}(r)) \leqslant F_{A(a_1, a_2)}(r)$;

(3) $I(F_{a_1}(r), F_{a_2}(r)) \leqslant F_{A(a_1, a_2)}(r)$.

定理 16 给出了 Baricz 猜测的一个部分解. 在文 [32] 中,笔者还研究了广义平均 $E(p, q, x, y) = \left(\dfrac{p}{q} \dfrac{y^q - x^q}{y^p - x^p} \right)^{\frac{1}{q-p}}, pq(p-q)(x-y) \neq 0$,并得到如下结果:

定理 B　设 $f: I \to (0, +\infty)$,且 $I \subseteq (0, +\infty)$.

(1) 当 $p \leqslant 1, q \leqslant 2, q - p \geqslant 1$,若 $f(x)$ 为一个二次可微、单调增的凸函数,且 $f^{p-1}(x) f'(x)$ 为增,则有 $E(p, q, f(x), f(y)) \geqslant f(E(p, q, x, y))$.

(2) 当 $q - p \geqslant 1$,若 $f(x)$ 为二次可微的增凸函数,且 $f^{p-1}(x) f'(x)$ 单调递增,则有 $E(p, q, f(x), f(y)) \geqslant f(A(x, y))$.

此外,笔者还得到了猜测 2 与猜测 3 的两个较弱条件.

定理 C　对 $n \geqslant 1$ 以及 $0 < c_1 < c$,函数 $g_n(c) = \dfrac{(c-a)_n}{(c)_n}$ 为区间 $(a, +\infty)$ 上单调递增的严格对数凹函数.

287

定理 D 当 $0 < a_i < c_i \leqslant 1, i = 1, 2,$ 时, 成立

$$\left(f_n\left(\frac{a_1 + a_2}{2}, \frac{c_1 + c_2}{2}\right)\right)^4 \geqslant$$

$$f_n(a_1, c_1) f_n(a_1, c_2) f_n(a_2, c_1) f_n(a_2, c_2)$$

详细证明可参看文献[33].

第二节 广义凹凸性的应用

1. 广义凹凸性应用于 Alzer 猜想

1975 年, Stolarsky 定义了一种新的平均, 即广义对数平均[17]

$$L_r(a, b) = \begin{cases} \left(\dfrac{b^r - a^r}{r(b - a)}\right)^{\frac{1}{r-1}} & (a \neq b) \\ b & (a = b) \end{cases}$$

之后, Alzer 猜测了下面的不等式[28]

$$2L_0(a, b) < L_r(a, b) + L_{-r}(a, b) < 2L_2(a, b)$$

这里 $L_0(a, b) = \dfrac{b - a}{\ln b - \ln a}$ 与 $L_2(a, b) = A(a, b) = \dfrac{b + a}{2}$ 分别是对数平均与算术平均. 1996 年, 在文献 [29] 中, 鲁宁证明了: 存在一个正常数 $R > 0$, 使得 $r \geqslant R > 0$, Alzer 猜想成立. 实际上, 鲁宁在一个关键的引理的证明中出现了计算错误, 因此 Alzer 猜想并没有实际性的改进. 直到 2011 年, 楼红卫利用其定义的 Lou 平均, 间接证明了 Alzer 猜想成立, 但是楼的文章多达 20 页, 读者可以参看文献[30] 和预印本 arxiv: 1101.4268. 笔者认为一个优美的不等式, 其证明一定是简单的, 在这个注记中, 我们给出了一个尝试, 利用

Chebyshev 不等式证明广义对数平均的一个广义凹凸性定理,并且利用这种方法给出 Alzer 猜想的一个部分证明.

定理11　设 $r \geqslant 2$, $f(x)$ 为区间 $[a, b](b > a > 0)$ 上的单调递增且二次可微的凸函数,则有

$$f(A(a, b)) \geqslant L_r(f(a), f(b))$$

证明　因为

$$\ln L_r(f(a), f(b)) = \frac{1}{r}\ln\left(\frac{f^r(b) - f^r(a)}{r(f(b) - f(a))}\right) =$$

$$\frac{1}{r-1}\ln\frac{\displaystyle\int_{f(a)}^{f(b)} u^{r-1}\,\mathrm{d}u}{\displaystyle\int_{f(a)}^{f(b)} 1\,\mathrm{d}u}$$

做代换 $u = f(t)$,则容易得到

$$\ln L_r(f(a), f(b)) = \frac{1}{r-1}\ln\frac{\displaystyle\int_a^b f^{r-1}(t)f'(t)\,\mathrm{d}t}{\displaystyle\int_a^b f'(t)\,\mathrm{d}t}$$

由于 $f(x)$ 为区间 $[a, b]$ 上的单调递增凸函数,所以 $f'(x)$ 单调递增,以及 $f''(x) \geqslant 0$.

又因为 $r \geqslant 2$ 时

$$(f^{r-1}(x))' = (r-1)f^{r-2}(x)f'(x) \geqslant 0$$

$$(f^{r-1}(x))'' =$$
$$(r-1)(r-2)f^{r-3}(x)(f'(x))^2 +$$
$$(r-1)f^{r-2}(x)f''(x) \geqslant 0$$

利用引理 1 可知

$$\int_a^b f'(t)\,\mathrm{d}t\int_a^b f^{r-1}(t)\,\mathrm{d}t \leqslant \int_a^b 1\,\mathrm{d}t\int_a^b f^{r-1}(t)f'(t)\,\mathrm{d}t$$

所以

$$\frac{\int_a^b f^{r-1}(t)f'(t)\mathrm{d}t}{\int_a^b f'(t)\mathrm{d}t} \geqslant \frac{\int_a^b f^{r-1}(t)\mathrm{d}t}{\int_a^b 1\mathrm{d}t}$$

再利用引理 2,我们得出

$$\ln L_r(f(a),f(b)) \geqslant \frac{1}{r-1}\ln\frac{\int_a^b f^{r-1}(t)\mathrm{d}t}{b-a} \geqslant$$

$$\frac{1}{r-1}\ln f^{r-1}\left(\frac{\int_a^b t\mathrm{d}t}{b-a}\right) =$$

$$\ln f(A(a,b))$$

即证 $f(A(a,b)) \geqslant L_r(f(a),f(b))$.

利用广义对数平均关于参数 $r(r>0)$ 是单调递增函数以及定理 11 的结论,容易得到下面的推论.

推论 1 设 $r'<2,r>2,f(x)$ 为区间 $[a,b](b>a>0)$ 上的单调递增且二次可微的凸函数,则有

$$L_r(f(a),f(b)) \geqslant f(L_{r'}(a,b))$$

下面给出 Alzer 猜想的部分证明

引理 6 当 $-2 \leqslant r \leqslant 2$,函数 $f(x) = x^{\frac{1}{r-1}}$ 和 $g(x) = x^{\frac{1}{r+1}}$ 为区间 $[a,b]$ 上的严格凸函数.

证明 简单的计算可以得到

$$f''(x) = (x^{\frac{1}{r-1}})'' = \frac{2-r}{(r-1)^2}x^{\frac{1}{r-1}-2} > 0$$

和

$$g''(x) = (x^{\frac{1}{r+1}})'' = \frac{2+r}{(r+1)^2}x^{\frac{1}{r+1}-2} > 0$$

易知引理 6 的结论成立.

定理 12 当 $-2 \leqslant r \leqslant 2$ 以及 $b \geqslant a > 0$,则有

$$L_r(a,b) + L_{-r}(a,b) < 2L_2(a,b)$$

证明　利用广义对数平均的积分表示以及引理 6,则有

$$L_r(a,b) + L_{-r}(a,b) =$$

$$\left(\frac{1}{b-a}\int_a^b x^{r-1}\,\mathrm{d}x\right)^{\frac{1}{r-1}} + \left(\frac{1}{b-a}\int_a^b x^{-r-1}\,\mathrm{d}x\right)^{\frac{1}{-r-1}} <$$

$$\frac{1}{b-a}\int_a^b x\,\mathrm{d}x + \frac{1}{b-a}\int_a^b x\,\mathrm{d}x = a+b$$

证毕.

2. 广义凹凸性应用于一些特殊函数

本小节我们考虑上述广义凹凸性在一些特殊函数中的应用,在此我们给出几个简单的结果:

下面考虑加权幂平均

$$M_p(w,a,b) = \left(\frac{a^p + wb^p}{1+w}\right)^{\frac{1}{p}}$$

对于此种平均,我们有如下结论:

定理 13　对于 $w \to M_p(w,a,b), w > 0$,成立.

(1) 当 $\dfrac{a}{b} \geqslant 1$ 时,M_p 为参数 w 的减的对数凸函数;

(2) 当 $\dfrac{a}{b} \leqslant 1$ 时,M_p 为参数 w 的增的对数凹函数.

证明　(2) 与(1)的证明方法类似,因此只证明 (1). 令 $A(w) = \log M_p(w,a,b)$,经简单的计算可知

$$A'(w) = \frac{1}{p}\left(\frac{b^p}{a^p + wb^p} - \frac{1}{1+w}\right) \leqslant 0$$

和

$$A''(w) = \frac{1}{p}\left[\frac{1}{(1+w)^2} - \frac{1}{\left[\left(\frac{a}{b}\right)^p + w\right]^2}\right] \geqslant 0$$

利用定理 5 和定理 8,容易得到下面的结论:

推论 2 当 $p>0$,以及 $w\in(0,+\infty)$,$\dfrac{a}{b}\leqslant 1$, 则有:

(1)$M_p(L(w,v),a,b)\geqslant L(M_p(w,a,b),M_p(v,a,b))$;

(2)$M_p(A(w,v),a,b)\geqslant L(M_p(w,a,b),M_p(v,a,b))$.

关于对平均参数的凹凸性研究,读者可以参看文献[31].

定义新的超几何函数

$$F_q(a,b;c;x)=$$

$$\frac{1}{B(b,c-b)}\int_0^1 t^{b-1}(1-t)^{c-b-1}(1-xt)^{-a}$$

$$\exp\left(-\frac{p}{t(1-t)}\right)dt$$

积分号下微分法易知下面的导数公式

$$\frac{d}{dq}F_q=-\frac{1}{t(1-t)}F_q$$

和

$$\frac{d}{da}F_q=F_q(-\ln(1-xt))$$

定理 14 对于 $b>0,c>0$ 以及 $c<b,p,q>0$,则 $a\to F_a(a,b;c;x)$ 为 LL 凸,II 凸,即有:

(1)$F_{L(p,q)}(a,b;c;x)\leqslant L(F_p(a,b;c;x),F_q(a,b;c;x))$;

(2)$F_{I(p,q)}(a,b;c;x)\leqslant I(F_p(a,b;c;x),F_q(a,b;c;x))$.

证明 定义

$$f(p) = (b-1)\ln(-1) +$$

$$(c-b-1)\ln(1-t)a\ln(1-xt) - \frac{p}{t(1-t)} -$$

$$\ln \mathrm{B}(b, c-b)$$

易知

$$\frac{\mathrm{d}}{\mathrm{d}p}\ln f(p) = -\frac{1}{t(1-t)}, \frac{\mathrm{d}^2}{\mathrm{d}p^2}\ln f(p) = 0$$

以及定理 5 和定理 8 即证.

考虑下面的三参数广义积分

$$K_{p,q,r}(k) = \int_0^1 \frac{1}{(1-t^q)^{\frac{1}{p}}(1-k^q t^q)^{\frac{1}{r}}}\mathrm{d}t$$

和

$$E_{p,q,r}(k) = \int_0^1 \frac{(1-k^q t^q)^{1-\frac{1}{r}}}{(1-t^q)^{\frac{1}{p}}}\mathrm{d}t$$

上面两个函数也可以表示成

$$K_{p,q,r}(k) = \int_0^{\frac{\pi_{p,q}}{2}} \frac{1}{(1-k^q \sin_{p,q}^q x)^{\frac{1}{r}}}\mathrm{d}x$$

和

$$E_{p,q,r}(k) = \int_0^{\frac{\pi_{p,q}}{2}} (1-k^q \sin_{p,q}^q x)^{1-\frac{1}{r}}\mathrm{d}x$$

定理 15　对于 $p, q, r > 1$ 以及 $k \in (0,1)$,则有:

(1) 函数 $k \to K_{p,q,r}(k)$ 为严格单调递增的对数凸函数,特别的也是几何凸的;

(2) 函数 $k \to E_{p,q,r}(k)$ 为严格单调递增的对数凸函数.

证明　定义 $f(k) = (1-k^q \sin_{p,q}^q x)^{-\frac{1}{r}}$,所以

$$(\log f(k))' = \frac{1}{r}(1 - k^q \sin_{p,q}^q x)^{-\frac{1}{r}-1} \cdot qk^{q-1}\sin_{p,q}^q x =$$

$$\frac{q}{r}k^{q-1}\sin_{p,q}^q x (1 - k^q \sin_{p,q}^q x)^{-\frac{1}{r}-1}$$

$$(\log f(k))'' = \frac{q(q-1)}{r}k^{q-1}\sin_{p,q}^q x (1 - k^q \sin_{p,q}^q x)^{-\frac{1}{r}-1} +$$

$$\frac{q}{r}k^{q-1}\sin_{p,q}^q x \cdot \frac{r+1}{r}(1 - k^q \sin_{p,q}^q x)^{-\frac{1}{r}-2} \cdot$$

$$qk^{q-1}\sin_{p,q}^q x > 0$$

再令
$$g(k) = (1 - k^q \sin_{p,q}^q x)^{1-\frac{1}{r}}$$

$$(\log g(k))' = \left(1 - \frac{1}{r}\right)(1 - k^q \sin_{p,q}^q x)^{-\frac{1}{r}} \cdot$$

$$(-qk^{q-1}\sin_{p,q}^q x) =$$

$$\frac{(r-1)q}{r} \cdot k^{q-1}\sin_{p,q}^q x (1 - k^q \sin_{p,q}^q x)^{-\frac{1}{r}} +$$

$$\frac{(r-1)q}{r^2}k^{2q-2}\sin_{p,q}^{2q} x (1 - k^q \sin_{p,q}^q x)^{-\frac{2}{r}-1} \geqslant 0$$

利用积分保持对数凸性即证.

3. 广义凹凸性应用于 Baricz 猜想

最后,我们给出一个未解决的关于零支超几何函数的猜想:

猜想 1[32,Open problem] 设 m_1, m_2 为双边平均,发现关于 $a_1, a_2 > 0$ 和 $c > 0$ 的条件使得对 $r \in (0, 1)$ 及 $F_a(r) = F(a, c-a; c; r), b = c-a$ 成立

$$m_1(F_{a_1}(r), F_{a_2}(r)) \leqslant (\geqslant) F_{m_2}(a_1 a_2)(r)$$

这个问题直到现在也没有解决.

参考文献

［1］ABRAMOWITZ M,STEGUN I eds. Handbook of mathematical functions with formulas,graphs and mathematical tables［M］. New York:National Bureau of Standards,1965.

［2］ANDERSON G D,VAMANAMURTHY M K,VUORINEN M. Genenalized convexity and inequalities［J］. J. Math. Anal. Appl. ,2007（335）:1294-1308.

［3］ALZER H,QIU S L. Inequalities for means in two variables［J］. Arch. Math. ,2003（80）:201-205.

［4］BARICZ A. Geometrically concave univariate distributions［J］. J. Math. Anal. Appl. ,2010,363（1）:182-196.

［5］BARICZ A,BHAYO B A,KLEN R. Convexity properties of gener-alized trigonometric and hyperbolic functions ［J］. Aequat. Math. DOI10. 1007/s00010-013-0222-x.

［6］BARICZ A,BHAYO B A,VUORINEN M. Turán type inequalities for generalized inverse trigonometric functions ［J/OL］. Filomat,2015,29（2）:303-313. http://arxiv. org/ abs/ 1209. 1696.

［7］BHAYO B A,VUORINEN M. Power mean inequality of generalized trigonometric func-tions［J］. Math. Vesnik, 2015,67（1）:17-25

［8］BHAYO B A,VUORINEN M. On generalized trigonometric functions withtwo parameters［J］. J. Approx. Theory,2012,164 (10):1415-1426.

［9］BHAYO B A,VUORINEN M. Inequalities for eigenfunctions of the p-Laplacian［J/OL］. Issues of Analysis,2013,2（20）,No 1. http://arxiv. org/abs/1101. 3911.

［10］BUSHELL P J,EDMUNDS D E. Remarks on generalised

trigonometric functions[J]. Rocky Mountain J. Math. , 2012,42 (1):25-57.

[11] CARLSON B C. Some inequalities for hypergeometric functions[J]. Proc. Amer. Math. Soc. ,1966,17 (1):32-39.

[12] DRÁBEK P,MANÁSEVICH R. On the closed solution to some p-Laplacian nonhomogeneous eigenvalue problems[J]. Diff. and Int. Eqns. ,1999 (12):723-740.

[13] EDMUNDS D E,GURKA P,LANG J. Properties of generalized trigonometric functions[J]. J. Approx. Theory, 2012 (164):47-56. doi:10. 1016/j. jat. 2011. 09. 004.

[14] JIANG W D,WANG M K,CHU Y M,JIANG Y P,QI F. Convexity of the generalized sine function and the generalized hyperbolic sine function[J]. J. Approx. Theory,2013 (174):1-9.

[15] KARP D B,PRILEPKINA E G. Parameter convexity and concavity of generalized trigonometric functions[J]. J. Math. Anal. Appl. ,2015,421 (1):370-382.

[16] KLEN R,VISURI M,VUORINEN M. On Jordan type inequalities for hyperbolic functions[J]. J. Ineq. Appl. , vol. 2010,pp. 14.

[17] KUANG J C. Applied inequalities[M]. 2nd ed. Jinan: Shan Dong Science and Technology Press,2002.

[18] KLEN R,VUORINEN M,ZHANG X H. Inequalities for the generalized trigonometric and hyperbolic functions[J]. J. Math. Anal. Appl. ,2014,409 (1):521-29.

[19] LINDQVIST P. Some remarkable sine and cosine functions [J]. Ricerche di Matematica,1995,XLIV:269-290.

[20] MITRINOVIC D S. Analytic Inequalities[M]. New York: Springer,1970.

[21] NEUMAN E,SÁNDOR J. Optimal inequalities for hyperbolic and trigonometric functions[M]. Bull. Math.

Anal. Appl. ,2011,3(3):177-181.

[22] QI F,HUANG Z. Inequalities of the complete elliptic integrals[J]. Tamkang J. Math. ,1998,29 (3):165-169.

[23] TAKEUCHI S. Generalized Jacobian elliptic functions and their application to bifurcation problems associated with p-Laplacian[J]. J. Math. Anal. Appl. ,2012 (385):24-35.

[24] BHAYO B A,YIN L. Logarithmic mean inequality for generalized trigonometric and hyperbolic functions[J/OL]. Acta. Univ. Sapientiae Math. ,2014,6(2):135-145. http://arxiv.org/abs/1404. 6732 10,11

[25] BHAYO B A,YIN L. On the generalized convexity and concavity[J/OL]. Problemy Analiza-Issues of Analysis,2015,22 (1):1-9. http://arxiv. org/abs/1411. 6586 10,14

[26] 尹栎. 广义凹凸性的一个判定定理与 Alzer 猜想[J]. 内蒙古民族大学学报,2017,32(3):277-279.

[27] EBANKS B. Looking for a few good mean[J]. Amer. Math. Monthly,2012,119 (8):658-669.

[28] ALZER H. On means which lie between the geometric and logarithmic mean of two numbers[J]. Anaz. Osterreich. Akad. Wiss. Math. KL,1986,123:5-9.

[29] 鲁宁. 关于 Stolarsky 广义对数平均与 Horst 猜测[J]. 数学的实践与认识,1996,26 (3):275-277.

[30] 楼红卫. 反调和平均的推广[J]. 宁波大学学报(自然科学版),1995,8(4):27-35.

[31] YIN L,BHAYO B A. Inequalities for means with two variables[J]. Octogon Math. Mag. ,2017,25(1):32-34.

[32] BARICZ A. Tur' an type inequalities for hypergeometric functions[J]. Proc. Amer. Math. Soc. ,2008,136(9):3223-3229.

[33] YIN L,XU H ZH,MI L F. Several notes on conjectures of Baricz[J]. Proceeding Jangeon Math. Soc. ,2018,21(1):69-75.

Mehrez-Sitnik 方法与 Mortici 引理

第八章

第一节　Mehrez-Sitnik 方法及其应用

1. Mehrez-Sitnik 方法简介

在文[25]中，Sitnik 就 Kummer 超几何函数的比值给出了一个猜测：对参数 a,b,c 以及 $x \in (0,+\infty)$，考察函数

$$h(a,b,c,x) = \frac{{}_1F_1(a;b-c;x)\,{}_1F_1(a;a+c;x)}{[{}_1F_1(a;b;x)]^2}$$

的单调性问题. 他称这个问题为 abc 问题. 他曾想通过证明 $h(a,b,c,x)$ 关于 x 的导数大于 0 来得到单调性，但是失败了.

随后,Mehrez 和 Sitnik 完全解决了这个问题并用之与其他特殊函数,比如 Gauss 超几何函数,自此,此问题得到了圆满的解决,他们的证明技巧得益于下面的两个引理.

引理 1[22]　设 $\{a_n\},\{b_n\}$ 为实数列并满足 $b_n > 0(n=0,1,2,\cdots)$ 且数列 $\left\{\dfrac{a_n}{b_n}\right\}$ 是(严格)单调增加(减少)的,则数列 $\left\{\dfrac{a_0+a_1+\cdots+a_n}{b_0+b_1+\cdots+b_n}\right\}$ 是(严格)单调增加(减少)的.

引理 2[24]　设 $\{a_n\},\{b_n\}$ 为实数列,且对应幂级数 $\displaystyle\sum_{n=0}^{+\infty}a_nx^n$ 与 $\displaystyle\sum_{n=0}^{+\infty}b_nx^n$,在区间 $|x|<r$ 上收敛,若 $b_n > 0(n=0,1,2,\cdots)$,且数列 $\left\{\dfrac{a_n}{b_n}\right\}$ 是(严格)单调增加(减少)的,则函数 $\dfrac{A(x)}{B(x)}$ 在区间 $[0,r)$ 上也是(严格)单调增加(减少)的.

注　Mehrez — Sitnik 方法的关键是引理 1 的应用,它可以有效地应用于特殊函数比值的单调性判断中.在下面两小节,我们将介绍它在指数函数余项与 Mittag — Leffler 函数的比值估计中的应用.

2. Mehrez — Sitnik 方法应用于指数函数余项的比值

对任意 x 及正整数 n,定义差分

$$I_n(x)=\mathrm{e}^x-\sum_{k=0}^{+\infty}\frac{x^k}{k!}$$

称 $I_n(x)$ 为指数函数的余项.1943 年,Menon[20] 证明了对 $x>0$ 及 $n\in\mathbf{N}$,成立

$$I_{n-1}(x)I_{n+1}(x)>\frac{1}{2}(I_n(x))^2$$

随后在文[18]中,Alzer 证明了对 $x > 0$ 及 $n \in \mathbf{N}$,成立

$$I_{n-1}(x)I_{n+1}(x) > \frac{n+1}{n+2}(I_n(x))^2$$

其中 $\frac{n+1}{n+2}$ 为最优常数. 在文[21]中,Merkle 应用指数函数与 Chi 平方分布函数的关系给出了一个更一般的公式. 在文[23]中,Merkle 与 Vasic 证明了若 $f(x)$ 为对数凸的,且

$$\bar{I}_n(x) = \frac{f^{(n+1)}(\xi_n)}{(n+1)!}x^{n+1}, \xi_n \in (0,x)$$

则成立不等式

$$\frac{\bar{I}_{n-1}(x)\bar{I}_{n+1}(x)}{(\bar{I}_n(x))^2} \geqslant \frac{f^{(n)}(0)f^{(n+2)}(0)}{(f^{(n+1)}(0))^2}\frac{n+1}{n+2}$$

笔者在文[26]中考虑了如下问题:寻求最优常数 C_{np},使得

$$I_{n-p}(x)I_{n+p}(x) > C_{np}(I_n(x))^2$$

并且也将其推广到 Maclaurin 级数的余项. 最后举了一个例子.

定理 1 对任意 $n, p \in \mathbf{N}, p \neq 0$,则函数

$$E(n,p,x) = \frac{I_{n-p}(x)I_{n+p}(x)}{(I_n(x))^2}$$

在区间 $(0,+\infty)$ 上为严格单调递增的. 特别的,成立

$$\frac{I_{n-p}(x)I_{n+p}(x)}{(I_n(x))^2} > \frac{(n-p+2)(n-p+3)\cdots(n+1)}{(n+2)(n+3)\cdots(n+p+1)}$$

其中常数 $\dfrac{(n-p+2)(n-p+3)\cdots(n+1)}{(n+2)(n+3)\cdots(n+p+1)}$ 为最优的.

证明 经计算可得

$$E(n,p,x) = \frac{\sum\limits_{k=n-p+1}^{+\infty} \dfrac{x^k}{k!} \sum\limits_{k=n+p+1}^{+\infty} \dfrac{x^k}{k!}}{\left(\sum\limits_{k=n+1}^{+\infty} \dfrac{x^k}{k!}\right)^2} =$$

$$\frac{\sum\limits_{k=0}^{+\infty} \sum\limits_{j=0}^{k} \dfrac{1}{(n+p+1+k-j)! \; (n-p+1+j)!} x^{2n+2+k}}{\sum\limits_{k=0}^{+\infty} \sum\limits_{j=0}^{k} \dfrac{1}{(n+1+j)! \; (n+1+k-j)!} x^{2n+2+k}} =$$

$$\frac{\sum\limits_{k=0}^{+\infty} H_k x^{2n+2+k}}{\sum\limits_{k=0}^{+\infty} G_k x^{2n+2+k}}$$

其中

$$H_k = \sum_{j=0}^{k} \frac{1}{(n+p+1+k-j)! \; (n-p+1+j)!}$$

$$G_k = \sum_{j=0}^{k} \frac{1}{(n+1+j)! \; (n+1+k-j)!}$$

定义数列 $\{A_{n,p,j}\}$，$\{B_{n,p,j}\}$ 和 $\{C_{n,p,j}\}$ 如下

$$A_{n,p,j} = \frac{1}{(n+p+1+k-j)! \; (n-p+1+j)!}$$

$$B_{n,p,j} = \frac{1}{(n+1+j)! \; (n+1+k-j)!}$$

$$C_{n,p,j} = \frac{A_{n,p,j}}{B_{n,p,j}} =$$

$$\frac{(n+1+j)! \; (n+1+k-j)!}{(n+p+1+k-j)! \; (n-p+1+j)!}$$

如此

$$\frac{C_{n,p,j+1}}{C_{n,p,j}} = \frac{(n+j+2)(n+p+k-j+1)}{(n+p+j+2)(n+1+k-j)} > 1$$

所以数列 $C_{n,p,j}$ 关于 j 是严格单调递增的，由引理 1 和

301

引理 2 可知 $E(n,p,x)$ 在区间 $(0,+\infty)$ 上为严格单调递增的函数. 取极限

$$\lim_{x \to 0^+} \frac{I_{n-p}(x)I_{n+p}(x)}{(I_n(x))^2} =$$

$$\frac{(n-p+2)(n-p+3)\cdots(n+1)}{(n+2)(n+3)\cdots(n+p+1)}$$

可知常数 $\dfrac{(n-p+2)(n-p+3)\cdots(n+1)}{(n+2)(n+3)\cdots(n+p+1)}$ 为最佳可能的.

应用定理 1 和 Alzer 不等式, 容易得到如下推论:

推论 1 对任意 $n \in \mathbf{N}$ 与 $x \in (0,+\infty)$, 成立

$$\frac{I_{n-3}(x)I_{n-1}(x)I_{n+1}(x)I_{n+3}(x)}{(I_n(x))^4} >$$

$$\frac{(n-1)n(n+1)^2}{(n+2)^2(n+3)(n+4)}$$

下面, 我们讨论一个更广泛的问题, 设 $f(x)$ 在 0 点无穷次可微, 导数值为正, 且 $f(x)$ 的 Maclaurin 级数在区间 $(0,R)(R > 0)$ 上收敛. 定义余项为 $R_n(x) = f(x) - \sum_{k=0}^{n} \dfrac{f^{(k)}(0)}{k!}x^k$. 完全类比于定理 1 的方法, 可得如下定理.

定理 2 设每一个 $n,p \in \mathbf{N}, p \neq 0$, 数列 $\{\lambda_{n,p,k,j}\}$ 满足

$$\lambda_{n,p,k,j} = \frac{(n+j+2)(n+p+k-j+1)}{(n+p+j+2)(n+1+k-j)}$$

$$\frac{f^{(n-p+j+2)}(0)f^{(n+p+k-j)}(0)f^{(n+1+j)}(0)f^{(n+1+k-j)}(0)}{f^{(n+j+2)}(0)f^{(n+k-j)}(0)f^{(n-p+1+j)}(0)f^{(n+p+1+k-j)}(0)} > 1$$

则函数 $F(n,p,x) = \dfrac{R_{n-p}(x)R_{n+p}(x)}{(R_n(x))^2}$, 在区间 $(0,+\infty)$ 上严格单调递增, 特别对 $n,p \in \mathbf{N}, p \neq 0$ 成立不等式

$$\frac{R_{n-p}(x)R_{n+p}(x)}{(R_n(x))^2} >$$

$$\frac{(n-p+2)(n-p+3)\cdots(n+1)}{(n+2)(n+3)\cdots(n+p+1)} \cdot$$

$$\frac{f^{(n-p+1)}(0)f^{(n+p+1)}(0)}{(f^{(n+1)}(0))^2}$$

且常数

$$\frac{(n-p+2)(n-p+3)\cdots(n+1)}{(n+2)(n+3)\cdots(n+p+1)} \cdot$$

$$\frac{f^{(n-p+1)}(0)f^{(n+p+1)}(0)}{(f^{(n+1)}(0))^2}$$

为最佳的.

最后,笔者给出了一个例子,令 $f(x) = \cosh\sqrt{x} = \sum_{n=0}^{+\infty} \frac{x^n}{(2n)!}$,其中 $\frac{f^{(n)}(0)}{n!} = \frac{1}{(2n)!}$,经计算可得

$$\lambda_{n,p,k,j} =$$

$$\frac{(2n+2j+4)(2n+2j+3)}{(2n-2p+2k-2j+4)(2n-2p+2k-2j+3)}$$

$$\frac{(2n+2p+2k-2j+2)(2n+2p+2k-2j+1)}{(2n+2+2k-2j)(2n+2k-2j+1)} > 1$$

由定理 2 可得

$$\frac{\bar{R}_{n-p}(x)\bar{R}_{n+p}(x)}{(\bar{R}_n(x))^2} >$$

$$\frac{(2n-2p+2)(2n-2p+3)\cdots(2n+2)}{(2n+3)(2n+4)\cdots(2n+2p+2)}$$

其中 $\bar{R}_n(x) = \cosh\sqrt{x} - \sum_{n=0}^{+\infty} \frac{1}{(2k)!}x^k$.

3. Mehrez — Sitnik **方法应用于广义** Mittag — Leffler
函数

在文[27] 中,Mehrez 和 Sitnik 研究了 Mittag —

303

Leffler 函数

$$E_{\alpha,\beta}(z) = \sum_{n=0}^{+\infty} \frac{z^n}{\Gamma(\alpha n + \beta)}, z,\alpha,\beta \in \mathbf{C}$$

$$\mathrm{Re}\ \alpha > 0, \mathrm{Re}\ \beta > 0$$

并给出了一些优美的不等式. 笔者在文[28]中应用 Mehrez — Sitnik 方法研究了更加广泛的 Mittag — Leffler 函数

$$E_{\alpha,\beta,p}(z) =$$

$$\sum_{n=0}^{+\infty} \frac{z^n}{\Gamma_p(\alpha n + \beta)}, z,\alpha,\beta \in \mathbf{C}, p \in (0,+\infty)$$

$$\mathrm{Re}\ \alpha > 0, \mathrm{Re}\ \beta > 0$$

并给出了几个 Turan 型的不等式.

定理 3 对 $\alpha,\beta,p > 0$ 及固定的 $z > 0$，函数 $f: \beta \to \Gamma_p(\beta)E_{\alpha,\beta,p}(z)$ 在区间 $(0,+\infty)$ 上为严格对数凸的，特别的，有

$$E_{\alpha,\beta+1,p}^2(z) < \frac{(\beta+1)(\beta+p+1)}{\beta(\beta+p+2)}E_{\alpha,\beta,p}(z)E_{\alpha,\beta+2,p}(z)$$

证明 应用 $\psi_p(x)$ 为实数集上的凹函数，以及计算可得

$$\frac{\partial}{\partial \beta}\Big(\log \frac{\Gamma_p(\beta)}{\Gamma_p(\alpha k + \beta)}\Big) = \psi_p(\beta) - \psi_p(\alpha k + \beta)$$

$$\frac{\partial^2}{\partial \beta^2}\Big(\log \frac{\Gamma_p(\beta)}{\Gamma_p(\alpha k + \beta)}\Big) = \psi_p'(\beta) - \psi_p'(\alpha k + \beta) < 0$$

所以可得 $\beta \to \dfrac{\Gamma_p(\beta)}{\Gamma_p(\alpha k + \beta)}$ 在区间 $(0,+\infty)$ 上严格对数凸，应用对数凸函数的和仍为对数凸函数的结果，可得 f 在区间 $(0,+\infty)$ 上严格对数凸.

对于不等式，由对数凸性易得

$$\log f\Big(\frac{\beta+\beta+2}{2}\Big) < \frac{\log f(\beta) + \log f(\beta+2)}{2}$$

即为

$$E_{\alpha,\beta+1,p}^2(z) < \frac{\Gamma_p(\beta)\Gamma_p(\beta+2)}{(\Gamma_p(\beta+1))^2} E_{\alpha,\beta,p}(z) E_{\alpha,\beta+2,p}(z)$$

再应用 $\Gamma_p(x)$ 定义易得

$$\frac{\Gamma_p(\beta)\Gamma_p(\beta+2)}{(\Gamma_p(\beta+1))^2} = \frac{(\beta+1)(\beta+p+1)}{\beta(\beta+p+2)}$$

证毕.

由定理 3,易得下面的推论,这里我们省去其证明.

推论 2 对 $\alpha, p > 0, \beta_2 > \beta_1 > 0$ 以及固定的 $z \in (0, +\infty)$,有

$$\frac{E_{\alpha,\beta_1+1,p}(z)}{E_{\alpha,\beta_1,p}(z)} < \frac{\beta_2(\beta_1+p+1)}{\beta_1(\beta_2+p+2)} \frac{E_{\alpha,\beta_2+1,p}(z)}{E_{\alpha,\beta_2,p}(z)}$$

再定义下面的函数

$$E_{\alpha,\beta,p}^n(z) = E_{\alpha,\beta,p}(z) - \sum_{k=0}^n \frac{z^k}{\Gamma_p(\alpha k + \beta)} =$$

$$\sum_{k=n+1}^n \frac{z^k}{\Gamma_p(\alpha k + \beta)}$$

则有下面的定理.

定理 4 对 $n \in \mathbf{N}, \alpha, \beta, z > 0$,则有

$$E_{\alpha,\beta,p}^n(z) E_{\alpha,\beta,p}^{n+2}(z) \leqslant [E_{\alpha,\beta,p}^{n+1}(z)]^2$$

证明 应用公式

$$E_{\alpha,\beta,p}^n(z) = E_{\alpha,\beta,p}^{n+1}(z) + \frac{z^{n+1}}{\Gamma_p[\alpha(n+1)+\beta]}$$

与

$$E_{\alpha,\beta,p}^{n+2}(z) = E_{\alpha,\beta,p}^{n+1}(z) - \frac{z^{n+2}}{\Gamma_p(\alpha(n+2)+\beta)}$$

可得

$$E_{\alpha,\beta,p}^{n}(z) = E_{\alpha,\beta,p}^{n+2}(z) - (E_{\alpha,\beta,p}^{n+1}(z))^2 =$$

$$E_{\alpha,\beta,p}^{n+1}(z)\left(\frac{z^{n+1}}{\Gamma_p(\alpha(n+1)+\beta)} - \frac{z^{n+2}}{\Gamma_p(\alpha(n+2)+\beta)}\right) -$$

$$\frac{z^{2n+3}}{\Gamma_p(\alpha(n+1)+\beta)\Gamma_p(\alpha(n+2)+\beta)} =$$

$$\sum_{k=n+3}^{+\infty}\frac{z^{n+k+1}}{\Gamma_p(\alpha k+\beta)\Gamma_p(\alpha(n+1)+\beta)} -$$

$$\sum_{k=n+3}^{+\infty}\frac{z^{n+k+1}}{\Gamma_p(\alpha(k-1)+\beta)\Gamma_p(\alpha(n+2)+\beta)} =$$

$$\sum_{k=n+3}^{+\infty}\frac{\Gamma_p(\alpha(k-1)+\beta)\Gamma_p(\alpha(n+2)+\beta) - \Gamma_p(\alpha k+\beta)\Gamma_p(\alpha(n+1)+\beta)}{\Gamma_p(\alpha k+\beta)\Gamma_p(\alpha(n+1)+\beta)\Gamma_p(\alpha(k-1)+\beta)\Gamma_p(\alpha(n+2)+\beta)}z^{n+k+1}$$

由于 $\Gamma_p(x)$ 在区间 $(0,+\infty)$ 上为对数凸的,所以函数

$x \to \dfrac{\Gamma_p(x+a)}{\Gamma_p(x)}(a>0)$,在 $(0,+\infty)$ 上单调增加. 取

$a=\alpha, x=\alpha(n+1)+\beta < \alpha(n+1)+\beta+\alpha(k-n-2)$,

可得

$$\frac{\Gamma_p(\beta+\alpha(n+1)+\alpha)}{\Gamma_p(\beta+\alpha(n+1))} \leqslant$$

$$\frac{\Gamma_p(\beta+\alpha(n+1)+\alpha+\alpha(k-(n+2)))}{\Gamma_p(\beta+\alpha(n+1)+\alpha(k-(n+2)))}$$

即为

$$\frac{\Gamma_p(\alpha(n+2)+\beta)}{\Gamma_p(\alpha(n+1)+\beta)} \leqslant \frac{\Gamma_p(\alpha k+\beta)}{\Gamma_p(\alpha(k-1)+\beta)}$$

如此

$$E_{\alpha,\beta,p}^{n}(z)E_{\alpha,\beta,p}^{n+2}(z) - (E_{\alpha,\beta,p}^{n+1}(z))^2 \geqslant 0$$

即证.

定理 5 对 $\alpha,\beta,z>0$ 以及 $n \in \mathbf{N}$,函数

$$g_n : z \longmapsto g_n(\alpha,\beta,p,z) = \frac{E_{\alpha,\beta,p}^{n}(z)E_{\alpha,\beta,p}^{n+2}(z)}{(E_{\alpha,\beta,p}^{n+1}(z))^2}$$

在区间 $(0,+\infty)$ 上单调递增,特别地,成立

$$E_{\alpha,\beta,p}^{n}(z)E_{\alpha,\beta,p}^{n+2}(z) \geqslant$$

$$\prod_{j=0}^{p} \frac{(n\alpha+\alpha+\beta+j)(n\alpha+3\alpha+\beta+j)}{(n\alpha+2\alpha+\beta+j)^2}(E_{\alpha,\beta,p}^{n+1}(z))^2$$

且常数 $\displaystyle\prod_{j=0}^{p}\frac{(n\alpha+\alpha+\beta+j)(n\alpha+3\alpha+\beta+j)}{(n\alpha+2\alpha+\beta+j)^2}$ 为最佳

可能的.

证明　计算可得

$$g_n(\alpha,\beta,p,z) = \frac{\displaystyle\sum_{k=n+1}^{+\infty}\frac{z^k}{\Gamma_p(\alpha k+\beta)}\sum_{k=n+3}^{+\infty}\frac{z^k}{\Gamma_p(\alpha k+\beta)}}{\left(\displaystyle\sum_{k=n+2}^{+\infty}\frac{z^k}{\Gamma_p(\alpha k+\beta)}\right)^2} =$$

$$\frac{\displaystyle\sum_{k=0}^{+\infty}\left(\sum_{j=0}^{k}\frac{1}{\Gamma_p(\alpha(n+1+j)+\beta)\Gamma_p(\alpha(n+3+k-j)+\beta)}\right)z^{2n+2+k}}{\displaystyle\sum_{k=0}^{+\infty}\left(\sum_{j=0}^{k}\frac{1}{\Gamma_p(\alpha(n+2+j)+\beta)\Gamma_p(\alpha(n+2+k-j)+\beta)}\right)z^{2n+2+k}}$$

定义数列 $\{\lambda_j\}$ 如下

$$\lambda_j = \frac{\Gamma_p(\alpha(n+2+j)+\beta)\Gamma_p(\alpha(n+2+k-j)+\beta)}{\Gamma_p(\alpha(n+1+j)+\beta)\Gamma_p(\alpha(n+3+k-j)+\beta)}$$

应用函数 $\dfrac{\Gamma_p(x+a)}{\Gamma_p(x)}(a>0)$ 在区间 $(0,+\infty)$ 上单调

递增,可得 $\dfrac{\lambda_{j+1}}{\lambda_j}\geqslant 1$. 应用引理 1 与引理 2 可得 $z\longmapsto$

$g_n(\alpha,\beta,p,z)$ 在 $z\in(0,+\infty)$ 上单调增加,所以

$$g_n(\alpha,\beta,p,z) \geqslant \lim_{z\to 0} g_n(\alpha,\beta,p,z) =$$

$$\frac{\Gamma_p^2(\alpha(n+2)+\beta)}{\Gamma_p(\alpha(n+1)+\beta)\Gamma_p(\alpha(n+3)+\beta)} =$$

$$\prod_{j=0}^{p}\frac{(n\alpha+\alpha+\beta+j)(n\alpha+3\alpha+\beta+j)}{(n\alpha+2\alpha+\beta+j)^2}$$

即证.

第二节　Mortici 引理的应用

1. Mortici 引理

在文[1]中,C. Mortici 证明了渐近分析一个有用的工具,现在称为 Mortici 引理.

引理 3[1]　设 $\{w_n\}_{n\geqslant 1}$ 收敛于 0 且对某些 $k \geqslant 1$,极限

$$\lim_{n \to \infty} n^k (w_n - w_{n+1}) = l \in \mathbf{R}$$

则

$$\lim_{n \to \infty} n^{k-1} w_n = \frac{l}{k-1}$$

注　Mortici 引理给出了一种刻画收敛速度的方法. 它第一次被 Mortici 应用于建立特殊数或函数的渐近展开中,是一个非常有效的工具,近年来得到了很大的发展与应用,相关结果可以参看文[2－9].

在下面两节,我们介绍 Mortici 在改进 Stirling 公式中的工作和陈超平在 Landau 函数逼近中的工作,以此来说明 Mortici 引理的重要应用.

2. Mortici 引理应用于 Stirling 公式的改进

阶乘是数学中一个很重要的概念,经典的 Stirling 公式是

$$n! \sim \sqrt{2\pi}\, n^{n+\frac{1}{2}} \mathrm{e}^{-n}$$

随后 Gosper 给出了新的渐近公式

$$n! \sim \sqrt{\pi} \left(\frac{n}{\mathrm{e}}\right)^n \sqrt{2n + \frac{1}{3}}$$

进而,印度数学家 Ramanujan 给出了 $n!$ 的更精确逼近

$$n! \sim \sqrt{\pi}\left(\frac{n}{e}\right)^n \sqrt[6]{8n^3 + 4n^2 + n + \frac{1}{30}}$$

最近,在文[10] 中,Mortici 发现 $n!$ 有一个一般形式的逼近,即

$$n! \sim \sqrt{2\pi}\left(\frac{n}{e}\right)^n \sqrt[2k]{P_k(n)}$$

其中 P_k 为一个 k 阶多项式,特别的

$$P_1(n) = n + \frac{1}{6} \, (\text{Gosper})$$

$$P_3(n) = n^3 + \frac{1}{2}n^2 + \frac{1}{8}n + \frac{1}{240}(\text{Ramanujan})$$

最近,Mortici 考虑了下面阶乘的两种逼近

$$n! \sim \sqrt{2\pi}\left(\frac{n}{e}\right)^n \sqrt[4]{n^2 + an + b}$$

与

$$n! \sim \sqrt{2\pi}\left(\frac{n}{e}\right)^n \sqrt[8]{n^4 + cn^3 + dn^2 + fn + g}$$

对于第一种逼近,定义

$$n! = \sqrt{2\pi}\left(\frac{n}{e}\right)^n \sqrt[4]{n^2 + an + b}\,e^{w_n} \quad (n \geqslant 1)$$

两边取对数,则有

$$w_n = \ln n! - \ln\sqrt{2\pi} - n\ln n + n - \frac{1}{4}\ln(n^2 + an + b)$$

经计算可得

$$w_n - w_{n+1} = n\ln\left(1 + \frac{1}{n}\right) - 1 - \frac{1}{4}\ln\frac{n^2 + an + b}{(n+1)^2 + a(n+1) + b}$$

将 $w_n - w_{n+1}$ 展成 $\frac{1}{n}$ 幂次的幂级数可得

$$w_n - w_{n+1} = \left(\frac{1}{12} - \frac{1}{4}a\right)\frac{1}{n^2} +$$

$$\left(\frac{1}{4}a - \frac{1}{2}b + \frac{1}{4}a^2 - \frac{1}{12}\right)\frac{1}{n^3} +$$

$$\left(\frac{3}{4}b - \frac{1}{4}a + \frac{3}{4}ab - \frac{3}{8}a^2 - \frac{1}{4}a^3 + \frac{3}{40}\right)\frac{1}{n^4} + o\left(\frac{1}{n^5}\right)$$

若 $\frac{1}{12} - \frac{1}{4}a \neq 0$ 或 $\frac{1}{4}a - \frac{1}{2}b + \frac{1}{4}a^2 - \frac{1}{12} \neq 0$，则

$w_n - w_{n+1}$ 的收敛速度很慢. 但是若 a,b 满足方程组

$$\begin{cases} \dfrac{1}{12} - \dfrac{1}{4}a = 0 \\ \dfrac{1}{4}a - \dfrac{1}{2}b + \dfrac{1}{4}a^2 - \dfrac{1}{12} = 0 \end{cases}$$

解得 $a = \frac{1}{3}, b = \frac{1}{8}$，则

$$w_n - w_{n+1} = -\frac{1}{270n^4} + o\left(\frac{1}{n^5}\right)$$

应用引理 3，$\{w_n\}$ 以 $\frac{1}{n^3}$ 的速度收敛于 0，再由

$$\lim_{n \to \infty} n^3 w_n = -\frac{1}{810}$$

则得到第一种逼近的最优形式，即

$$n! \sim \sqrt{\pi}\left(\frac{n}{e}\right)^n \sqrt[4]{4n^2 + \frac{4}{3}n + \frac{2}{9}}$$

对于第二种逼近，类比的定义数列 $\{z_n\}_{n \geqslant 1}$ 满足将 $z_n - z_{n+1}$ 展成 $\frac{1}{n}$ 幂次的幂级数

$$z_n - z_{n-1} = \frac{x}{n^2} + \frac{y}{n^3} + \frac{z}{n^4} + \frac{t}{n^5} + o\left(\frac{1}{6}\right)$$

其中

$$x = \frac{1}{12} - \frac{1}{8}a$$

310

$$y = \frac{1}{8}a^2 + \frac{1}{8}a - \frac{1}{4}b - \frac{1}{12}$$

$$z = \frac{3}{8}b - \frac{1}{8}a - \frac{3}{8}c + \frac{3}{8}ab - \frac{3}{16}a^2 - \frac{1}{8}a^3 + \frac{3}{40}$$

$$t = \frac{1}{2}b - \frac{1}{8}a - \frac{3}{4}c + \frac{1}{2}d + \frac{1}{2}a^2b +$$

$$\frac{3}{4}ab - \frac{1}{2}ac - \frac{1}{4}a^2 - \frac{1}{4}a^3 -$$

$$\frac{1}{8}a^4 - \frac{1}{4}b^2 + \frac{1}{15}$$

令 $x = y = s = t = 0$,可得

$$a = \frac{2}{3}, b = \frac{2}{9}, c = \frac{11}{405}, d = \frac{8}{1\,215}$$

如此,我们得到了第二种逼近的最优形式,即

$$n! \sim \sqrt{2\pi}\left(\frac{n}{e}\right)^n \sqrt[8]{n^4 + \frac{2}{3}n^3 + \frac{2}{9}n^2 + \frac{11}{405}n - \frac{8}{1\,215}}$$

利用同样方法,还可以得 $n!$ 的如下最优逼近

$$n! \sim \sqrt{2\pi}\left(\frac{n}{e}\right)^n \cdot$$

$$\sqrt[10]{n^5 + \frac{5}{6}n^4 + \frac{25}{72}n^3 + \frac{89}{1\,296}n^2 - \frac{95}{31\,104}n + \frac{2\,143}{1\,306\,368}}$$

3. Mortici 引理应用于 Landau 常数的逼近

对于所有的整数 $n \geqslant 0$,Landau 常数定义为

$$G_n = \sum_{k=0}^{n} \frac{1}{16^k}\binom{2k}{k}^2$$

这个常数在复分析理论中起着重要的作用,更确切地说,Landau[11] 在 1913 年证明了如果 $f(z) = \sum_{k=0}^{+\infty}a_kz^k$ 在单位圆盘 $D := \{z \in \mathbf{C} : |z| < 1\}$ 上解析($\mathbf{C}$ 表示复数集),并且满足 $|f(z)| < 1(z \in D)$,那么

$$\left| \sum_{k=0}^{+\infty} a_k \right| \leqslant G_n (n \geqslant 0)$$ 并且这个界是最佳的.

Landau 研究了 G_n 的渐近特性,证明了 $G_n \sim \dfrac{1}{\pi} \ln n$. 紧接着 Watson[12] 证明了渐近公式

$$G_n = \frac{1}{\pi} \ln(n+1) + c_0 - \frac{1}{4\pi(n+1)} + o\left(\frac{1}{n^2}\right), n \to \infty$$

这里

$$c_0 = \frac{1}{\pi}(\gamma + 4\ln 2) = 1.066\,27\cdots$$

之后陈超平[13] 改进了 G_n 的上界,证明了下面的不等式

$$c_0 + \frac{1}{\pi} \ln\left(n + \frac{3}{4}\right) < G_n < c_0 +$$

$$\frac{1}{\pi} \ln\left[n + \frac{3}{4} + \frac{11}{192\left(n + \frac{3}{4}\right)}\right] \quad (n \geqslant 0)$$

事实上,下面的逼近公式成立[13,14]

$$G_n = c_0 + \frac{1}{\pi} \ln\left(n + \frac{3}{4}\right) + o\left(\frac{1}{n^2}\right)$$

$$G_n = c_0 + \frac{1}{\pi} \ln\left(n + \frac{3}{4} + \frac{11}{192n}\right) + o\left(\frac{1}{n^3}\right)$$

$$G_n = c_0 + \frac{1}{\pi} \ln\left[n + \frac{3}{4} + \frac{11}{192\left(n + \frac{3}{4}\right)}\right] +$$

$$o\left[\frac{1}{\left(n + \frac{3}{4}\right)^4}\right]$$

在文[13] 中陈超平考虑了数列

$$u_n = G_n - c_0 -$$

$$\frac{1}{\pi}\ln\left[n + \frac{3}{4} + \frac{a}{\left(n+\frac{3}{4}\right)} + \frac{b}{\left(n+\frac{3}{4}\right)^2} + \right.$$

$$\left. \frac{c}{\left(n+\frac{3}{4}\right)^3} + \frac{d}{\left(n+\frac{3}{4}\right)^4}\right]$$

通过 G_n 的定义及计算可知

$$G_n - G_{n+1} = \frac{1}{\pi}\left[\frac{\Gamma\left(n+\frac{1}{2}\right)}{\Gamma(n+1)}\right]^2$$

与

$$u_n - u_{n+1} = -\frac{1}{\pi}\left[\frac{\Gamma\left(n+\frac{3}{2}\right)}{\Gamma(n+2)}\right]^2 -$$

$$\frac{1}{\pi}\ln\left[n + \frac{3}{4} + \frac{a}{\left(n+\frac{3}{4}\right)} + \frac{b}{\left(n+\frac{3}{4}\right)^2} + \right.$$

$$\left. \frac{c}{\left(n+\frac{3}{4}\right)^3} + \frac{d}{\left(n+\frac{3}{4}\right)^4}\right] +$$

$$\frac{1}{\pi}\ln\left[n + \frac{7}{4} + \frac{a}{\left(n+\frac{7}{4}\right)} + \frac{b}{\left(n+\frac{7}{4}\right)^2} + \right.$$

$$\left. \frac{c}{\left(n+\frac{7}{4}\right)^3} + \frac{d}{\left(n+\frac{7}{4}\right)^4}\right]$$

再将 $u_n - u_{n+1}$ 展成 $\frac{1}{n}$ 幂次的幂级数得到

313

$$u_n - u_{n+1} = \frac{11 - 192a}{96\pi n^3} + \frac{960a - 384b - 55}{128\pi n^4} +$$

$$\frac{20\,480a^2 - 202\,240a + 153\,600b - 40\,960c + 11\,073}{96\pi n^3} +$$

$$\frac{5(222\,720a - 242\,688b + 122\,880c - 24\,576d - 61\,440a^2 + 24\,576b - 11\,219)}{24\,576\pi n^6} -$$

$$\frac{1}{458\,752\pi n^7}(44\,524\,032a - 62\,361\,600b - 2\,752\,512c - 1\,376\,256b^2 -$$

$$45\,301\,760c - 17\,203\,200d - 22\,650\,880a^2 + 17\,203\,200b +$$

$$917\,504a^3 - 2\,003\,885) + o\left(\frac{1}{n^8}\right)$$

令 $\dfrac{1}{n^3}$, $\dfrac{1}{n^4}$, $\dfrac{1}{n^5}$ 与 $\dfrac{1}{n^6}$ 的系数均为 0,可得 $a = \dfrac{11}{192}$, $b = 0$,

$c = -\dfrac{2\,009}{184\,320}$, $d = 0$. 所以

$$\lim_{n \to \infty} n^7(u_n - u_{n+1}) = \frac{2\,599\,153}{61\,931\,520\pi}$$

以及

$$\lim_{n \to \infty} n^6 u_n = \frac{2\,599\,153}{371\,589\,120\pi}$$

这说明了 $\{u_n\}$ 的收敛速度为 $o\left(\dfrac{1}{n^6}\right)$. Landau 常数

还可用 $\psi(x)$ 来逼近. Alzer 在文[15] 中证明了不等式

$$c_0 + \frac{1}{\pi}\psi(n + \alpha) < G_n \leqslant c_0 + \frac{1}{\pi}\psi(n + \beta) \quad (n \geqslant 0)$$

成立,且有最优常数 $\alpha = \dfrac{5}{4}$, $\beta = \psi^{-1}(\pi(1 - c_0))$. 事实

上,Alzer 的结果给出了渐近公式

$$G_n = c_0 + \frac{1}{\pi}\left(n + \frac{5}{4}\right) + o(n^{-2})$$

可参见文献[13].

最近,陈超平在文[14]中证明了不等式

$$c_0 + \frac{1}{\pi}\left(n + \frac{5}{4}\right) < G_n < c_0 +$$

$$\frac{1}{\pi}\psi\left(n + \frac{5}{4} + \frac{1}{64\left(n + \frac{3}{4}\right)}\right) \quad (n \geqslant 0)$$

并指出

$$G_n = c_0 + \frac{1}{\pi}\psi\left(n + \frac{5}{4} + \frac{1}{64\left(n + \frac{3}{4}\right)}\right) + o(n^{-4})$$

在文[16]中,陈超平定义了数列

$$v_n = G_n - \left(c_0 + \frac{1}{\pi}\psi\left(n + \frac{5}{4} + \frac{p}{n} + \frac{q}{n^2} + \frac{r}{n^3}\right)\right) \quad (n \geqslant 0)$$

通过 Mortici 引理的应用,他找到了最优的 p,q,r 值,使得数列 $\{v_n\}_{n \geqslant 0}$ 尽可能快的收敛到 0,他给出了如下定理:

定理 6　当 $p = \dfrac{1}{64}, q = -\dfrac{3}{256}, r = \dfrac{61}{12\ 288}$ 时,有

$$\lim_{n \to \infty} n^6(v_n - v_{n+1}) = \frac{165}{16\ 384\pi}$$

和

$$\lim_{n \to \infty} n^5 v_n = \frac{33}{16\ 384\pi}$$

数列 $\{v_n\}_{n \geqslant 0}$ 的收敛速度是 $o(n^{-5})$。

证明　经计算可得

$$v_n - v_{n+1} = -\frac{1}{\pi}\left(\frac{\Gamma\left(n + \frac{3}{2}\right)}{\Gamma(n + 2)}\right)^2 -$$

$$\frac{1}{\pi}\psi\left(n+\frac{5}{4}+\frac{p}{n}+\frac{q}{n^2}+\frac{r}{n^3}\right)+$$

$$\frac{1}{\pi}\psi\left(n+\frac{9}{4}+\frac{p}{n+1}+\frac{q}{(n+1)^2}+\frac{r}{(n+1)^3}\right)$$

将 v_n-v_{n+1} 写成 n^{-1} 的幂级数

$$v_n-v_{n+1}=\frac{1-64p}{32\pi n^3}+\frac{3(224p-128q-5)}{128\pi n^4}+$$

$$\frac{1\,767-64\,000p+55\,296q+12\,288p^2-24\,576r}{6\,144\pi n^5}+$$

$$\frac{5(67\,584r+24\,576pq-43\,008p^2+90\,752p-97\,792q-2\,835)}{24\,576\pi n^2}+$$

$$o\left(\frac{1}{n^7}\right)$$

根据引理 3,提供数列 $\{v_n\}_{n\geqslant 0}$ 最快收敛性的三个参数 p,q 和 r 由下式给出

$$\begin{cases}1-64p=0\\224p-128q-5=0\\1\,767-64\,000p+55\,296q+12\,288p^2-24\,576r=0\end{cases}$$

且

$$v_n-v_{n+1}=\frac{165}{16\,384\pi n^6}+o\left(\frac{1}{n^7}\right)$$

在同一文章中,还得到了如下的渐近公式

$$G_n=c_0+$$

$$\frac{1}{\pi}\psi\left(n+\frac{5}{4}+\frac{\frac{1}{64}}{n+\frac{3}{4}}-\frac{\frac{47}{12\,288}}{\left(n+\frac{3}{4}\right)^3}+\right.$$

$$\left.\frac{\frac{17\,527}{5\,898\,240}}{\left(n+\frac{3}{4}\right)^5}+o\left[\frac{1}{\left(n+\frac{3}{4}\right)^8}\right]\right)$$

注　由以上几例可以看到 Mortici 引理的重要应用,特别是在刻画收敛速度方面,这方面的研究现在仍很活跃.最后以陈超平和 Choi 在文[17]中的公开问题结束本节.

公开问题　发现常数 $q_i\,(j \in \mathbf{N})$ 使得

$$G_n \sim c_0 + \frac{1}{\pi}\psi\left(n + \frac{5}{4} + \sum_{j=0}^{+\infty} \frac{q_i}{\left(n + \dfrac{3}{4}\right)^j}\right)$$

参考文献

[1] MORTICI C. Product approximations via asymptotic integration[J]. Amer. Math. Monthly,2010,117(5):434-441.

[2] MORTICI C. New approximations of the gamma function in terms of the digamma function[J]. Appl. Math. Lett. , 2010,23(1):97-100.

[3] MORTICI C. Asymptotic expansions of the generalized Stirling approximation[J]. Math. Comput. Model. ,2010, 52(9-10):1867-1868.

[4] MORTICI C. The proof of Muqattash-Yahdi conjecture[J]. Math. Comput. Model. ,2010,51(9-10):1154-1159.

[5] MORTICI C. Monotonicity properties of the volume of the unit ball in $\mathbf{R}^n$[J]. Optim. lett. ,2010,4(3):457-464.

[6] MORTICI C. Sharp inequalities related to Gosper's formula [J]. C. R. Math. Acad. Sci. Paris,2010,348(3-4):137-140.

[7] MORTICI C. A class of integral approximations for the factorial function [J]. Comput. Math. Appl. ,2010,59(6): 2053-2058.

[8] MORTICI C. Best estimates of the generalized Stirling formula

[J]. Appl. Math. Comput. ,2010,215(11):4044-4048.

[9] MORTICI C. Very accurate estimates of polygamma functions [J]. Asymptot. Anal. ,2010,68(3):125-134.

[10] MORTICI C. On Ramanujan's large argument formule for the gamma function[J]. Ramanujan. J. ,2011 (26):185-192.

[11] LANDAU E. Abschatzung der Koeffzientensumme einer Potenzreihe[J]. Arch Math. Phys. ,1913,21:42-50,250-255.

[12] WATSON G N. The constants of Landau and Lebesgue [J]. Quart. J. Math. Oxford Ser. ,1930,1:310-318.

[13] CHEN C P. Approximation formulas for Landau's constant[J]. J. Math. Anal. ,2012,387(2):916-919.

[14] CHEN C P. Sharp bounds for the Landau constants[J]. Ramanujan J. ,2013,31(3):301-313.

[15] ALZER H. Inqualities for the constants of Landau and Lebesgue[J]. J. comput. Appl. Math. ,2002 (139):215-230.

[16] 陈超平,成果祥. Laudau 常数的逼近公式[J]. 数学物理学报,2014,34(5):1245-1253.

[17] CHEN C P,CHOI J. Asymptotic expansions for the constants of Landau and Lebesgue[J]. Aowances in Math. ,2014 (254):622-641.

[18] ALZER H. An inequality for the exponential function[J]. Arch. Math,1990 (55):462-464.

[19] DILCHER K. An inequality for sections ofcertain power series. Arch. Math,1993 (60):339-349.

[20] MENON P K. Some integral inequalities[J]. Math. student,1943 (11):36-380.

[21] MERKLE M. Inequalities for the chisquare distribution function and the exponential function[J]. Arch. Math, 1993 (60):451-458.

[22] M. Mehrez and S. M. Sitnik,Proofs of some conjectures on monotonicity of rations of Kummer,Gauss and generalized

hypergeometric functions[EB/OL]. http://arxiv. org/ abs/
1411. 6120.

[23] MERKLE M, VASIC P M. An inequality for residual of
Maclaurin expansion[J]. Arch. Math, 1996 (66):194-196.

[24] PONNUSAMY S, VUORINEN M. Asympotic expansion
and inequalities for hypergeometric functions[J].
Mathemalike, 1997 (44):278-301.

[25] S. M. Sitnik. Conjectures on monotonicity of Kummer and
Gauss hypergeometric functions[EB/OL]. http://arxiv. org/
abs/1207. 0936.

[26] YIN L, CUI W Y. A generalization of Alzer inequality
relited to exponential function[J]. Proceeding Jangeon
Math. Soc. ,2015,18(3):385-388.

[27] K. Mehrez and S. M. Sitnik, Turan type inequalities for classical
and generalized Mittag-Leffler function [EB/OL]. http://
arxiv. 1603. 08504ve.

[28] YIN L, HUANG L G. Turan type inequalities for generalized
Mittag-Leffler function[J]. T. Math. Inequal. , 2017,13(3): 667-672.

319